横州茉莉花
农业地理信息特征研究

Study on Agrigeographic
Information Characteristics of Jasmine in Hengzhou

侯彦林 等 著

U0395138

中国农业出版社
北 京

内容简介 NEIRONG JIANJIE

本书以农业地理标志作物广西横州茉莉花为例，对其农业地理信息特征进行了系统研究。研究结果提出了自然资源生产潜力提高的关键限制因素的变化规律、调控途径和方法，诠释绿水青山转化为金山银山是对规律和数字生产资料挖掘结果的应用过程。本书丰富和深化了农业地理信息学的研究内容，是农业地理信息学数字化、定量化和模型化研究方法应用的典型案例。

本书包括：中国茉莉花，茉莉花产区自然、社会、经济条件，茉莉花产量与气象条件关系模型，茉莉花产量与立地条件关系模型，茉莉花产量与土壤营养元素关系模型，茉莉花产量与不同器官养分含量关系研究，茉莉花植株器官养分关系，茉莉花区划，茉莉花农情服务平台等内容。

本书可供从事园艺学、农学、土壤学、植物营养学、生态学、地理学、农业信息学的科学工作者以及大专院校相关专业师生参考。

编　委　会

主　　编：侯彦林　贾书刚　王铄今　侯显达
　　　　　刘书田　潘桂颖
副 主 编：李金梅　梁　裕　黄　梅　韦　洋
　　　　　廖　宁　邓占儒
参编人员（按姓名笔画排序）：
　　　　　王　博　韦潇宇　邓鑫宇　宁永军
　　　　　冯鑫鑫　朱艳梅　朱翔宇　杜　潇
　　　　　杨　剑　杨　辉　张雪红　陆　伶
　　　　　陈思锜　林珂宇　周会国　赵　戈
　　　　　侯诺萍　徐广平　黄晓幸　谢忠华
　　　　　蒙祖绍　蒙银凤　蒙辉成

农业地理信息学（Agrogeoinformatics）是农业地理学（Agricultural Geography）在定量化研究方面的新阶段或分支，它为解决种植业生产实际难题提供了通过数据方式表达的创新性理论、方法和数据挖掘技术，是挖掘数据生产资料蕴藏生产潜力的系统性技术，研究结果能够直接为生产实践提供专业化、数据化、定量化和信息化的在线服务平台。农业地理信息包括两层含义，一是挖掘出来的具有指导生产作用的数据和模型等，二是将这些数据和模型转化为生产服务的软件和平台。以作物为例的绿水青山转化为金山银山的4个阶段：①作物适种性评价：气候、立地、土壤和社会经济条件。②经营效益提高限制因素确定：首先确定产量提高和品质改善的自然资源限制因素。③自然资源空间和时间再分配工程技术筛选：水资源再分配、改土、植物资源再利用和田间微气象条件调控等。④管理信息化：数字化、可视化、在线化的智慧种植决策咨询、服务和培训平台。农业地理信息学从数字中挖掘规律，通过规律确定生产潜力提高的途径，依据途径筛选工程技术，从工程技术实施后获得效益。

本书通过对横州茉莉花农业地理信息学特征的研究，诠释了绿水青山就是金山银山和数据就是生产资料的科学依据，构建了系统的研究框架和技术路线，通过定性、半定量和定量数据挖掘，对茉莉花产量进行解析，获得产量与影响因素关系的各类定量表达式和图谱。横州市隶属于广西南宁市，茉莉花有六七百年的种植历史，成为了驰名世界的地标作物，全世界每 10 朵花中有 6 朵来自横州市，中国四大茉莉花产地中每 10 朵花中有 8 朵来自横州市，如今形成了百亿元以上的茉莉花产业链。对横州茉莉花农业地理信息特征定性研究结果表明：①横州市位于北纬 22°08′~23°30′ 和东经 108°48′~109°37′，位于北纬 23.5° 以南，热量资源丰富，冬季无严寒。②华南三省最大的湿地西津水库在横州市境内长达 100km，最宽 1000m，一年四季提供大量的水气，稳定夏季和冬季温度，保障了茉莉花每年 5~9 月盛开，4 月下旬和 10 月上旬根据温度情况也可采花。③从地形上，横州市茉莉花主要分布在两片即东片和西片，基本被低山丘陵环抱，夏季阻挡南来热量，冬季阻挡北来寒流。④横州市茉莉花分布区整体上土壤以次红壤为主，肥力相对较高。⑤土壤富硒。对横州茉莉花农业地理信息特征定量研究结果表明：①4月每日平均温度达到20℃以上时，茉莉花进入花期；达到25℃以上时，进入盛花期。10月每日平均温度低于25℃时，盛花期结束；低于20℃时，花期结束。②5～9月期间，茉莉花达到中产以上产量的最佳气象条件是连续5日平均温度在25℃以上、连续5日日照时数平均为3.5～6.0h、连续5日平均湿度平均为73%～87%；3个气象条件同时满足条件下产量为中产以上的概率为100%。③茉莉花高产地块的必要不充分立地条件是高程50～65m和土壤pH 5.5～7.0。④茉莉花高产地块的必要不充分土壤养分条件是土壤各类养分含量分布范围适中。⑤茉莉花高产地块的必要不充分植株根、枝、叶、花养分含量是各器官各类养分含量范围适中。⑥磷、钾、铜、锌是茉莉花高产的关键限制营养元素。

本书得到广西科技基地与人才专项"广西茉莉花地理标志农产品大数据图谱及其栽培关键技术调控的研究"（桂科AD18126012）、"广西八桂学者"专项、广西一流学科（地理学）建设项目和广西科技重大专项（桂科AA17204077）等项目经费的资助，在此表示感谢。由于编者水平所限，不足之处在所难免，恳请大家批评指正。

侯彦林

2022年8月1日于南宁

目录
CONTENTS

第一章 中国茉莉花

第一节 中国茉莉花

一、种植适宜生境及高产产区特征研究

茉莉花 [*Jasminum sambac* (L.) Ait]，别名茉莉，属木犀科素馨属直立或攀援灌木。又称"中国茉莉"[1]。原产于印度，西汉时引入中国后首先在福州大量种植[2]。茉莉花的花、叶和根均可药用，具有镇痛、舒缓、安定、抗菌、解毒、消肿等功效。以茉莉花为辅料加入茶饮或食物中，具有理气解郁、清肝明目、香甜解暑、口感清新以及滋润皮肤等功效，深受大众喜爱[3]。茉莉花茶是我国特有的再加工茶类，具有历史悠久、工艺独特、产销量大、消费面广、文化底蕴深厚等特点。茉莉花本身特有的药用、食用以及观赏价值使其具有较大的经济效益[4]。

中国是世界上茉莉花产量最多的国家，年产量占世界总产量的 80% 以上。目前，茉莉花在我国的主要产地是广西横州市（原横县）、四川犍为县、福建福州市以及云南元江县，其中广西横州茉莉花的播种面积和茉莉花产量占全国总产量的 80%，福建福州是历史悠久的茉莉花产地，四川犍为和云南元江是新兴的茉莉花种植地区[5~16]。

茉莉花四大主产区之间的气候条件不同，茉莉花产量与品质也不尽相同。研究气候条件如何影响茉莉花种植生产，对指导茉莉花的扩大生产和品质提高具有重要意义。围绕气候条件与种植适宜性，一些学者开展了相关工作。茉莉花产于亚热带地区，喜温畏寒[17]，对温度要求比较高，要求气候温暖湿润，并能适应较高的温度。茉莉花枝叶繁茂，生理代谢旺盛，蒸腾作用大，需要更多的水分[18]。广西横州市地处亚热带，日照充分，雨量充沛，几乎无霜雪天气，气候、土壤适宜茉莉花的生长[19]。在茉莉花种植适宜性研究方面，赵银军[20]和林少颖等[21]基于 GIS 技术，利用层次分析法（AHP），采用土壤质地、速效钾、有效磷、有机质、土壤酸碱度以及坡度等自然条件，分别对广西横州市和福建福州市茉莉花产地进行了等级评价分析，他们的研究对两地各个乡镇的茉莉花种植具有指导意义，对茉莉花的产业发展提供了科学指导。但在茉莉花种植适宜性方面，目前尚未见到在国家和全球尺度上进行研究的相关报道。

本研究利用产量数据和月尺度的气象数据探究这四大主产区之间的主要差异，分析产量与气候因子的关系，找出影响茉莉花生产的主导因素，并在此基础上进行茉莉花全球产地生态适宜性分析，探寻具有茉莉花种植潜力的地区，为茉莉花的扩大生产提供科学依据。

二、研究区概况

（1）横州市隶属于广西壮族自治区南宁市，位于广西东南部，北纬 22°08′～23°30′，东经

108°48′~109°37′。地势三面为群山丘陵，中部和南部平缓开阔，属南亚热带季风气候，日照辐射强，气候温暖，雨量充沛，夏长冬短，无霜期长，罕见冰雪，适宜喜温作物的生长[13]。

（2）犍为县隶属于四川省乐山市，地处川西平原西南边缘，有"蜀西门户"之誉，地处北纬 29°01′~29°27′，东经 103°43′~104°11′，属于亚热带湿润性气候区，全年四季分明，夏无酷暑，冬无严寒，霜雪少见，无霜期长[22~23]。

（3）福州市地处中国东南沿海、福建省中东部的闽江口，位于北纬 25°15′~26°39′，东经 118°08′~120°31′，属于亚热带海洋性季风气候，温暖湿润，雨量充沛，四季常青[3]。

（4）元江县全称元江哈尼族彝族傣族自治县，位于云南省中南部，地处元江中上游，北纬 23°19′~23°55′，东经 101°39′~102°22′。元江地处低纬高原，跨 5 个气候类型，即热带、亚热带、北温带、南温带、寒带，形成了"一山分四季，隔里不同天"，"山顶穿棉衣，山腰穿夹衣，山脚穿单衣"的独特现象[24]。

三、数据来源

本研究主要利用土壤、气候数据、世界茉莉花生长分布数据，以及 4 个主产区茉莉花种植数据，包括种植面积、产量、采花月份等数据。土壤数据来自世界土壤数据库[25]（Harmonized World Soil Database，HWSD），主要使用土壤类型数据。气象数据来源于 WorldClim 2.1 数据库[26]，主要使用年低温、年降水量、年太阳辐射量和月降水量、月均温以及月日均太阳辐射 6 个气候指标。世界茉莉花生长分布数据来自全球生物多样性资讯机构[27]（Global Biodiversity Information Facility，GBIF）。而茉莉花种植面积、产量、花期等数据来源于中国茶叶流通协会发布的《全国茉莉花茶产销形势分析报告》（2011—2019）[5~15]。

四、研究方法

（1）从 GBIF 数据库中查询全球茉莉花的生长位置，转换为点图层。在 GIS 软件中利用 HWSD 世界土壤类型图层和 WorldClim 的年低温、年降水量、年日照辐射，与全球茉莉花分布点图层进行叠加分析，从而得到茉莉花生长的基本条件：适合的土壤类型、年最低温度、降水量、日照等。

（2）通过 4 个产地的产量与开花月份数据对比分析，发现茉莉花开花月份的多少是决定产量高低的主要原因。因此在探寻高产产地时，除了要分析某地是否适合茉莉花生长，更重要的是分析该地适宜开花的月份数，借此衡量该地是否是高产产地。

（3）从 WorldClim 数据库中查询中国 4 个主产区月尺度的月均温、月降水量、每月日均辐射量。在月均温、月降水量、每月日均辐射量 3 个维度下对 48 个数据（4 个产区、12 个月），采用 K-Means 算法进行聚类分析，将 48 个数据点聚类得到开花期与非花期两类，并与产销报告中发布的各地花期作对比验证，以确定月份开花的条件。

（4）根据步骤（1）得到的符合茉莉花生长的土壤类型和气候条件，在 ArcGIS 软件中将 HWSD 土壤类型栅格图层，和 WorldClim 年低温、年降水量、年辐射量等栅格图层进行条件分类，得到茉莉花生长的适合和不适合二值化栅格图层，其中 1 为适合，0 为不适合。

（5）在步骤（4）得到的茉莉花适宜生长图层的基础上做进一步的月份开花分析，开花分析使用的条件阈值来自步骤（3）。月份开花分析首先分别对来自 WorldClim 月尺度的月均温度、降水、日照图层，按照开花条件进行二值化，然后将各个月的 3 个因子图层进行乘积，得到 12 个二值化图层的栅格数据集，然后将 12 个图层相同位置的像元值求和，得到全球各地适合茉莉花开花的月份数量（图 1-1）。

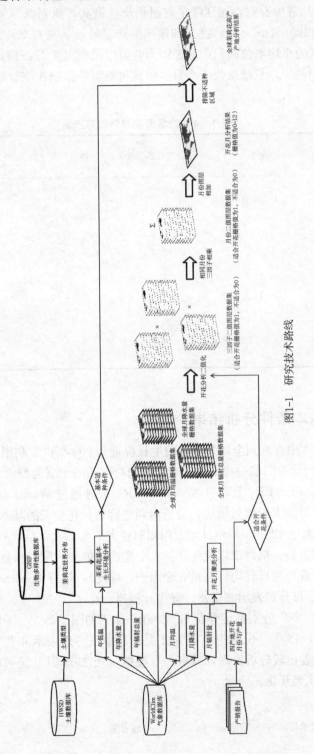

图1-1 研究技术路线

五、产地开花月份与产量关系

根据 2015—2019 年的茉莉花生产报告，计算这 5 年的年平均单位面积产量和开花月份，得到表 1-1。从表中看到，元江的单位面积产量最高，达到 2.50kg/（m² · a），横州次之，产量为 1.22kg/（m² · a），犍为和福州的产量较低，只有 0.42 和 0.71kg/（m² · a）。元江具有最高的年均单位面积产量是因为它可以采收 9 个月；横州次之，可以采收 7 个月；犍为和福州最少，只能采收 5 个月。由此可见影响茉莉花产量最主要的因素是花期的长短。

表 1-1　4 个产区开花月份数与产量

产区	花期	开花月数（个）	种植面积（万亩①）	亩产 [kg/（m² · a）]
广西横州	4～10 月	7	11.3	1.22
福建福州	5～9 月	5	2.5	0.71
云南元江	3～11 月	9	0.7	2.50
四川犍为	5～9 月	5	5.1	0.42

六、适种基本条件分析结果

从 GBIF 数据库中查询到全球茉莉花的生长位置共 905 个点。利用 ArcGIS 采样工具，在 HWSD 土壤类型分布图层中提取得到适合茉莉花生长的土壤类型[26]主要有 9 种，分别是 AC、CL、CM、FL、LP、LV、LX、NT、VR。另外通过 WorldClim 数据库中的年低温、年降水量、年日均太阳辐射图层，分析得到适宜茉莉花生长的基本气候条件：年低温为 3℃，年降水量大于 425mm，年日均太阳辐射量大于 5.3MJ/（m² · d）。

对横州市、犍为县、福州市以及元江县 4 个主产地的月尺度气候数据（共 48 个），选用月均温、月降水量、每月日均辐射量 3 个因子（维度），进行 K-Means 聚类分析，并用"H、Q、F、Y"字母分别表示"横州、犍为、福州、元江"，"1、2、3……11、12"表示 1～12 月，用"Y""N"分别标记开花与不开花。结果如图 1-2。

由图 1-2 看到，48 个月份数据被聚为 2 类，其中正方形表示非花期，五角星表示花期。通过与产销报告比较分析发现，只有一个数据（元江 11 月）是被错分的，实际上元江 11 月只有月初几天开花。

---

① 亩为非法定计量单位，1 亩＝1/15hm²≈667m²。——编者注

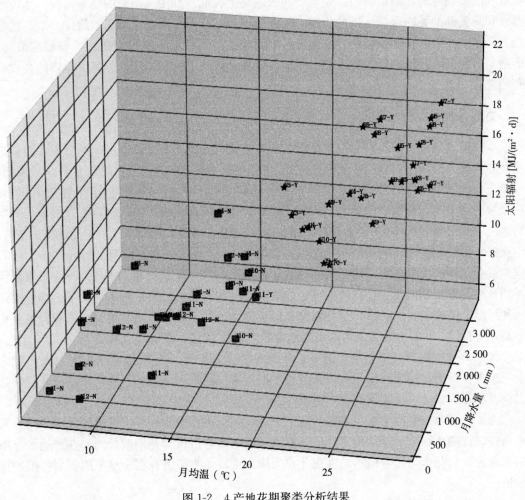

图 1-2　4 产地花期聚类分析结果

七、花期聚类分析结果

聚类结果说明利用这 3 个气候因子来判定茉莉花开花与否是可行的。通过分析可以知道，适宜茉莉花开花温度条件的阈值是日均温大于 19.5℃，降水条件的阈值是月降雨量高于 278mm，日照条件的阈值是太阳日辐射总量高于 12MJ/（m² • d）。聚类结果与文献资料[28~29]基本一致，茉莉花属于热带植物，受温度、光照、降水量以及湿度等气候因素影响，其中温度是影响茉莉生长发育的首要环境因子。

八、高产产地分析结果

采用 WorldClim 数据库的月均温、降水、辐射 3 个月尺度气候因子栅格数据，在 ArcGIS 软件下进行开花月份分析，在适宜茉莉花生长范围的基础上得到了各地适宜茉莉花开花月份数量，从中可以看到茉莉花在全球范围内集中生长于低纬度地区。亚洲的南亚、东南亚地区以及中国南方、南美洲北部和北美洲南部的低纬度地区、非洲的中部沿海地区和澳大利亚的北部沿海地区是茉莉花的适宜生长地。其中东南亚的马来西亚、印度尼西亚和南美洲的委内瑞拉、哥伦比亚、巴西和秘鲁北部等地区是茉莉花的最优产地，这些地方几乎全年可以采摘茉莉花。在我国，茉莉花的高产产地主要集中在两广和福建沿海，云南东部和四川盆地，以及海南和台湾岛。这一分析结果与茉莉花作为热带植物的客观分布相符合。

九、讨论

本文通过分析我国 4 个茉莉花主产区的产销报告发现影响茉莉花产量的最主要因素是花期的长短。4 个产区中云南元江的花期最长，从 3 月延续到 11 月，长达 9 个月。因此，一年当中元江茉莉花的单位面积产量最高，达到 $2.5kg/（m^2 \cdot a）$。但由于种植面积小，总产量占比不高。种植面积小的原因，可能与当地地形起伏大，山区多，适合耕种茉莉花的地块较少或劳动力不足有关。广西横州花期从 4 月到 10 月，共 7 个月，比元江少 2 个月，但比福州和犍为多 2 个月。横州的茉莉花单位面积产量也比较高，达到 $1.22kg/（m^2 \cdot a）$。横州茉莉花种植面积最大，横州茉莉花的年产量最高（占全国产量的 80％），这与当地优异的自然资源禀赋以及茉莉花产业良好的群众基础和政府的大力扶持不无关系。福建福州每年可以采摘茉莉花 5 个月，虽然是种植历史最悠久的产区，但是其单位产量和种植面积不高，排位第 3。四川犍为位于四川盆地南缘，纬度最高，茉莉花花期 5 个月。犍为是 4 个产区中单位面积产量最低的，但是近年来种植面积较大，其产量也能稳居四大产区之中。未来，犍为、福州和横州可以从延长花期着手，通过人工改善种植气象条件，特别是提高春秋临界温度来提高茉莉花产量。

为了探寻全球范围茉莉花潜在的高产产地，我们使用土壤和年尺度的气象因子作为基本条件进行初步筛选，并使用月尺度气象因子进一步分析得到花期较长的潜在产地。分析结果符合茉莉花作为热带植物的客观分布规律，可以作为茉莉花在全球范围扩大种植的科学依据。

以往的种植适宜性评价往往只对年尺度的气候因子进行评价，这可能不适用于所有作物。本研究提出的使用月尺度气象因子分析各地花期长度，进而探寻茉莉花高产产地的方法，除了可用于茉莉花，还可用于其他作物，比如黄花菜等一年可数月连续或间断多次收获的作物。

第二节　茉莉花研究现状

一、研究意义

茉莉花又名茉莉、茶叶花、叶子花等，原产于印度，西汉时期传入我国，至今有 2000 年左右的栽培历史[30]。茉莉花用途广泛，除可用于加工著名的茉莉花茶、制作香精和香料外，还可用于花篱、花墙及盆栽观赏，并可作为头花、簪花、胸花、襟花等使用；茉莉花的根、茎、叶、花均可入药，具有治疗目赤肿痛和止咳化痰等功效[31]。由于茉莉花具有药用和作为香料等利用价值，国内外学者对茉莉花化学成分进行了大量的研究。

国人喜爱茉莉花，在桂、闽、川、粤、琼等地均有大面积种植。但茉莉花的起源地为印度等亚热带地区，其生长发育对环境因素有独特要求，尤其是对温度和光照要求甚高，如不能满足其需要，会导致生长异常、发育不良、难以正常开花或花质下降等问题[32]。因此，国内外学者分析影响茉莉花生长的关键气象条件和立地条件，如从温度、光照、水分、营养物质及植物激素等外部因素对茉莉花生长发育影响的角度开展了大量研究工作，并从生理生化、细胞结构等角度研究了植株对环境的响应机制。此外，还有学者对茉莉花栽培、施肥和与病虫害防治和茉莉花种植土地适宜性评价等方面进行了研究。因此，有必要对这些结果进行归纳、整理和分析，以期为提高茉莉花栽培管理技术水平、增加产花量和改良花品质等提供参考。

二、国内外研究概述

茉莉花除药用外，还用于窨制茉莉花茶，使茶增香；提取茉莉花香精油可用于食品、轻化工产品调香与增香。由于茉莉花具有药用和作为香料等利用价值，许多学者对茉莉花的化学成分进行了研究。对于茉莉花的化学成分研究主要集中于药用成分的研究上，其中包括对于花器官中化合物的分离和鉴定以及对有效活性成分的提取等。刘海洋等[33]通过波谱分析并与已知化合物数据对照，从药用植物茉莉花蕾中分离到苄基-O-β-D-葡萄吡喃糖甙等9个化合物。张怡等[34]、黄锁义等[35]和罗建华等[36]分别采用酶解技术和超声波乙醇浸提法提高了茉莉花总黄酮的提取率，为进一步研究茉莉花茎叶奠定了一定的基础。窨制花茶、使茶增香，主要利用的是茉莉花中的香精油化学成分。Sun S. W.[37]用SDE法和溶剂萃取法提取了茉莉花的香精油，得到的主要成分是芳樟醇（linalool）、苯基乙酸酯（benzyl acetate）、顺-丁子香烯（cis-caryophyllene）、顺-3-苯甲酰苯甲酯（cis-3-benzyl benzoate）、邻氨基苯甲酸甲酯（methyl anthranilate）和吲哚（indole）。Musalam Y.等[38]用气相色谱—火焰离子检测器（GC-FID）和GC/MS分析了炒青绿茶、茉莉花（*J. Sambac*）、素馨花（*J. Grandiflorum*）以及用素馨花、茉莉花窨制的炒青绿茶，从花茶中发现了高浓度的芳樟醇（linalool）、苯乙酯（benzyl acetate）、（Z）-3-己烯苯甲酯［（Z）-3-hexenyl benzoate］、顺—茉莉酮（cis-jasmone）、吲哚（indole）和几种倍半萜烯（sesquiterpenes），发现素馨花比茉莉花含有更多的苯乙酯（benzyl acetate）、茉莉内酯（jasmine lactone）和甲基茉莉酮酯（methyl jasmonate）。释香研究及相关生物化学研究，有利于明确茉莉花香气形成机理及其影响因素，对于提高茉莉花香气利用率、指导茉莉花茶生产等均具有重要的意义。Kaiser R[39]研究报道了茉莉花新的挥发性组成成分。高丽萍等[40]初步研究了温度、湿度、水分供应、茶坯窨制等环境因素对茉莉鲜花开放释香的影响，结果表明，高温不仅降低了呼吸高峰和呼吸速率，而且抑制了鲜花开放和香气释放；高湿及供水对鲜花开花释香具有促进作用；茶坯低温窨制有利于鲜花开放释香。高丽萍等[41]利用HPLC分析了茉莉花蕾发育及开放期间内源激素的变化趋势，结果表明，茉莉花发育期间花蕾均重呈倒数曲线增长。张丽霞[42]为了探讨茉莉花香气的形成机理，采用生物光学显微镜、透射电子显微镜和扫描电子显微镜，对茉莉花释香及成熟过程中花瓣细胞结构的变化进行了系统研究。

对茉莉花形态学以及分子生物学进行研究，可以更全面地了解茉莉花植株体各器官的构造及特征。邱长玉等[43]以茉莉花的嫩叶及花蕾作为材料，采用改良后的 CTAB 提取法提取茉莉花 DNA，通过紫外分析仪和琼脂糖电泳检测所提取的 DNA 浓度和纯度，研究发现提取的 DNA 质量好、浓度高，且用花蕾提取与嫩叶相比效果更佳。除此之外，欧雪凤[44]以采自福建农林大学双瓣茉莉花的叶片和花蕾为材料，利用 RT-PCR 以及 RACE 技术获得脂肪酸过氧化氢酶（fatty acid hydroperoxide lyase，HPL）和香叶烯 D 合酶（germacrene D synthase，GDS）基因 cDNA，并用半定量 RT-PCR 分析 HPL 和 GDS 在嫩叶和花蕾不同时期的表达水平，对茉莉花香气合成有关酶的基因进行克隆与分析。赖明志等[45]采用石蜡切片法，较系统地观察了茉莉花的花器结构与发育，探明在花芽分化各阶段所出现的败育和不育现象是茉莉花罕见结实的早期表征；绒毡层细胞和卵器异常为其先兆，进而就其产生原因进行了讨论。郭素枝等[46]对相同生境栽培的单、双瓣茉莉花根茎叶等器官解剖结构特征研究结果表明，与单瓣茉莉花相比，双瓣茉莉花具有根、茎各薄壁组织淀粉粒积累量较多，茎次生木质部导管内无侵填体，茎皮层细胞层多达 2～4 层，气孔器较小、密度较大且位置更下陷，气孔器面积/叶表面积值较小，叶片角质层较厚且叶肉细胞较小，栅栏组织厚度/叶肉组织厚度值较大，栅栏组织细胞排列更紧密等叶片结构特征，揭示了双瓣茉莉花比单瓣茉莉花更适应低温和干旱的结构原因。对茉莉花抗寒生理的研究，其目的在于为提高茉莉花抗寒性的措施选育耐寒品种。文斌等[47]以单、双瓣茉莉花为材料，研究了冷锻炼对低温胁迫下两品种相对电导率和丙二醛（MDA）含量的影响。研究表明，冷锻炼可有效缓解两茉莉花品种因低温胁迫导致的相对电导率和 MDA 含量的下降，其生理效应期分别为 2d 和 4d。发现冷锻炼可缓解低温胁迫对茉莉花带来的伤害，而且冷锻炼更有利于提高双瓣茉莉花的耐寒性。何丽斯等[48]以 2 年生单、双瓣茉莉花扦插苗为材料，采用人工模拟低温的方法，初步研究不同温度梯度和低温处理时间对茉莉花植株 9 个生理指标的影响，并利用隶属函数法对两栽培品种的抗寒性进行综合评价。结果显示：随着温度降低和胁迫时间延长，单、双瓣茉莉花扦插苗受到低温胁迫伤害的程度逐渐加剧，且各低温胁迫 8d 后的各项生理指标的变化较处理 2d 和 4d 更显著。

李春牛等[49]对国内外茉莉花资源进行收集保存及评价，并比较不同生长调节剂及浓度对茉莉花非试管快繁生根率、平均生根数的影响。研究发现，茉莉花非试管快繁，选用浓度 750mg/L 的 IBA 溶液慢浸 0.5h，生根率最高，平均生根数最多。袁媛等[50]总结了利用大棚薄膜延长福州市区茉莉花花期的栽培技术，包括薄膜的选用及覆膜处理，生长期修剪和花苞采摘，生长期病虫害防治等技术，以期为类似福州市环境区域茉莉花种植提供参考。茉莉花一般采用扦插方式进行繁殖，但自然条件下扦插效果并不太理想，张福平、原海燕等都研究了不同条件下茉莉花的扦插试验并得出了相应的最适条件[51~52]。在开展茉莉花扦插繁殖的同时，组培快繁技术的研究也取得了一定的突破，总结出较为成熟的茉莉花组培快繁技术，分别得到茉莉花快繁的最佳诱导、继代和生根培养基[53]。同时孙艳妮等[54]以 WPM 为基本培养基比较了不同 6-BA 和 IBA 配比对茉莉花茎段芽诱导的影响，及不同温度条件下不同 6-BA 和 IBA 配比对茉莉花芽增殖的影响，并以 1/2WPM 为培养基，比较了不同 NAA 浓度处理及不同生根方法对离体芽生根的影响，初步建立了茉莉花的离体快繁体系。刘玉环与张育松等[55~56]均系统地研究了主要植物生长调节剂对茉莉花新梢生长与花蕾产量的影响，使之复混研制成茉莉花增花剂抑制新梢旺长，提高产量效显著。病虫害是茉莉花种植过程中制约其生长的最重要因子之一，长期以来对于病虫害防治技术研究的不断深入，也取得了一系列的研究成果。洪若豪[57]对茉莉花叶螟进行了初步研究，发现茉莉花叶螟是福建茉莉花的重要害虫之一，对茉莉花叶螟的形态进行描述，并提出防治意见。林茂松[58]在对江苏地区盆栽茉莉花土壤进行测定时，率先发现了茉莉花根部的一种迁移性外寄生根线虫能够明显影响茉莉花的生长。龚兰芳等[59]针对元江县茉莉花虫害日益加重，尤其是茉莉花蕾螟，发生规律不清，无防治经验借鉴，花农乱用滥用农药，不仅防治成本高、效果不理想，且造成农药残留和环境污染的现实问题，提出天泰（2.1%1 000倍液）、爱福丁（24.5%1 500倍液）、阿巴丁（1.8%3 000倍液）、阿维菌素（1.8%2 000倍液）、金福丁（1%1 000倍液）等生物农药，是目前防治茉莉花蕾螟较为理想的药剂。病害对于茉莉花具有与虫害相同的影响。白绢病又称败花病，白绢病是茉莉花栽培过程中最常见的病害之一，在每年6～8月高温潮湿情况下，尤其是雷雨之后容易发生[60]。杨万业[61]分析茉莉花白绢病预防和处理方法，预防措施主要包括农业预防措施、生物预防措施、化学预防措施及加强检疫。病初可采用0.5%噻呋酰胺颗粒剂拌肥或拌土撒施到茉莉花根部周围或采用70%五氯硝基苯对周围土壤进行消毒，还可喷施1%波尔多液或0.3波美度石硫合剂，或50%退菌特进行防治[62]，白绢病发病较重但未出现植株枯死情况时，种植户可对植株喷50%硫菌灵或75%百菌清可湿性粉剂800～1 000倍液或65%代森锌500倍液[63]。曹丽[64]研究发现，用65%代森锌可湿性粉剂800倍液以及75%百菌清可湿性粉剂800～1 000倍液等均对茉莉花白绢病具有良好的防治作用。

还有学者分析了影响茉莉花产量和品质的气象条件和立地条件。茉莉花的生长发育对环境因素有独特要求，尤其是对温度和光照要求甚高。温度是影响茉莉花产量和品质的关键气象因子之一。叶茂宗等[65]以双瓣茉莉花品种为对象开展茉莉花冻害与温度关系的研究，发现气温2℃为冻害的临界温度，会导致当年生新梢和部分叶片冻伤；低于−2℃的低温会引起3级冻害，不仅叶片和当年生新枝全部死亡，还会导致主枝与主干严重冻伤或死亡，并使根系受伤；而−5℃即为植株死亡的临界温度，说明温度的高低影响茉莉花的生长发育。李聪聪等[66]研究了不同温度处理对双瓣茉莉花植株生长发育的影响以及花芽分化过程中部分生理指标的变化情况，表明较高温度处理（昼温30℃、夜温25℃）比较低温度处理（昼温20℃、夜温15℃）提前1周开花，且现蕾量增加25%，表明较高温度处理对茉莉花的生长发育更有利。春季气温达到19℃时茉莉花叶芽开始萌动，25℃以上现蕾，最适开花温度是35～37℃，而38～40℃的高温会抑制花芽发育[66～67]。7～9月温州市属高温多雨季节，月平均气温28℃左右最适合茉莉花的花芽分化和花蕾生长[68]。茉莉花属阳性短日照植物[30]。Deng等[69～70]通过设置不同程度和不同时期的遮阴处理，对双瓣茉莉花和多瓣茉莉花的光合特性、叶绿体超微结构、植株形态、叶片解剖结构特征、花器官发育进度及生理生化反应等进行全面的比较研究，发现在夏季晴天中等程度遮阴（20%～50%光照）下叶绿体发育最好，全光照和重度遮阴（5%光照）会分别导致光抑制（photoinhibition）和光匮乏（light deficiency）效应，说明高温时适当遮阴有利于高产。张泽岑[71]发现露天条件下栽培的光照度强的茉莉花授粉率高于走廊下栽培的光照度弱的植株，认为光照度不足会引起花粉和胚囊发育不正常，导致不能形成种子或种子发育不良，说明光照度强比光照度弱条件下茉莉花授粉率高。

立地条件也是影响茉莉花产量和品质的关键因素之一。茉莉花原产热带、亚热带地区，该地区高温多雨、湿热同季，地势较高的土壤风化和淋溶作用比较强烈[72]，易造成土壤酸化，导致土壤养分低[73]，破坏土壤结构，不利于作物根系生长[74]。茉莉花喜大肥大水，其产量和品质受土壤养分含量和施肥量的影响，适宜在深厚肥沃、富含腐殖质的酸性砂质或半砂质土中生长。土壤 pH 与土壤各类元素吸收和转化等密切相关[75]，是影响茉莉花产量的最主要因素。茉莉花适宜在 pH 6.0～6.5 的微酸性土壤中种植。在肥沃的砂质和半砂质土壤中栽培，则根系发达、枝繁叶茂、花香洁白。此外，在每月大花期结束前 5d 左右，每亩施含锌、镁、硼等微量元素的生物菌肥 150kg 效果较好，可补充土壤微量元素，改善土壤微生物环境[76]。盛夏高温季节是茉莉花生长的旺期，多施有机肥和磷钾肥，促使孕育花蕾，提高花产量[77]。低海拔地区，气温较高，排灌方便，土层疏松深厚的砂质壤土基本上能满足茉莉花对生态条件的要求[78]。科学施肥是茉莉花高产的关键，周瑾等[79]对影响茉莉花产量的 3 个主要元素，即氮（N）、磷（P）、钾（K）进行大田比较试验，发现茉莉花产量与氮负相关，与磷和钾正相关，且钾的效应最大，并提出田间栽培茉莉花的最佳施肥量为氮肥 132.4～197.6kg/hm^2、磷肥 166.6～197.4kg/hm^2、钾肥 126.8～155.3kg/hm^2。Nair[80]以单瓣茉莉花为对象，研究不同施肥水平对其开花稳定性的影响，发现每株每年施用 N 120g、P 240g、K 240g，并且在每年的 2、5、9、12 月分 4 次等量施用，可确保年产花量最稳定，且开花时的每株叶片数、每株花芽数和每株开花数等与产花量相关的性状指标最佳。在此基础上，Chamakumari 等[81]对化肥和有机肥结合使用时双瓣茉莉花的生长、产花量和花的质量进行研究，发现每株施用 N 60g、P 120g、K 120g 并结合使用 10.5g 有机肥的处理，产花量最高。此外，有学者将 3S 技术和立地条件相结合，对茉莉花种植土地适宜性进行评价分析。林少颖等[21]基于 GIS 技术，以福州市茉莉花种植作为研究对象，针对福州市茉莉花种植的土地情况和茉莉花生态习性，选取了茉莉花种植的 6 个适宜性评价因子：有机质、碱解氮、有效磷、速效钾、坡度、土壤酸碱度，并结合 AHP（层次分析法）确定评价因子权重以及分级指标，最后确定茉莉花种植地评价等级分布。赵银军等[20]运用 GIS 工具如 MAPGIS、ARCGIS 等软件，选取横州 DEM（1∶500 000）、横州有机质图、横州行政图和横州 pH 图等作为适宜性评价因子，采用层次分析方法，对横州茉莉花种植地进行了适宜性评价。

三、结论与展望

黄芳芳等[82]通过茉莉花的文献量、文献内容等分析了我国茉莉花资源的研究现状，研究发现，栽培研究占的比例最大，占 27.0%，其中栽培技术占栽培研究的 64.4%；经济与资源研究次于栽培研究，占 24.9%，说明我国在对茉莉花的经营管理和资源调查方面有一定的经验。基础研究所占的比例也较高，达 15.6%，基础研究中化学成分占 43.3%；经济与产品研究综合利用在此类研究中高达 50.9%，而对茉莉花的中医药研究文献较少，可见我国在研究茉莉花药用价值方面还比较少。

此外，横州茉莉花目前栽培技术已经非常成熟，但是没有定量预报茉莉花产量的预报模型。茉莉花气象、产量等预报模型，可为茉莉花实时产量和价格预测提供决策依据，也为田间微气象条件调控和水肥管理措施的实施提供技术支撑。

第二章　茉莉花产区自然、社会、经济条件

第一节　茉莉花介绍和产区情况

中国有 4 个茉莉花产区，分别为广西横州市、四川犍为县、福建福州市和云南元江县。下面以广西横州茉莉花地标作物为例，定性解析茉莉花农业地理信息特征，进一步理解农业地理信息学的涵义，也为半定量和定量解析提供依据。

茉莉花是典型地标作物，分布在广西横州市校椅镇、横州镇、云表镇、马岭镇、莲塘镇、那阳镇和百合镇等地。横州茉莉花产区自然条件参见表 2-1。

表 2-1　横州茉莉花产区自然条件

地区	纬度 (°)	经度 (°)	平均海拔 (m)	年均温 (℃)	年降水量 (mm)	年日照时数 (h)	土壤类型 (%)	主要水体
横州	22.209 9～ 24.036 3	107.325 9～ 109.618 8	192.20	21.3	1 588.90	1 552.30	黄色铁铝土（47.6）、酸性硫酸盐潜育土（12.9）、石灰性疏松岩性土（12.7）	邕江、左江、右江、八尺江、大王滩、西津水库等

备注：高程和气象数据来源于国家科技基础条件平台——国家地球系统科学数据中心[83~85]；土壤类型来源于联合国粮农组织（FAO）和维也纳国际应用系统研究所（IIASA）所构建的世界土壤数据库 Harmonized World Soil Database version 1.1（HWSD）[86]，提取以上栅格数据在各地区内所有栅格值的均值；主要水体数据来自各市的市志[87]。

横州茉莉花以花期早、花期长、花蕾大、产量高、质量好、香味浓而著名。2006 年，广西横州茉莉花成为地理标志保护产品。2021 年，横州茉莉花种植面积约 12.5 万亩，年产鲜花 10.2 万 t，居全国第一位。

目前，横州市建设了一个集生产科研展示于一体的高标准综合性生态示范园——中华茉莉园。现存花茶加工企业 150 家，茉莉花茶总产值 122 亿元，茉莉花产量和花茶加工总量均占全国 80% 以上，占世界 60% 以上，横州市已成为世界上最大的茉莉花生产和茉莉花茶加工基地，茉莉花种植已成为横州市农民增收、财政增长的重要支柱产业，推动了产业脱贫和乡村振兴的高质量发展。

从农业地理信息学角度分析：横州市地处广西东南部，南宁市东部，位于北纬 22'08″～23'30″和东经 108'48″～109'37″之间，总面积 3 464km²。横州市四周群山环绕，中部平缓开阔，地势由西向东倾斜。境内北部有镇龙山脉；西部为中、低丘陵地带；东部和南部属于山体圆浑的高丘陵；中部地势比较平坦。境内属南亚热带季风气候，太阳辐射强，日照充足，气候温暖，雨量充沛，夏长冬短，无霜期长，少见冰雪。横州的气候特点非常适宜

茉莉花的栽培。

第二节　茉莉花产区月平均气象条件

气象因子是影响茉莉花产量和品质的关键生态因子。因此，收集和整理横州茉莉花产区 12 个月的平均气象条件尤为重要。该气象条件主要包括月平均温度、月日最高温度、月日最低温度、月平均相对湿度、月最小相对湿度、月日照时数和月降水量，如表 2-2 至表 2-13 所示。

表 2-2　横州茉莉花产区 1 月平均气象条件

年份	平均温度（℃）	日最高温（℃）	日最低温（℃）	平均湿度（%）	最小湿度（%）	日照时数（h）	降水量（mm）
1991	13.29	16.57	11.14	81.94	70.16	46.20	25.40
1992	12.24	16.64	9.12	76.71	58.77	104.20	231.40
1993	10.92	15.79	7.90	77.19	59.45	80.00	16.70
1994	14.74	19.66	11.17	74.10	55.58	78.00	4.30
1995	11.65	15.88	8.91	79.23	62.00	60.90	40.50
1996	11.38	15.81	8.45	83.29	67.29	48.70	36.60
1997	14.78	19.99	11.12	73.45	52.55	72.70	47.60
1998	12.57	15.74	10.42	104.16	80.52	33.70	38.60
1999	13.97	18.52	10.81	75.71	56.97	98.10	67.60
2000	14.73	19.03	11.72	73.03	57.71	66.60	8.70
2001	14.69	18.85	12.09	79.94	64.65	71.60	71.50
2002	13.95	18.93	10.48	77.42	54.87	105.00	50.30
2003	13.40	19.03	9.38	75.90	51.81	162.10	58.80
2004	13.51	17.58	10.20	73.68	56.48	73.90	44.30
2005	11.61	15.26	9.21	71.94	57.71	28.50	25.80
2006	14.95	19.76	11.66	70.29	53.26	96.00	21.90
2007	11.55	16.51	7.98	71.06	49.74	120.50	29.70
2008	9.52	13.93	6.89	81.29	63.16	93.60	113.10
2009	11.52	17.43	7.38	71.58	45.39	165.80	12.70
2010	13.81	17.31	11.65	87.19	73.48	31.40	93.80
2011	7.69	10.35	5.78	70.16	55.87	30.70	14.60
2012	9.62	11.73	8.24	86.06	75.45	14.80	87.40
2013	12.44	15.54	10.32	76.03	62.58	44.80	32.20
2014	13.79	20.36	9.02	73.48	45.84	179.10	4.40
2015	14.34	19.66	10.50	78.81	55.32	137.40	58.20
2016	12.91	16.08	10.82	82.71	68.65	54.60	208.50
2017	15.58	20.30	12.53	84.52	64.26	124.30	76.10
2018	13.84	18.50	10.96	81.68	61.42	71.20	36.60
2019	12.90	16.32	10.69	85.26	72.39	38.70	27.90

表 2-3　横州茉莉花产区 2 月平均气象条件

年份	平均温度 （℃）	日最高温 （℃）	日最低温 （℃）	平均湿度 （％）	最小湿度 （％）	日照时数 （h）	降水量 （mm）
1991	16.53	20.73	13.29	73.46	58.68	63.60	4.50
1992	12.66	16.08	10.29	84.66	70.66	53.80	83.60
1993	15.92	21.54	11.78	80.00	59.00	111.40	75.00
1994	14.66	18.26	12.23	82.25	69.18	43.40	59.20
1995	13.16	16.07	11.04	81.57	67.14	25.00	71.20
1996	12.20	16.52	8.82	77.69	58.24	90.50	34.90
1997	13.90	17.34	11.46	79.25	65.11	43.90	96.40
1998	14.76	18.04	12.44	124.36	83.11	53.10	22.80
1999	16.94	22.12	12.97	69.21	48.46	92.60	1.30
2000	12.31	15.95	9.76	77.48	63.41	34.20	28.60
2001	13.89	17.67	11.22	82.64	66.93	53.50	93.20
2002	17.17	20.49	14.88	82.57	68.11	51.80	45.10
2003	17.70	22.00	14.76	81.79	66.32	95.20	14.30
2004	15.75	20.47	11.83	79.66	59.45	87.20	58.20
2005	13.80	17.48	11.21	78.14	66.18	27.50	18.80
2006	14.81	18.92	12.31	81.54	67.43	45.20	130.60
2007	19.18	24.27	15.39	75.79	54.93	106.30	16.70
2008	10.51	13.95	8.15	70.21	53.79	45.80	58.30
2009	21.01	26.69	17.06	79.54	54.68	135.20	4.30
2010	16.48	20.87	13.62	83.29	63.86	81.00	14.80
2011	14.48	18.40	11.91	80.93	63.93	47.80	51.50
2012	12.06	15.10	9.99	85.34	74.10	10.30	39.00
2013	16.41	20.33	13.75	80.68	67.29	48.40	26.70
2014	13.14	16.80	10.39	80.50	63.96	48.90	29.20
2015	17.28	21.41	14.61	80.32	61.86	89.80	13.70
2016	12.75	17.43	9.48	73.55	54.28	101.90	19.00
2017	15.70	20.52	12.24	76.71	56.89	85.10	50.90
2018	14.42	18.45	11.39	72.89	56.96	64.60	20.80
2019	15.89	19.99	13.18	86.86	72.57	61.00	85.90

表 2-4 横州茉莉花产区 3 月平均气象条件

年份	平均温度 (℃)	日最高温 (℃)	日最低温 (℃)	平均湿度 (%)	最小湿度 (%)	日照时数 (h)	降水量 (mm)
1991	19.02	22.95	16.19	83.29	69.77	38.40	61.80
1992	15.23	18.47	12.86	84.42	72.94	39.40	47.90
1993	17.86	21.34	15.16	85.29	71.42	60.00	40.20
1994	15.73	19.17	13.08	84.97	70.26	40.30	198.90
1995	17.16	20.28	14.54	83.48	67.94	37.90	60.40
1996	15.92	20.15	12.87	85.32	68.61	69.30	97.70
1997	18.33	21.88	16.07	83.61	70.00	58.80	172.30
1998	17.83	21.88	15.10	151.00	85.03	67.60	35.20
1999	18.21	22.41	15.02	79.06	63.84	60.80	56.70
2000	17.55	21.12	14.88	84.06	69.87	58.80	48.20
2001	18.90	22.90	15.97	81.97	63.23	80.60	64.90
2002	20.14	24.28	17.46	79.68	64.10	45.90	41.30
2003	18.66	22.63	16.04	79.74	62.55	80.30	75.80
2004	17.16	20.35	14.44	79.74	66.55	68.00	42.60
2005	16.45	20.55	13.33	78.84	62.48	57.00	79.30
2006	17.63	21.48	14.87	84.71	68.00	57.40	84.20
2007	18.70	22.00	16.39	85.71	72.52	44.50	97.30
2008	19.57	24.75	15.79	78.81	54.48	102.90	45.00
2009	17.86	21.04	15.29	85.87	71.61	44.10	96.80
2010	19.36	23.76	16.16	76.39	56.68	87.00	8.80
2011	14.15	17.38	11.89	80.74	65.97	17.70	76.30
2012	17.26	20.48	15.14	81.23	68.84	35.70	145.80
2013	21.14	25.54	17.97	74.16	56.77	74.10	73.90
2014	17.53	20.29	15.36	87.10	75.68	26.60	59.70
2015	18.85	22.36	16.55	87.32	74.77	30.30	36.70
2016	18.11	22.01	15.02	82.87	65.55	61.50	53.20
2017	17.99	22.06	15.63	88.97	73.23	49.70	81.10
2018	20.64	25.32	16.95	79.00	58.35	111.90	57.30
2019	18.83	22.56	16.28	88.61	75.19	55.00	91.70

表 2-5 横州茉莉花产区 4 月平均气象条件

年份	平均温度 (℃)	日最高温 (℃)	日最低温 (℃)	平均湿度 (%)	最小湿度 (%)	日照时数 (h)	降水量 (mm)
1991	23.06	27.50	19.60	77.47	59.37	133.00	24.00
1992	23.25	27.33	20.24	80.97	63.73	84.50	76.80
1993	22.31	26.12	19.52	85.77	71.77	59.10	122.60
1994	24.82	28.79	21.97	80.03	65.27	89.30	75.30
1995	23.16	26.45	20.69	83.67	69.77	62.60	88.40
1996	18.98	22.16	16.53	82.17	68.50	41.30	106.80
1997	22.82	26.67	20.05	83.80	66.53	101.90	254.50
1998	24.98	29.12	21.44	79.07	59.10	136.40	144.70
1999	23.90	27.72	21.08	78.43	61.60	101.40	175.50
2000	23.12	27.30	20.43	81.30	65.97	95.80	83.90
2001	22.12	25.50	19.82	84.80	72.50	53.00	80.00
2002	24.36	28.82	21.43	77.90	59.47	147.60	69.90
2003	24.16	28.09	21.28	78.47	61.70	134.60	101.90
2004	23.34	27.51	20.06	78.97	60.00	123.70	52.10
2005	22.32	26.19	19.60	78.17	60.40	97.50	74.00
2006	23.74	28.07	20.73	80.20	62.53	119.70	32.10
2007	20.54	24.60	17.61	81.53	62.60	78.70	91.30
2008	23.17	26.70	20.39	83.80	66.97	86.30	38.50
2009	22.78	26.62	20.09	80.20	61.60	102.20	107.10
2010	20.55	24.17	17.92	86.53	71.77	44.90	223.90
2011	22.65	27.36	19.07	74.97	54.73	103.00	79.10
2012	24.24	28.15	21.48	77.50	62.10	99.70	87.40
2013	22.48	26.42	20.09	76.47	61.17	69.90	283.50
2014	23.95	27.10	21.85	82.90	70.83	28.60	127.10
2015	23.38	28.06	19.74	74.10	55.13	161.40	8.70
2016	25.05	28.85	22.29	83.47	67.30	97.00	161.80
2017	22.77	27.10	19.68	82.73	62.83	105.20	29.60
2018	22.73	27.12	19.40	79.97	61.10	102.70	180.10
2019	24.87	29.20	22.00	85.10	68.30	67.90	151.90

表 2-6 横州茉莉花产区 5 月平均气象条件

年份	平均温度 (℃)	日最高温 (℃)	日最低温 (℃)	平均湿度 (%)	最小湿度 (%)	日照时数 (h)	降水量 (mm)
1991	26.19	30.25	22.82	79.87	62.19	172.00	3.20
1992	25.83	29.63	23.17	81.97	66.03	93.80	153.90

（续）

年份	平均温度 （℃）	日最高温 （℃）	日最低温 （℃）	平均湿度 （%）	最小湿度 （%）	日照时数 （h）	降水量 （mm）
1993	25.90	30.20	23.10	85.06	66.84	139.00	245.80
1994	27.10	31.62	23.93	79.77	60.32	144.50	91.80
1995	26.10	30.89	22.69	77.16	57.19	183.70	111.10
1996	25.54	29.45	22.47	80.26	62.35	120.90	281.50
1997	25.93	30.01	22.58	80.42	62.94	138.90	93.40
1998	26.38	30.36	23.18	231.81	81.55	153.60	186.20
1999	24.84	28.54	21.86	81.06	63.10	115.80	88.50
2000	25.68	30.11	22.93	83.32	63.68	144.30	91.60
2001	25.55	29.63	22.86	83.81	65.74	127.00	412.70
2002	26.22	30.24	23.24	81.42	63.03	149.20	177.10
2003	27.30	31.54	24.29	79.81	60.74	205.00	144.40
2004	25.28	29.84	21.86	78.45	58.90	152.90	121.80
2005	27.98	32.17	24.87	74.45	55.71	233.50	177.40
2006	25.63	30.06	22.54	77.74	58.03	155.40	153.90
2007	26.25	31.01	22.74	77.90	55.39	194.10	194.10
2008	25.62	29.86	22.61	82.81	60.74	160.20	255.00
2009	25.50	29.51	22.66	80.19	61.48	117.20	181.20
2010	26.82	30.85	23.77	80.52	60.94	124.50	152.50
2011	24.77	29.28	21.48	76.65	57.03	173.80	146.20
2012	27.34	31.44	24.36	77.10	59.23	179.00	262.70
2013	26.53	30.44	23.80	77.29	60.23	154.80	146.10
2014	26.95	30.89	24.07	80.77	64.19	147.70	85.00
2015	27.80	31.85	24.80	83.65	65.81	144.40	147.90
2016	26.95	31.45	23.78	81.13	61.16	172.60	316.30
2017	25.94	30.66	22.63	84.74	62.06	178.00	331.00
2018	27.84	32.30	24.87	81.65	61.55	226.60	171.90
2019	25.77	29.51	23.21	82.97	67.55	117.50	54.40

表 2-7　横州茉莉花产区 6 月平均气象条件

年份	平均温度 （℃）	日最高温 （℃）	日最低温 （℃）	平均湿度 （%）	最小湿度 （%）	日照时数 （h）	降水量 （mm）
1991	27.87	31.98	24.94	84.57	66.17	143.00	240.90
1992	27.60	31.99	24.71	83.23	65.03	158.30	201.20
1993	27.95	32.09	24.90	84.93	67.50	131.10	692.90
1994	27.38	31.06	24.89	84.50	68.57	118.20	365.20

（续）

年份	平均温度 （℃）	日最高温 （℃）	日最低温 （℃）	平均湿度 （%）	最小湿度 （%）	日照时数 （h）	降水量 （mm）
1995	27.83	31.37	25.28	84.43	67.80	139.70	414.60
1996	27.84	31.33	25.07	83.60	66.20	134.80	380.80
1997	27.40	31.23	24.72	82.17	64.50	129.90	114.80
1998	27.61	30.94	25.03	250.27	86.23	107.50	461.40
1999	28.31	32.26	25.25	82.07	62.83	200.20	170.70
2000	27.71	31.94	24.92	79.97	58.67	179.40	63.10
2001	27.16	31.01	24.47	86.43	68.20	154.00	558.10
2002	27.76	31.53	25.14	85.60	68.57	154.40	322.70
2003	27.38	31.80	24.44	83.97	63.20	179.70	597.80
2004	28.22	32.81	24.41	78.70	56.97	239.40	76.70
2005	27.57	30.98	25.66	82.73	68.33	94.60	333.30
2006	27.79	31.85	24.85	83.90	63.40	170.90	165.60
2007	28.40	32.58	25.30	82.63	61.53	194.70	215.50
2008	26.45	30.13	24.22	91.77	70.83	95.60	475.80
2009	27.88	32.32	24.94	83.67	61.93	173.80	341.60
2010	27.18	30.85	24.67	83.67	66.57	120.20	384.00
2011	27.80	31.68	25.18	82.87	62.13	159.70	366.60
2012	27.79	31.58	25.36	79.80	63.30	108.10	294.90
2013	27.89	32.19	24.81	74.13	54.50	202.10	155.60
2014	28.57	32.88	25.83	83.83	63.50	169.80	288.20
2015	28.96	33.07	25.98	83.60	63.40	211.40	184.60
2016	28.74	33.12	25.93	82.60	63.63	224.70	202.10
2017	28.17	32.07	25.78	88.70	68.90	128.70	290.10
2018	27.92	32.35	25.33	83.60	63.13	167.50	174.10
2019	28.71	32.92	26.03	85.13	65.07	159.20	192.00

表 2-8 横州茉莉花产区 7 月平均气象条件

年份	平均温度 （℃）	日最高温 （℃）	日最低温 （℃）	平均湿度 （%）	最小湿度 （%）	日照时数 （h）	降水量 （mm）
1991	28.15	32.66	25.33	82.87	62.16	197.40	304.00
1992	27.92	32.55	24.62	80.48	59.61	219.10	205.00
1993	28.91	33.14	26.08	82.06	63.29	214.30	149.20
1994	27.25	31.18	24.83	88.03	69.52	127.80	466.50
1995	28.16	32.18	25.18	82.94	63.65	195.90	170.90
1996	28.29	31.83	25.42	82.68	65.13	140.20	165.50

（续）

年份	平均温度 （℃）	日最高温 （℃）	日最低温 （℃）	平均湿度 （%）	最小湿度 （%）	日照时数 （h）	降水量 （mm）
1997	27.52	31.39	24.87	85.94	66.39	116.10	338.80
1998	28.44	32.01	25.70	257.03	83.19	179.40	390.90
1999	28.48	32.72	25.57	84.03	65.10	181.60	160.60
2000	28.60	33.63	25.29	80.74	56.68	232.80	322.40
2001	27.85	31.99	24.92	84.39	65.29	178.20	523.40
2002	27.85	31.81	25.07	86.13	66.32	136.40	708.70
2003	29.15	34.00	25.48	78.10	55.68	304.40	342.40
2004	27.55	31.56	24.34	84.77	65.65	139.30	592.10
2005	28.76	33.80	25.37	75.58	52.94	260.50	172.00
2006	28.12	32.58	25.28	85.55	63.26	183.00	742.50
2007	29.05	33.47	26.11	79.48	57.23	259.50	82.50
2008	27.65	31.65	25.15	87.84	66.68	170.40	175.10
2009	27.90	32.36	24.94	86.32	64.00	185.20	498.60
2010	29.00	33.31	26.01	78.52	57.06	228.40	289.80
2011	28.43	33.17	25.23	80.10	56.42	229.10	270.50
2012	28.39	32.82	25.33	77.19	56.19	218.30	328.40
2013	27.76	32.29	24.85	76.97	56.32	192.20	496.20
2014	28.45	33.55	25.33	83.55	58.77	230.80	378.60
2015	27.70	31.55	24.72	85.19	65.74	148.10	491.80
2016	28.75	33.36	25.35	83.23	62.29	222.90	204.50
2017	28.07	32.93	24.86	87.58	62.87	195.00	321.30
2018	28.13	32.56	25.64	85.29	64.39	165.30	316.40
2019	28.70	33.24	25.70	85.32	64.90	146.60	465.00

表 2-9　横州茉莉花产区 8 月平均气象条件

年份	平均温度 （℃）	日最高温 （℃）	日最低温 （℃）	平均湿度 （%）	最小湿度 （%）	日照时数 （h）	降水量 （mm）
1991	29.32	34.65	25.58	77.00	51.52	253.10	110.40
1992	28.02	32.76	25.05	85.10	61.71	180.30	291.00
1993	28.77	34.24	25.24	80.55	54.65	221.60	126.40
1994	28.27	33.00	25.10	84.10	62.00	202.90	267.60
1995	27.48	32.03	24.77	86.19	64.19	162.60	250.50
1996	27.29	30.92	24.63	85.29	68.35	121.60	366.30
1997	27.94	32.21	24.75	82.77	61.23	155.60	180.10
1998	27.94	31.76	25.02	83.68	63.55	149.10	297.10

（续）

年份	平均温度 （℃）	日最高温 （℃）	日最低温 （℃）	平均湿度 （%）	最小湿度 （%）	日照时数 （h）	降水量 （mm）
1999	28.85	33.25	25.49	80.55	58.87	250.30	221.30
2000	27.28	31.57	24.73	85.65	66.45	159.30	318.80
2001	28.59	33.09	25.30	81.10	59.48	222.50	117.00
2002	27.87	32.52	24.85	84.23	61.42	170.10	321.20
2003	27.52	32.25	24.42	84.71	62.39	195.70	274.20
2004	28.61	32.93	25.62	81.84	61.55	224.70	235.10
2005	28.40	32.80	25.13	83.10	59.81	216.50	150.00
2006	28.17	32.93	25.31	78.65	55.90	208.90	119.60
2007	27.73	32.51	24.66	84.03	59.90	186.50	258.70
2008	28.01	33.21	24.88	84.35	58.29	197.40	380.30
2009	28.06	32.57	25.11	84.58	59.94	181.80	200.00
2010	28.71	33.68	25.64	82.61	56.77	222.10	248.60
2011	28.01	33.09	24.91	80.90	54.84	243.70	183.90
2012	28.05	33.29	24.96	78.90	52.00	228.90	129.50
2013	28.17	33.13	25.01	77.32	53.48	197.50	235.70
2014	28.09	32.80	25.11	76.87	55.06	175.90	393.80
2015	27.52	31.93	24.81	85.77	64.42	166.70	388.00
2016	28.48	33.20	25.31	84.10	58.74	205.20	159.70
2017	28.67	33.42	25.64	83.52	60.52	191.20	297.00
2018	28.69	33.05	25.52	85.39	61.42	207.20	363.90
2019	28.16	32.81	25.43	85.90	62.90	167.90	230.60

表 2-10　横州茉莉花产区 9 月平均气象条件

年份	平均温度 （℃）	日最高温 （℃）	日最低温 （℃）	平均湿度 （%）	最小湿度 （%）	日照时数 （h）	降水量 （mm）
1991	27.76	32.83	24.57	79.20	55.30	175.10	153.40
1992	27.17	33.09	23.04	78.17	47.93	257.40	27.50
1993	27.32	32.64	23.75	82.63	57.77	189.20	73.70
1994	26.96	32.22	23.36	80.60	56.83	199.40	188.20
1995	26.12	30.40	23.11	83.20	63.47	158.40	176.20
1996	26.52	31.43	22.96	80.43	54.60	198.00	308.10
1997	26.71	30.80	23.60	80.73	59.57	131.30	68.60
1998	24.44	28.54	21.63	83.67	63.53	130.00	165.50
1999	27.03	31.81	23.47	80.00	56.03	210.70	78.60
2000	26.46	31.88	22.95	80.20	54.27	211.30	100.80

（续）

年份	平均温度 （℃）	日最高温 （℃）	日最低温 （℃）	平均湿度 （%）	最小湿度 （%）	日照时数 （h）	降水量 （mm）
2001	26.38	31.48	22.81	75.40	52.57	216.10	81.90
2002	26.51	30.99	23.52	82.47	60.07	159.50	85.00
2003	25.22	29.13	22.58	82.40	64.70	153.60	261.70
2004	26.70	31.47	23.52	82.63	59.13	217.40	146.60
2005	26.86	32.03	23.32	78.90	53.67	213.30	30.70
2006	26.96	31.67	24.02	77.50	54.90	182.90	73.00
2007	25.87	31.04	22.23	77.47	50.60	205.70	31.90
2008	25.96	30.58	22.97	81.97	58.90	162.30	102.50
2009	26.96	32.02	23.77	85.17	58.60	203.60	409.40
2010	27.65	32.50	24.34	81.47	57.07	203.80	122.30
2011	27.14	31.79	24.05	82.97	58.40	199.10	278.70
2012	26.57	31.78	23.16	76.37	52.17	205.70	298.70
2013	26.47	31.28	23.03	71.60	49.57	210.40	42.20
2014	26.13	30.93	23.09	76.00	54.93	158.10	180.60
2015	27.61	32.76	24.22	82.10	56.60	235.00	136.20
2016	26.95	31.53	24.14	88.00	65.23	167.80	246.00
2017	27.30	32.31	23.77	80.57	56.27	231.70	109.40
2018	28.28	33.40	25.20	86.87	60.00	227.30	173.20
2019	26.99	31.87	23.76	82.00	58.37	179.10	133.60

表 2-11　横州茉莉花产区 10 月平均气象条件

年份	平均温度 （℃）	日最高温 （℃）	日最低温 （℃）	平均湿度 （%）	最小湿度 （%）	日照时数 （h）	降水量 （mm）
1991	23.97	29.18	20.35	77.26	54.87	176.40	67.20
1992	23.52	29.31	19.44	67.32	44.10	205.00	19.30
1993	22.04	28.91	17.20	68.19	41.97	238.20	0.20
1994	21.72	27.57	17.53	75.03	50.26	212.00	31.50
1995	22.19	27.89	18.12	77.19	51.74	227.20	31.90
1996	23.41	27.44	20.60	81.19	62.06	138.00	259.40
1997	23.94	29.50	19.59	74.06	50.61	222.60	38.90
1998	23.98	28.93	20.66	82.16	59.87	179.40	94.40
1999	24.18	30.13	19.71	71.35	43.32	223.90	30.80
2000	24.00	28.72	20.72	77.10	56.35	164.20	36.90
2001	23.34	27.72	20.49	80.87	61.77	154.50	150.60
2002	24.53	29.10	21.47	80.52	59.87	147.40	146.20

（续）

年份	平均温度 （℃）	日最高温 （℃）	日最低温 （℃）	平均湿度 （%）	最小湿度 （%）	日照时数 （h）	降水量 （mm）
2003	22.42	27.66	18.76	82.10	57.45	188.20	238.10
2004	23.51	29.04	19.01	71.74	47.55	220.60	0.00
2005	22.53	29.12	17.63	69.42	38.87	235.30	13.00
2006	24.13	29.86	20.15	74.39	49.03	198.90	3.20
2007	25.71	31.25	21.93	78.26	50.26	218.50	10.40
2008	23.73	29.24	19.91	76.06	48.97	212.70	8.90
2009	24.75	29.83	21.48	80.84	54.84	185.00	13.10
2010	24.11	29.64	20.59	79.90	51.52	174.00	33.20
2011	22.96	27.33	19.79	70.65	51.45	168.20	32.20
2012	22.40	26.96	19.36	82.39	59.81	151.80	319.80
2013	24.47	29.55	20.78	71.58	48.00	185.80	272.30
2014	23.23	28.89	19.21	66.77	41.32	202.60	7.80
2015	24.55	30.19	20.74	78.29	50.84	220.80	60.60
2016	24.03	29.44	20.44	83.48	53.77	195.90	149.20
2017	25.46	30.75	22.01	77.55	54.94	243.60	131.70
2018	23.33	28.54	20.15	82.94	56.84	206.90	205.50
2019	22.67	27.80	19.17	79.23	56.52	155.30	46.10

表 2-12　横州茉莉花产区 11 月平均气象条件

年份	平均温度 （℃）	日最高温 （℃）	日最低温 （℃）	平均湿度 （%）	最小湿度 （%）	日照时数 （h）	降水量 （mm）
1991	20.50	24.91	17.48	79.50	58.70	126.20	277.60
1992	19.03	25.12	14.81	68.47	45.53	162.40	31.80
1993	18.01	24.75	13.48	68.10	39.53	157.80	22.70
1994	18.68	24.32	14.75	76.80	53.43	135.30	118.90
1995	20.41	27.21	15.80	78.83	48.87	213.90	14.10
1996	17.87	22.72	14.35	71.67	48.00	134.60	33.40
1997	20.39	25.66	16.72	65.07	46.17	177.80	3.10
1998	20.44	25.76	16.77	75.50	53.27	127.70	25.30
1999	20.00	25.83	15.75	70.40	45.57	144.70	54.20
2000	19.19	24.60	15.73	77.70	56.13	140.20	187.70
2001	17.69	23.56	13.43	70.70	47.40	185.10	13.90
2002	18.05	24.64	13.55	73.27	41.57	202.00	41.10
2003	18.18	22.49	14.99	80.53	61.03	126.90	95.30
2004	20.16	26.12	15.81	70.40	46.10	206.70	3.20
2005	20.12	25.98	15.96	74.53	49.87	167.90	18.20
2006	20.30	25.57	16.67	75.73	52.67	142.40	13.20

（续）

年份	平均温度 （℃）	日最高温 （℃）	日最低温 （℃）	平均湿度 （%）	最小湿度 （%）	日照时数 （h）	降水量 （mm）
2007	20.87	26.58	17.06	75.83	50.77	166.50	16.60
2008	17.49	24.70	12.41	69.17	36.23	225.30	15.10
2009	18.31	23.71	14.54	74.27	49.47	175.10	43.30
2010	17.17	22.81	13.43	72.10	48.20	178.90	50.10
2011	18.39	24.60	14.01	73.13	43.87	157.10	5.40
2012	21.40	27.17	17.39	79.27	49.30	182.40	20.10
2013	19.75	24.05	16.80	77.73	62.90	81.30	113.80
2014	19.71	24.33	16.79	68.83	48.00	138.00	240.10
2015	20.03	24.26	17.06	81.57	63.77	120.60	46.00
2016	20.99	25.37	18.20	88.53	70.47	113.90	175.90
2017	19.09	23.46	16.15	83.37	66.17	126.90	219.80
2018	18.63	22.43	15.97	87.23	68.57	64.80	82.80
2019	20.13	25.04	16.55	82.50	60.90	141.30	22.30

表 2-13　横州茉莉花产区 12 月平均气象条件

年份	平均温度 （℃）	日最高温 （℃）	日最低温 （℃）	平均湿度 （%）	最小湿度 （%）	日照时数 （h）	降水量 （mm）
1991	17.03	22.67	13.08	72.74	51.00	138.20	7.70
1992	16.02	21.34	12.51	79.42	59.06	95.80	22.50
1993	17.03	23.53	12.63	77.03	50.84	157.70	88.70
1994	13.52	19.28	9.46	69.48	47.00	151.20	3.80
1995	16.31	20.32	13.34	82.65	66.84	102.60	68.70
1996	13.91	19.46	10.06	69.03	45.81	166.20	12.00
1997	14.86	20.39	11.10	67.00	42.90	119.60	4.30
1998	15.31	18.90	12.72	78.55	65.45	33.30	25.40
1999	16.08	21.66	12.15	71.03	47.16	149.30	17.20
2000	13.30	18.86	9.10	63.84	39.39	156.00	34.40
2001	16.37	22.55	11.98	71.00	47.19	168.20	8.10
2002	13.17	17.60	10.26	77.58	58.87	111.20	65.70
2003	14.63	18.35	12.19	82.90	68.71	85.40	81.20
2004	13.98	20.51	8.80	67.26	40.00	212.80	27.30
2005	14.65	20.67	10.14	70.77	44.03	168.10	10.60
2006	13.52	18.25	10.05	66.03	46.94	121.50	11.50
2007	14.61	20.71	10.37	69.81	44.45	176.00	8.50
2008	16.57	21.18	13.36	73.23	55.48	101.90	16.60
2009	13.94	20.24	9.61	73.45	47.29	157.10	33.70
2010	15.35	19.75	12.30	76.39	57.03	92.70	20.40

（续）

年份	平均温度 （℃）	日最高温 （℃）	日最低温 （℃）	平均湿度 （%）	最小湿度 （%）	日照时数 （h）	降水量 （mm）
2011	15.36	21.55	11.34	73.71	47.10	140.00	26.10
2012	13.13	18.21	9.55	62.58	41.13	125.30	9.30
2013	14.61	18.89	11.98	73.94	59.13	79.10	47.20
2014	11.66	17.84	7.65	73.45	43.97	201.70	155.80
2015	12.93	17.79	9.73	72.03	50.68	130.90	67.80
2016	14.11	17.05	11.99	81.00	68.58	47.70	108.40
2017	16.67	22.18	12.80	75.23	52.90	170.30	21.40
2018	14.11	18.13	11.14	74.06	53.26	102.20	39.30
2019	14.60	17.77	12.51	86.45	73.29	55.40	45.70

第三节　茉莉花产区地形情况

横州市四周群山环绕，中部平缓开阔，地势由西向东倾斜。境内北部有镇龙山脉；西部为中、低丘陵地带；东部和南部属于山体圆浑的高丘陵；中部地势比较平坦。

第四节　茉莉花产区土壤类型情况

横州市以赤红壤为主，紫色土次之。赤红壤分布面积广，主要分布在横州市中部和东部等地区，如陶圩镇和马山乡等。紫色土主要分布在横州市南部和西南部等地区，如那阳镇和飞龙乡等。水稻土分布较为分散，主要集中在横州镇和云表镇。红壤分布在北部地区，主要分布在镇龙乡。沙土含量较少，主要分布在横州镇的东南部地区、云表镇的中部等地区。

第五节　茉莉花土壤测试数据

在横州市校椅镇、横州镇、云表镇、马岭镇、莲塘镇、那阳镇和百合镇设置101个采样点，实测获得每个采样点的纬度、经度和高程，并于2018年8月盛花期采集0～10cm土样，测定土壤的pH、有机质、全氮、全磷、全钾、水解性氮、有效磷、速效钾。

第六节　茉莉花植株测试数据

对横州茉莉花植株不同器官养分的含量进行定量研究，并探讨植株器官间养分含量的多少和器官养分的相关性。因此，于2018年8月上旬盛花期采集0～10cm的土样对应的38个茉莉花根、枝、叶、花样本，测定植株4个器官的氮、磷、钾、铁、锰、铜、锌、硼、钼、硒（表2-14至表2-18）。

表 2-14　横州茉莉花土壤测试数据

序号	地点	海拔(m)	pH	有机质(g/kg)	全氮(g/kg)	全磷(g/kg)	全钾(g/kg)	水解性氮(mg/kg)	有效磷(mg/kg)	速效钾(mg/kg)	有效态铁(mg/kg)	有效态锰(mg/kg)	有效态铜(mg/kg)	有效态锌(mg/kg)	有效硼(mg/kg)	有效钼(mg/kg)	全硒(mg/kg)
1	校椅	63	5.92	20.8	0.86	0.10	5.26	104	57.6	28	13.5	46	1.29	1.86	0.28	0.41	0.40
2	校椅	63	7.19	27.1	0.98	0.13	9.00	142	7.2	213	26.5	139	0.86	4.13	0.46	0.66	0.86
3	校椅	59	6.72	28.2	1.03	0.14	7.59	134	27.5	66	36.0	224	1.96	2.86	0.96	0.45	0.74
4	校椅	57	6.51	27.7	1.49	0.10	8.11	143	15.4	234	31.1	231	1.63	2.99	0.49	0.68	0.75
5	校椅	58	6.04	27.8	1.75	0.08	6.20	136	17.2	136	49.0	219	1.40	1.97	0.30	0.47	0.83
6	校椅—茉莉园	54	6.31	30.8	1.77	0.18	6.78	132	4.5	102	23.8	107	1.51	2.38	0.36	0.30	0.96
7	校椅—茉莉园	59	6.07	36.9	2.07	0.17	6.29	160	4.3	85	31.5	134	1.71	1.51	0.26	0.85	1.02
8	校椅—茉莉园	59	6.50	34.1	2.06	0.19	6.99	168	21.5	55	21.5	90	1.89	1.88	0.20	0.10	0.76
9	校椅—茉莉园	58	5.82	26.5	1.68	0.08	19.00	124	4.8	195	26.0	76	2.44	2.60	0.38	0.40	1.07
10	校椅—茉莉园	59	5.14	29.0	1.69	0.17	12.20	80	24.7	787	87.4	149	2.00	3.06	0.68	0.44	0.84
11	校椅—茉莉园	58	5.78	34.4	2.26	0.18	8.18	165	23.8	146	33.0	216	2.18	2.46	0.04	0.58	0.74
12	校椅—茉莉园	60	5.74	22.2	1.40	0.12	9.09	108	4.8	129	18.0	21	1.66	1.09	0.09	0.10	1.05
13	校椅—茉莉园	61	5.65	44.7	2.50	0.17	6.75	167	6.1	129	46.7	231	1.97	1.90	0.45	0.22	0.81
14	校椅—茉莉园	61	5.81	26.7	1.64	0.14	6.19	47	17.2	172	29.7	76	1.28	1.60	0.21	0.13	0.94
15	校椅—茉莉园	64	6.18	40.9	2.35	0.15	7.43	159	36.3	248	39.1	140	2.90	2.40	0.29	0.33	0.89
16	校椅—茉莉园	64	5.91	33.6	1.86	0.20	6.94	158	6.5	192	34.9	161	1.82	1.61	0.33	0.24	1.41
17	校椅—茉莉园	62	5.22	40.4	1.30	0.12	6.94	238	6.1	105	18.6	221	2.20	4.53	0.28	0.37	1.52
18	校椅—茉莉园	58	7.09	50.3	1.52	0.16	7.49	222	26.9	289	22.1	44	5.75	11.10	0.68	0.23	0.99
19	校椅—茉莉园	59	4.91	34.1	1.99	0.12	7.49	146	7.2	179	41.3	201	2.70	2.20	0.32	0.19	1.30
20	校椅—茉莉园	58	5.33	42.6	1.74	0.12	7.62	91	4.7	180	25.0	61	2.23	0.49	0.54	0.21	1.04
21	校椅—茉莉园	53	5.49	38.1	1.22	0.07	7.91	87	10.5	126	78.0	30	2.94	1.92	0.16	0.26	1.11
22	校椅—茉莉园	53	5.86	34.1	1.85	0.14	7.08	74	6.0	76	46.3	98	2.69	1.75	0.41	0.27	1.38
23	校椅—茉莉园	53	6.03	32.4	1.62	0.12	7.71	98	4.7	76	30.6	61	2.24	1.15	0.16	0.21	1.39

（续）

序号	地点	海拔 (m)	pH	有机质 (g/kg)	全氮 (g/kg)	全磷 (g/kg)	全钾 (g/kg)	水解性氮 (mg/kg)	有效磷 (mg/kg)	速效钾 (mg/kg)	有效态铁 (mg/kg)	有效态锰 (mg/kg)	有效态铜 (mg/kg)	有效态锌 (mg/kg)	有效硼 (mg/kg)	有效钼 (mg/kg)	全硒 (mg/kg)
24	校椅—茉莉园	54	5.46	45.2	2.44	0.12	8.34	199	7.9	158	64.6	86	3.03	2.99	0.63	0.25	1.18
25	校椅—茉莉园	52	6.15	40.4	2.33	0.14	7.48	178	5.1	122	46.2	117	3.25	2.48	0.50	0.23	1.14
26	横州	60	5.48	38.7	2.31	0.26	10.70	52	175.6	458	130.0	59	5.27	2.58	0.54	0.09	0.62
27	横州	61	5.50	32.4	1.84	0.15	9.80	89	90.0	186	93.0	18	3.70	1.75	0.41	0.16	0.50
28	横州	53	6.95	46.6	1.72	0.15	8.50	58	85.1	280	26.8	43	3.19	3.98	0.45	0.13	0.94
29	横州	52	5.64	39.3	2.30	0.11	8.58	82	18.5	243	73.0	86	2.59	2.44	0.25	0.17	0.63
30	横州	51	5.91	40.5	2.45	0.14	9.76	70	29.6	228	64.6	44	3.53	3.63	0.41	0.22	0.88
31	横州	66	6.08	17.8	1.27	0.11	8.34	50	14.6	66	66.6	143	2.08	1.20	0.16	0.48	0.52
32	横州	66	5.49	21.3	1.66	0.18	10.30	135	151.2	146	136.0	298	5.22	5.55	0.50	0.28	0.38
33	横州	61	6.38	21.7	1.58	0.11	10.10	111	16.2	114	51.6	196	2.62	1.51	0.44	0.62	0.45
34	横州	58	6.14	23.6	1.65	0.11	9.99	105	57.8	113	90.0	19	2.98	3.32	0.32	0.16	0.35
35	横州	58	6.01	23.3	1.58	0.14	7.98	123	57.5	99	188.0	17	2.45	2.41	0.24	0.12	0.27
36	横州	57	7.28	34.3	2.63	0.07	5.80	96	8.8	27	14.8	27	0.82	1.83	0.27	0.22	0.28
37	横州	56	5.90	30.7	2.03	0.10	6.90	151	62.5	49	206.0	40	2.20	0.69	0.04	0.20	0.38
38	横州	51	6.76	16.7	1.26	0.06	6.33	108	13.0	34	9.0	19	0.96	0.74	0.24	0.04	0.22
39	横州	50	7.26	22.4	1.78	0.11	7.01	144	20.7	43	18.1	18	1.17	0.92	0.28	0.07	0.32
40	横州	50	7.63	20.3	1.73	0.09	6.39	155	44.4	100	23.0	20	1.80	1.65	0.56	0.07	0.26
41	横州	43	7.32	11.0	0.65	0.04	8.56	63	6.2	26	10.1	24	0.70	0.28	0.03	0.18	0.39
42	横州	43	5.93	24.8	1.76	0.10	8.41	141	62.2	100	79.3	13	2.54	1.27	0.46	0.24	0.36
43	横州	43	6.21	30.8	2.00	0.09	7.52	110	31.3	137	107.0	7	2.68	1.18	0.36	0.21	0.41
44	横州	44	6.32	29.4	2.12	0.14	7.81	80	81.5	96	79.8	21	2.62	2.46	0.80	0.13	0.37
45	横州	44	4.38	30.7	2.09	0.20	8.54	60	320.6	195	300.0	11	3.09	2.38	0.49	0.22	0.45
46	横州	45	5.57	22.3	1.84	0.11	9.12	43	66.2	94	288.0	4	2.81	0.60	0.08	0.25	0.45

（续）

序号	地点	海拔(m)	pH	有机质(g/kg)	全氮(g/kg)	全磷(g/kg)	全钾(g/kg)	水解性氮(mg/kg)	有效磷(mg/kg)	速效钾(mg/kg)	有效态铁(mg/kg)	有效态锰(mg/kg)	有效态铜(mg/kg)	有效态锌(mg/kg)	有效硼(mg/kg)	有效钼(mg/kg)	全硒(mg/kg)
47	横州	42	5.75	23.1	2.04	0.17	11.00	173	155.9	155	202.0	6	3.62	0.90	0.15	0.34	0.48
48	横州	45	5.79	28.9	1.93	0.13	10.60	106	71.9	182	216.0	6	3.51	1.14	0.31	0.23	0.44
49	横州	47	5.48	35.5	2.52	0.10	14.20	40	16.9	93	142.0	23	4.50	0.85	0.39	0.26	0.48
50	横州	47	5.67	44.9	1.42	0.11	13.80	112	5.2	80	161.0	44	3.82	0.93	0.39	0.25	0.49
51	云表	65	6.34	29.1	1.95	0.15	12.40	59	86.3	256	36.8	137	2.15	2.41	0.44	0.28	0.60
52	云表	81	6.37	20.0	1.63	0.16	10.80	130	56.4	238	30.4	137	2.04	1.70	0.43	0.40	0.65
53	云表	64	7.11	21.1	1.62	0.11	8.26	132	53.5	125	13.1	47	1.25	1.49	0.58	0.40	0.61
54	云表	61	5.94	25.3	1.92	0.09	6.00	140	16.9	122	21.1	58	1.05	1.43	0.42	0.27	1.14
55	云表	91	5.49	25.7	2.08	0.20	7.84	91	161.2	354	64.5	100	2.86	2.50	0.50	0.14	0.63
56	云表	74	5.83	21.6	1.48	0.11	7.64	61	79.3	194	60.5	77	2.36	2.12	0.17	0.89	0.58
57	云表	107	5.45	28.3	1.82	0.14	7.66	35	64.6	289	49.4	111	2.08	1.08	0.54	0.14	0.74
58	云表	97	3.41	25.2	1.74	0.38	8.01	75	599.4	348	75.9	13	3.00	1.26	0.52	0.20	0.90
59	云表	107	4.95	33.1	2.02	0.15	4.00	53	68.4	394	34.2	19	1.26	1.54	0.32	0.18	1.01
60	云表	65	5.61	35.1	2.17	0.14	4.59	63	50.5	266	38.2	36	1.32	1.77	0.40	0.12	0.80
61	云表	74	5.93	39.9	2.45	0.18	5.21	49	10.5	191	30.7	212	1.98	2.18	0.51	1.17	1.06
62	云表	66	6.46	26.2	1.81	0.13	6.28	64	5.1	292	17.6	98	1.27	1.25	0.35	0.63	0.84
63	云表	61	6.57	42.1	2.55	0.11	7.58	133	10.7	297	16.5	117	1.70	1.59	0.61	2.79	0.82
64	云表	58	6.78	55.5	2.25	0.22	8.38	168	20.8	158	17.6	115	3.87	3.26	0.83	0.11	0.69
65	云表	60	5.66	28.4	2.43	0.11	21.2	36	7.0	164	38.4	339	0.76	0.91	0.43	0.28	0.55
66	马岭	83	6.55	41.3	2.72	0.16	7.63	20	31.7	480	33.1	160	2.76	3.27	0.36	0.51	1.01
67	马岭	82	6.95	42.6	2.62	0.18	7.50	52	33.8	290	28.4	80	2.40	2.24	0.54	0.54	1.02
68	马岭	77	7.36	48.9	1.77	0.36	7.16	36	102.8	773	45.8	152	5.53	11.50	1.48	1.31	0.84
69	马岭	75	7.64	34.2	1.43	0.17	6.34	36	34.7	141	25.4	58	2.58	5.17	0.59	0.62	0.81

（续）

序号	地点	海拔(m)	pH	有机质(g/kg)	全氮(g/kg)	全磷(g/kg)	全钾(g/kg)	水解性氮(mg/kg)	有效磷(mg/kg)	速效钾(mg/kg)	有效态铁(mg/kg)	有效态锰(mg/kg)	有效态铜(mg/kg)	有效态锌(mg/kg)	有效硼(mg/kg)	有效钼(mg/kg)	全硒(mg/kg)
70	马岭	73	8.24	42.2	1.42	0.19	7.24	128	67.3	448	18.1	40	1.94	2.93	0.67	0.41	0.72
71	马岭	86	4.38	44.6	2.76	0.24	4.14	80	290.8	256	98.5	20	1.83	3.05	0.51	0.39	0.89
72	马岭	86	6.47	25.9	1.26	0.11	6.37	134	20.4	117	35.1	137	1.83	2.57	0.58	0.46	0.90
73	马岭	90	5.10	28.3	1.41	0.10	6.16	156	11.8	65	37.0	52	1.39	0.99	0.64	0.43	1.09
74	马岭	90	5.79	36.7	2.26	0.10	5.92	72	8.8	71	38.6	60	1.34	1.14	0.26	0.35	1.04
75	马岭	88	6.21	42.7	2.33	0.12	6.57	172	21.0	189	24.9	60	1.49	2.98	0.84	0.54	1.10
76	马岭	74	6.22	33.7	2.05	0.18	7.57	170	16.9	362	41.1	262	1.22	2.10	0.50	2.84	0.71
77	马岭	78	7.45	31.0	1.48	0.09	12.00	127	10.0	156	16.8	79	0.92	0.98	0.48	0.53	0.90
78	马岭	51	6.96	20.6	1.61	0.08	5.82	114	11.8	82	25.1	21	1.20	0.78	0.34	0.15	1.35
79	马岭	51	6.27	16.2	1.13	0.08	5.93	87	39.8	84	45.1	38	3.56	1.75	0.15	0.24	0.58
80	莲塘	76	6.70	16.3	1.61	0.08	2.19	89	23.3	35	25.9	32	0.86	2.14	0.28	0.18	1.07
81	莲塘	56	6.92	20.1	1.33	0.08	2.67	102	24.9	66	21.0	45	1.25	1.36	0.43	0.17	2.33
82	莲塘	53	6.30	22.1	1.57	0.09	2.23	85	57.1	41	41.3	48	2.88	2.54	0.35	0.19	2.41
83	莲塘	54	6.37	20.7	1.28	0.10	2.80	125	58.7	33	35.2	66	1.81	4.46	0.33	0.19	1.58
84	莲塘	55	6.32	17.9	1.11	0.07	2.22	69	18.3	42	39.6	110	1.38	2.03	0.30	0.24	1.47
85	莲塘	56	6.41	15.7	1.08	0.06	2.21	101	35.5	21	42.1	38	1.30	1.61	0.19	0.12	0.78
86	莲塘	58	6.27	17.6	1.02	0.05	1.19	39	109.2	28	41.2	26	0.84	2.76	0.30	0.06	0.29
87	莲塘	58	7.22	24.9	1.40	0.15	2.02	122	123.8	68	47.1	36	7.24	7.90	0.51	0.06	0.70
88	莲塘	57	6.11	21.7	1.23	0.08	1.58	64	125.2	38	92.3	37	4.82	4.92	0.43	0.21	0.57
89	莲塘	59	6.95	26.1	1.45	0.08	2.33	114	64.7	181	39.4	43	1.57	6.85	0.52	0.16	0.96
90	莲塘	71	7.26	26.3	1.90	0.09	8.14	92	59.0	108	30.2	29	2.42	3.42	0.42	0.17	0.52
91	莲塘	71	6.79	18.6	1.27	0.06	2.84	107	10.0	36	54.7	52	1.72	2.02	0.30	0.33	0.34
92	莲塘	71	8.13	23.1	1.53	0.07	3.82	77	50.0	122	16.6	27	1.77	1.75	0.47	0.30	0.94

（续）

序号	地点	海拔(m)	pH	有机质(g/kg)	全氮(g/kg)	全磷(g/kg)	全钾(g/kg)	水解性氮(mg/kg)	有效磷(mg/kg)	速效钾(mg/kg)	有效态铁(mg/kg)	有效态锰(mg/kg)	有效态铜(mg/kg)	有效态锌(mg/kg)	有效硼(mg/kg)	有效钼(mg/kg)	全硒(mg/kg)
93	连塘	70	6.55	16.6	1.32	0.07	3.05	105	58.8	66	59.9	40	2.74	2.42	0.21	0.24	0.67
94	连塘	70	6.62	17.1	1.47	0.06	3.13	85	67.6	68	57.8	39	3.91	6.43	0.25	0.20	0.47
95	连塘	65	6.57	21.8	1.84	0.06	7.77	81	20.9	49	55.5	45	1.72	1.55	0.45	0.13	1.15
96	连塘	63	6.30	18.8	1.48	0.06	6.84	88	13.9	47	91.9	20	2.12	1.00	0.32	0.23	1.51
97	连塘	67	6.74	13.2	1.32	0.06	1.86	81	43.8	33	27.3	28	0.66	0.94	0.26	0.07	0.25
98	连塘	67	7.01	11.1	1.11	0.16	6.46	46	26.7	22	15.4	22	0.51	0.78	0.08	0.39	0.95
99	连塘	69	6.49	18.6	1.12	0.04	2.30	62	32.7	31	39.4	25	0.90	1.25	0.48	0.04	0.41
100	那阳	82	6.83	11.6	0.73	0.04	0.85	61	36.4	29	17.8	22	0.68	1.53	0.63	0.10	0.31
101	百合	65	5.68	24.0	1.66	0.09	8.69	51	11.5	77	85.0	14	1.36	0.75	0.35	0.12	0.45

表2-15　横州茉莉花根测试数据

序号	地点	N (%)	P (%)	K (mg/g)	Fe (μg/g)	Mn (μg/g)	Cu (μg/g)	Zn (μg/g)	B (μg/g)	Mo (μg/g)	Se (μg/g)
1	校椅	1.06	0.08	11.36	20.16	13.19	3.06	13.36	2.02	1.12	0.030 2
2	校椅—茉莉园	1.11	0.12	11.39	22.32	14.95	3.15	14.09	2.14	1.26	0.032 5
3	校椅—茉莉园	1.05	0.13	11.44	21.58	15.12	3.37	14.27	2.11	1.27	0.051 2
4	校椅—茉莉园	1.11	0.10	11.57	23.45	15.64	5.22	16.22	2.24	1.31	0.050 6
5	校椅—茉莉园	1.14	0.11	11.59	22.99	15.37	4.19	15.98	2.18	1.44	0.049 9
6	校椅—茉莉园	1.09	0.14	11.49	23.76	16.81	4.99	16.48	2.26	1.38	0.051 2
7	校椅—茉莉园	1.24	0.14	11.54	24.15	16.55	5.17	16.61	2.33	1.37	0.052 4
8	横州	1.22	0.16	11.60	22.35	14.22	3.22	18.22	2.48	1.66	0.052 9
9	横州	1.24	0.15	11.62	24.36	14.16	3.48	17.97	2.59	1.59	0.054 4
10	横州	1.28	0.18	11.64	23.45	17.44	5.22	19.01	2.66	1.75	0.063 5
11	横州	1.31	0.17	11.65	24.56	18.01	5.34	18.85	2.74	1.81	0.057 6

（续）

序号	地点	N (%)	P (%)	K (mg/g)	Fe (μg/g)	Mn (μg/g)	Cu (μg/g)	Zn (μg/g)	B (μg/g)	Mo (μg/g)	Se (μg/g)
12	横州	1.28	0.18	11.64	24.05	17.69	5.67	18.76	2.74	1.76	0.064 9
13	横州	1.29	0.22	11.97	26.36	21.33	5.83	20.15	2.84	1.92	0.0712 2
14	横州	1.33	0.19	12.14	24.58	21.57	5.54	21.15	2.69	1.88	0.062 2
15	横州	1.34	0.21	12.02	24.67	21.48	6.05	20.37	2.91	1.97	0.063 8
16	横州	1.35	0.21	11.89	25.33	23.06	5.67	20.49	2.88	2.01	0.075 9
17	横州	1.36	0.19	12.05	25.29	22.89	6.36	20.66	2.68	1.89	0.069 0
18	横州	1.41	0.24	12.16	27.22	29.45	6.16	19.99	3.12	2.36	0.0711
19	横州	1.38	0.23	12.21	28.12	24.25	6.24	20.12	2.96	2.56	0.075 8
20	横州	1.44	0.24	12.25	27.59	24.11	6.15	20.23	3.12	2.74	0.081 2
21	横州	1.45	0.26	13.14	28.67	24.85	6.28	20.17	3.24	2.59	0.076 8
22	横州	1.46	0.25	13.54	28.46	25.06	6.74	20.36	3.32	2.87	0.087 7
23	云表	1.33	0.20	11.81	23.22	18.44	8.46	26.32	2.44	2.66	0.074 4
24	云表	1.35	0.21	11.79	24.11	19.01	7.99	25.97	2.35	2.75	0.079 2
25	云表	1.29	0.22	11.92	23.45	18.56	8.32	25.75	2.46	2.59	0.085 7
26	云表	1.34	0.21	11.93	24.11	18.74	8.97	26.22	2.51	2.85	0.094 2
27	云表	1.35	0.22	11.89	24.39	19.13	7.79	26.34	2.37	2.96	0.093 6
28	马岭	1.41	0.29	14.15	30.11	30.59	7.35	22.16	2.88	2.23	0.071 6
29	马岭	1.39	0.31	14.08	31.24	30.27	7.19	23.04	2.76	2.42	0.065 3
30	马岭	1.42	0.34	14.35	32.35	31.54	7.26	22.75	2.84	2.26	0.055 9
31	马岭	1.44	0.35	14.22	34.65	31.68	7.84	22.97	2.67	2.05	0.064 2
32	莲塘	1.44	0.28	13.26	28.75	26.12	10.02	26.45	4.55	2.12	0.067 3
33	莲塘	1.41	0.29	13.48	27.95	28.87	9.12	27.01	3.99	3.10	0.094 2
34	莲塘	1.38	0.27	13.49	28.01	20.16	9.89	27.12	4.25	3.05	0.096 3

（续）

序号	地点	N（%）	P（%）	K（mg/g）	Fe（μg/g）	Mn（μg/g）	Cu（μg/g）	Zn（μg/g）	B（μg/g）	Mo（μg/g）	Se（μg/g）
35	莲塘	1.35	0.29	13.76	28.85	21.14	11.28	26.67	6.22	3.12	0.098 5
36	莲塘	1.42	0.36	13.88	30.01	20.57	11.14	26.88	5.85	3.16	0.102 0
37	莲塘	1.39	0.38	14.02	31.26	20.88	10.29	27.16	5.79	3.22	0.010 4
38	莲塘	1.42	0.38	13.94	31.74	20.96	10.17	27.22	6.13	2.99	0.097 8

表 2-16　横州茉莉花枝测试数据

序号	地点	N（%）	P（%）	K（mg/g）	Fe（μg/g）	Mn（μg/g）	Cu（μg/g）	Zn（μg/g）	B（μg/g）	Mo（μg/g）	Se（μg/g）
1	校椅	1.31	0.11	14.46	13.96	22.36	3.99	25.89	1.11	1.65	0.028 8
2	校椅—茉莉园	1.33	0.13	15.21	13.45	23.14	4.12	27.51	1.35	1.88	0.031 2
3	校椅—茉莉园	1.35	0.15	15.64	13.37	24.55	4.27	28.04	1.36	1.94	0.046 5
4	校椅—茉莉园	1.29	0.14	15.19	14.26	27.46	6.32	29.03	1.19	1.88	0.045 5
5	校椅—茉莉园	1.33	0.15	15.65	14.33	26.59	5.97	30.02	1.24	2.01	0.027 4
6	校椅—茉莉园	1.34	0.17	15.64	14.17	24.64	5.77	29.82	1.28	1.86	0.038 0
7	校椅—茉莉园	1.38	0.16	15.82	14.39	25.56	5.83	30.41	1.26	1.99	0.031 4
8	横州	1.39	0.22	16.01	17.33	27.88	4.01	33.54	1.44	2.12	0.042 6
9	横州	1.42	0.18	15.97	17.85	28.12	3.89	32.79	1.39	2.22	0.041 2
10	横州	1.44	0.23	16.22	18.36	30.22	6.11	33.69	1.52	2.42	0.053 0
11	横州	1.46	0.24	16.18	18.44	31.35	6.25	33.54	1.48	2.35	0.048 8
12	横州	1.52	0.26	16.33	18.75	32.45	6.08	34.75	1.49	2.28	0.054 2
13	横州	1.53	0.28	16.42	19.15	35.62	6.23	36.84	1.61	3.02	0.061 0
14	横州	1.54	0.33	16.28	19.22	34.86	6.44	38.03	1.55	2.99	0.058 7
15	横州	1.55	0.34	16.45	19.35	37.65	6.59	38.22	1.59	3.12	0.060 3
16	横州	1.53	0.27	16.55	20.01	36.94	6.71	37.49	1.63	3.22	0.061 2

（续）

序号	地点	N (%)	P (%)	K (mg/g)	Fe (μg/g)	Mn (μg/g)	Cu (μg/g)	Zn (μg/g)	B (μg/g)	Mo (μg/g)	Se (μg/g)
17	横州	1.54	0.33	16.76	19.76	37.26	7.08	38.67	1.64	3.42	0.059 9
18	横州	1.58	0.27	17.01	20.11	41.22	6.85	36.33	2.22	3.85	0.066 2
19	横州	1.62	0.32	16.91	20.35	42.35	6.59	35.78	2.34	3.94	0.071 2
20	横州	1.63	0.29	17.84	20.46	42.78	6.66	36.24	2.46	3.77	0.073 5
21	横州	1.64	0.28	17.95	20.67	43.05	7.08	35.51	2.49	4.02	0.068 4
22	横州	1.65	0.31	16.88	20.44	42.69	7.15	37.53	2.53	3.88	0.072 3
23	云表	1.51	0.26	15.22	18.33	38.55	9.26	44.33	1.71	3.12	0.068 8
24	云表	1.49	0.27	16.01	18.67	39.02	8.89	43.14	1.67	3.08	0.073 2
25	云表	1.53	0.28	15.48	19.01	37.42	9.47	44.16	1.72	2.98	0.084 6
26	云表	1.55	0.31	15.88	18.97	36.58	9.22	44.36	1.68	3.02	0.088 9
27	云表	1.52	0.33	16.34	19.12	38.58	9.17	45.02	1.77	2.87	0.090 1
28	马岭	1.56	0.36	17.88	22.61	51.02	8.02	40.32	1.88	3.12	0.051 2
29	马岭	1.64	0.35	18.24	23.48	48.55	7.98	41.97	1.98	3.25	0.048 8
30	马岭	1.58	0.37	19.35	23.77	52.32	8.35	41.18	2.06	3.35	0.049 2
31	马岭	1.57	0.41	18.78	23.69	51.37	8.27	42.99	2.19	3.44	0.050 6
32	莲塘	1.62	0.36	16.55	21.48	48.55	11.26	49.74	2.71	3.69	0.055 2
33	莲塘	1.64	0.41	17.02	21.75	47.69	10.88	49.28	2.68	3.85	0.083 3
34	莲塘	1.59	0.35	15.98	21.96	49.11	10.68	48.69	1.81	3.79	0.087 5
35	莲塘	1.62	0.42	16.32	22.88	56.55	11.92	50.06	1.75	3.93	0.093 2
36	莲塘	1.54	0.44	18.95	23.14	58.49	12.24	46.83	1.79	4.04	0.094 2
37	莲塘	1.55	0.46	20.10	24.06	60.01	12.17	48.06	1.81	3.97	0.096 6
38	莲塘	1.58	0.44	19.89	23.79	58.79	11.89	48.37	1.86	4.12	0.093 8

表 2-17 横州茉莉花叶测试数据

序号	地点	N (%)	P (%)	K (mg/g)	Fe (μg/g)	Mn (μg/g)	Cu (μg/g)	Zn (μg/g)	B (μg/g)	Mo (μg/g)	Se (μg/g)
1	校椅	1.38	0.18	17.56	11.31	56.88	5.22	11.55	6.25	2.22	0.051 2
2	校椅—茉莉园	1.36	0.19	18.01	11.86	61.36	5.18	14.02	5.99	2.13	0.049 9
3	校椅—茉莉园	1.39	0.22	19.22	12.14	62.04	5.37	13.66	6.34	2.24	0.053 6
4	校椅—茉莉园	1.35	0.21	20.01	11.56	68.77	6.85	12.12	6.42	2.35	0.057 7
5	校椅—茉莉园	1.41	0.23	19.68	11.78	66.49	6.69	12.44	6.45	2.46	0.056 9
6	校椅—茉莉园	1.42	0.24	20.24	12.26	70.01	6.32	15.74	6.78	2.69	0.058 1
7	校椅—茉莉园	1.38	0.26	20.14	14.59	68.52	6.45	16.12	7.01	2.47	0.058 8
8	横州	1.44	0.25	19.98	15.62	85.26	4.85	16.85	8.77	2.66	0.072 6
9	横州	1.46	0.31	20.11	16.04	84.33	4.74	16.94	8.46	2.84	0.068 8
10	横州	1.52	0.34	21.26	16.15	92.46	7.26	17.25	8.39	3.01	0.069 1
11	横州	1.49	0.38	22.24	16.35	96.35	7.16	17.64	8.44	2.94	0.073 3
12	横州	1.53	0.37	22.35	15.99	94.17	7.51	17.35	8.52	2.88	0.071 8
13	横州	1.66	0.41	24.66	16.75	126.33	8.11	19.22	10.01	3.26	0.079 4
14	横州	1.64	0.44	25.14	16.86	125.05	8.12	20.08	9.88	3.45	0.072 5
15	横州	1.68	0.42	26.14	16.45	120.19	8.09	19.15	10.12	3.33	0.075 7
16	横州	1.72	0.46	24.88	17.01	122.88	8.25	19.37	10.05	3.26	0.077 9
17	横州	1.64	0.47	26.01	16.78	114.57	8.34	19.26	10.17	3.37	0.078 8
18	横州	1.55	0.36	23.46	18.12	102.11	7.26	17.88	12.12	3.04	0.068 9
19	横州	1.58	0.37	24.62	17.97	99.88	7.48	18.24	13.01	3.12	0.077 5
20	横州	1.64	0.38	23.89	18.23	104.12	7.05	18.16	11.99	3.24	0.073 4
21	横州	1.62	0.39 ·	24.18	18.49	110.02	7.34	18.06	12.45	3.22	0.069 9

(续)

序号	地点	N (%)	P (%)	K (mg/g)	Fe (µg/g)	Mn (µg/g)	Cu (µg/g)	Zn (µg/g)	B (µg/g)	Mo (µg/g)	Se (µg/g)
22	横州	1.58	0.37	23.77	18.67	105.24	7.68	18.67	12.14	3.18	0.074 5
23	云表	1.62	0.35	21.12	16.99	131.52	10.22	23.21	8.98	3.45	0.093 2
24	云表	1.63	0.36	22.01	17.24	136.33	10.18	24.15	9.44	3.36	0.087 6
25	云表	1.64	0.37	21.66	17.54	128.49	9.12	23.14	9.01	3.55	0.092 2
26	云表	1.59	0.36	22.45	17.85	134.75	8.97	25.01	8.97	3.45	0.097 6
27	云表	1.63	0.38	22.89	18.21	133.26	9.12	24.27	8.76	3.44	0.106 0
28	马岭	1.68	0.41	24.22	20.01	90.11	10.36	20.11	9.22	3.22	0.088 0
29	马岭	1.72	0.42	23.26	21.15	96.45	10.11	21.15	10.01	3.16	0.079 5
30	马岭	1.77	0.39	24.54	21.34	93.24	10.08	20.24	9.57	3.22	0.069 9
31	马岭	1.79	0.44	22.78	21.69	91.88	9.33	21.34	9.35	3.41	0.071 3
32	莲塘	1.68	0.45	28.66	19.15	151.22	12.35	24.36	6.66	3.44	0.072 8
33	莲塘	1.72	0.44	29.14	19.77	148.57	11.87	25.15	6.59	3.68	0.122 0
34	莲塘	1.66	0.42	27.77	18.98	148.95	12.02	23.99	6.75	3.79	0.117 0
35	莲塘	1.73	0.46	26.88	20.66	160.01	13.16	24.64	6.59	3.88	0.132 5
36	莲塘	1.64	0.49	27.89	20.87	162.22	14.11	24.74	6.77	4.26	0.102 0
37	莲塘	1.62	0.52	29.86	21.05	159.85	13.89	24.83	7.23	4.35	0.099 0
38	莲塘	1.63	0.58	29.04	20.97	163.24	14.09	25.14	7.12	4.27	0.124 0

表2-18 横州茉莉花测试数据

序号	地点	N (%)	P (%)	K (mg/g)	Fe (µg/g)	Mn (µg/g)	Cu (µg/g)	Zn (µg/g)	B (µg/g)	Mo (µg/g)	Se (µg/g)
1	校椅	1.23	0.26	23.02	47.59	82.12	6.62	19.78	4.22	0.17	0.025 3

(续)

序号	地点	N (%)	P (%)	K (mg/g)	Fe (μg/g)	Mn (μg/g)	Cu (μg/g)	Zn (μg/g)	B (μg/g)	Mo (μg/g)	Se (μg/g)
2	校椅—茉莉园	1.27	0.25	21.15	46.03	80.34	6.42	20.87	3.98	0.14	0.027 8
3	校椅—茉莉园	1.29	0.28	24.55	50.18	82.33	6.35	21.11	4.05	0.15	0.032 4
4	校椅—茉莉园	1.26	0.34	25.42	49.41	86.25	7.25	22.30	4.26	0.21	0.033 2
5	校椅—茉莉园	1.28	0.29	26.12	49.25	85.43	7.41	22.08	4.35	0.19	0.022 6
6	校椅—茉莉园	1.31	0.32	25.99	54.04	86.39	7.68	22.65	4.19	0.22	0.031 3
7	校椅—茉莉园	1.32	0.33	26.47	56.20	88.75	7.94	22.59	4.27	0.24	0.024 0
8	横州	1.31	0.34	21.11	56.19	102.22	6.02	26.14	5.12	0.28	0.035 7
9	横州	1.34	0.36	22.76	55.96	99.87	5.99	25.83	5.23	0.29	0.036 4
10	横州	1.37	0.42	23.24	56.19	112.02	8.35	26.31	5.38	0.26	0.036 8
11	横州	1.36	0.38	24.52	58.25	118.35	8.47	26.23	5.46	0.25	0.037 4
12	横州	1.36	0.44	25.17	58.09	105.45	8.69	26.59	7.85	0.26	0.037 1
13	横州	1.38	0.44	27.55	60.05	152.33	10.02	28.81	8.02	0.33	0.037 5
14	横州	1.42	0.48	28.32	62.37	164.24	10.14	29.06	7.75	0.32	0.038 1
15	横州	1.38	0.51	29.24	64.17	159.35	9.89	29.15	7.66	0.32	0.037 7
16	横州	1.41	0.46	28.42	67.07	161.07	10.25	28.83	8.12	0.35	0.038 2
17	横州	1.37	0.47	28.49	65.66	162.29	10.39	30.12	6.11	0.33	0.038 4
18	横州	1.53	0.46	30.11	69.75	120.33	9.02	27.77	6.23	0.45	0.039 7
19	横州	1.54	0.48	28.78	70.96	124.02	8.87	29.15	6.35	0.47	0.038 9
20	横州	1.55	0.51	30.02	69.62	122.19	8.79	29.69	6.45	0.44	0.039 3

（续）

序号	地点	N (%)	P (%)	K (mg/g)	Fe (μg/g)	Mn (μg/g)	Cu (μg/g)	Zn (μg/g)	B (μg/g)	Mo (μg/g)	Se (μg/g)
21	横州	1.56	0.49	29.42	69.44	123.24	8.96	29.16	6.48	0.47	0.039 5
22	横州	1.58	0.53	30.04	71.55	121.37	8.55	29.22	6.73	0.48	0.039 1
23	云表	1.42	0.48	26.55	57.98	102.33	11.26	31.34	6.12	0.49	0.057 2
24	云表	1.39	0.51	25.89	61.24	112.24	11.54	30.36	5.99	0.53	0.061 1
25	云表	1.43	0.53	26.24	59.65	110.91	11.74	30.91	6.03	0.55	0.075 3
26	云表	1.44	0.56	24.88	58.82	109.63	12.15	32.71	6.24	0.56	0.076 7
27	云表	1.43	0.62	28.64	57.58	110.04	11.97	33.39	6.15	0.58	0.082 4
28	马岭	1.51	0.51	27.94	69.82	189.66	10.57	32.10	7.01	0.34	0.039 8
29	马岭	1.52	0.49	29.24	74.02	197.25	10.16	32.55	7.12	0.37	0.039 9
30	马岭	1.52	0.48	29.34	77.67	190.66	10.34	32.36	7.24	0.36	0.040 1
31	马岭	1.54	0.52	28.48	73.75	189.77	10.19	32.85	7.22	0.38	0.041 2
32	莲塘	1.55	0.53	30.24	67.59	210.33	13.57	37.26	8.55	0.37	0.042 3
33	莲塘	1.56	0.51	30.64	69.28	205.66	13.08	39.03	8.67	0.51	0.079 9
34	莲塘	1.45	0.46	31.24	69.44	210.22	13.77	38.97	8.75	0.41	0.080 2
35	莲塘	1.46	0.48	31.04	68.38	223.22	14.12	39.31	9.01	0.39	0.081 4
36	莲塘	1.48	0.47	30.11	72.22	216.45	14.86	39.60	9.24	0.40	0.081 1
37	莲塘	1.47	0.44	28.78	72.14	220.09	15.12	39.98	9.16	0.42	0.082 3
38	莲塘	1.49	0.52	31.21	74.29	234.55	15.37	40.14	9.32	0.43	0.084 5

第三章 茉莉花产量与气象条件关系模型

第一节 茉莉花盛花期与温度关系研究

一、影响产量的气象因子

气象条件是影响茉莉花产量的关键因子。每日平均温度的高低影响横州茉莉花盛花期产量的多少，因此，基于气象条件探讨适合茉莉花盛花期最佳平均温度的范围，从而利用每日平均温度与盛花期产量关系建立茉莉花盛花期最佳温度模型，可为盛花期茉莉花产量的提高提供科学依据。

二、盛花期与温度关系研究

温度是影响茉莉花盛花期的关键气象因子。因此，对中国广西横州茉莉花盛花期与温度关系进行定量研究，为盛花期茉莉花产量的提高提供理论依据。

三、每日亩产数据

测定一农户 2 101.05m² 地块连续 3 年每日茉莉花采花量，结果见表 3-1。表 3-1 表明：3 年每日亩产平均为 5.31kg，5～9 月亩产相对较高，10 月亩产逐渐减少。

表 3-1　横州茉莉花 2018—2020 年每日亩产（kg）

日期（月/日）	2018	2019	2020	日期（月/日）	2018	2019	2020
5/1	3.67			5/10	2.62		
5/2	4.44			5/11	1.75		
5/3	6.63			5/12	2.97		3.81
5/4	4.76			5/13	1.59		1.16
5/5	3.97			5/14	1.19		11.11
5/6	5.56			5/15	3.90		9.52
5/7	4.83			5/16	3.97		5.56
5/8	3.89			5/17	3.73		4.29
5/9	1.27			5/18	4.37		1.11

（续）

日期 （月/日）	2018	2019	2020	日期 （月/日）	2018	2019	2020
5/19	4.98		3.49	6/19	7.49	6.41	7.94
5/20	3.83		5.84	6/20	7.94	4.37	7.84
5/21	5.48		3.81	6/21	12.57	7.97	7.94
5/22	6.35		10.16	6/22	11.67	3.62	13.02
5/23	5.33		5.52	6/23	8.75	5.14	10.16
5/24	5.59		9.52	6/24	7.73	5.05	8.25
5/25	8.38		10.48	6/25	6.51	3.19	6.67
5/26	7.79		10.00	6/26	6.94	2.97	3.651
5/27	6.11		2.27	6/27	6.98	4.02	8.57
5/28	4.60		9.21	6/28	1.98	3.67	5.71
5/29	9.68		10.90	6/29	6.35	7.67	6.83
5/30	7.62		0.00	6/30	5.08	9.71	9.21
5/31	8.35		0.00	7/1	5.16	8.06	5.71
6/1	6.35		7.62	7/2	5.00	10.32	9.21
6/2	6.22		4.13	7/3	6.59	5.56	5.71
6/3	7.11		10.32	7/4	0.76	7.94	9.52
6/4	8.41		15.24	7/5	8.27	10.95	6.03
6/5	11.43		9.37	7/6	8.02	10.27	10.63
6/6	3.81		5.40	7/7	7.94	6.95	9.68
6/7	10.76		6.35	7/8	8.37	8.60	9.84
6/8	8.51		7.94	7/9	4.63	6.08	6.51
6/9	9.05		8.97	7/10	5.87	2.38	8.25
6/10	7.94		6.98	7/11	5.63	2.70	8.73
6/11	13.33		9.14	7/12	5.24	2.67	7.54
6/12	8.68		6.75	7/13	7.70	2.51	4.44
6/13	8.05		7.94	7/14	7.62	2.21	5.16
6/14	4.40		5.56	7/15	3.81	2.79	6.03
6/15	8.79		3.81	7/16	3.81	0.87	5.40
6/16	9.33		3.78	7/17	7.41	3.78	6.59
6/17	8.32		7.30	7/18	9.05	2.54	7.62
6/18	7.94	2.86	7.35	7/19	7.81	3.81	7.70

（续）

日期 （月/日）	2018	2019	2020	日期 （月/日）	2018	2019	2020
7/20	8.13	3.17	9.84	8/20	3.57	7.02	9.52
7/21	3.33	4.52	7.62	8/21	5.08	6.35	4.76
7/22	7.79	4.29	8.17	8/22	3.49	6.63	7.94
7/23	4.76	3.86	7.94	8/23	3.05	6.60	14.89
7/24	3.81	4.05	6.83	8/24	2.86	3.97	9.52
7/25	3.81	3.78	6.98	8/25	4.44	6.35	9.84
7/26	4.06	2.94	6.73	8/26	1.68	8.41	10.79
7/27	5.81	2.38	5.71	8/27	2.60	9.52	7.46
7/28	2.38	2.78	5.92	8/28	1.27	6.98	9.84
7/29	4.25	2.94	2.95	8/29	1.98	3.75	8.41
7/30	2.94	2.13	10.95	8/30	1.30	5.56	8.41
7/31	2.38	2.70	6.98	8/31	1.32	7.57	9.37
8/1	2.78	3.33	6.48	9/1	2.98	4.40	7.94
8/2	4.13	3.81	6.83	9/2	2.54	5.56	7.70
8/3	6.94	6.79	5.56	9/3	3.02	5.48	7.08
8/4	7.46	4.44	7.30	9/4	4.03	4.60	8.57
8/5	7.65	8.10	2.38	9/5	6.71	4.13	10.32
8/6	7.14	7.30	3.49	9/6	8.22	5.37	6.11
8/7	6.35	4.44	4.44	9/7	8.89	3.73	7.78
8/8	5.40	4.52	3.97	9/8	6.51	2.62	4.87
8/9	6.03	7.78	3.98	9/9	1.98	3.41	3.49
8/10	7.40	5.87	4.76	9/10	7.14	3.73	2.29
8/11	6.98	6.14	3.89	9/11	6.98	1.98	3.02
8/12	6.35	5.71	4.68	9/12	7.94	3.41	2.14
8/13	5.00	7.40	5.11	9/13	6.79	3.02	1.84
8/14	7.24	7.75	5.08	9/14	4.29	3.95	1.08
8/15	5.00	3.33	5.63	9/15	12.35	3.65	2.92
8/16	4.84	3.97	7.86	9/16	5.00	3.41	1.59
8/17	7.11	5.56	7.46	9/17	5.25	5.76	3.54
8/18	4.25	6.13	3.81	9/18	2.02	3.65	4.79
8/19	3.49	6.22	12.14	9/19	5.08	4.44	0.89

（续）

日期 （月/日）	2018	2019	2020	日期 （月/日）	2018	2019	2020
9/20	7.14	4.60	4.44	10/11	0.00	1.59	8.73
9/21	3.57	5.08	6.51	10/12	0.83	4.52	8.73
9/22	4.44	4.14	5.75	10/13	2.65	1.59	9.17
9/23	4.52	3.57	6.27	10/14	1.67	1.94	5.71
9/24	4.06	5.65	4.05	10/15	0.00	1.75	4.67
9/25	3.46	4.76	1.52	10/16	1.90	0.63	
9/26	2.78	3.65	3.38	10/17	1.67	0.00	
9/27	1.97	8.41	1.98	10/18	1.90	1.27	
9/28	0.95	6.95	0.40	10/19	1.02	3.41	
9/29	1.87	6.95	1.51	10/20	4.17	2.94	
9/30	1.81	5.79	1.98	10/21	3.14	3.33	
10/1	0.86	7.70	0.79	10/22	2.25	1.79	
10/2	0.78	7.70	2.05	10/23	0.00	1.62	
10/3	0.92	3.49	2.17	10/24	1.03	1.59	
10/4	0.90	3.65	5.21	10/25	1.03		
10/5	0.84	4.76	4.52	10/26	3.54		
10/6	0.76	3.60	4.89	10/27	1.43		
10/7	0.70	2.38	6.98	10/28	0.75		
10/8	0.75	2.03	6.35	10/29	1.00		
10/9	1.19	2.16	4.68	10/30			
10/10	1.62	3.17	6.35	10/31			

四、横州气象数据

横州气象数据来源于《中国气象科学数据共享服务网》（http：//cdc.nmic.cn）的横州逐日气象数据，包括每日的最低温度、平均温度、最高温度。

五、模型建立方法

采用统计分析方法建模，包括一元线性或非线性回归、多元线性回归；使用 Excel 进行数据分析和建模。

六、基于月平均温度的解析

表 3-2 为横州每年 12 个月平均温度数据,以第 1 行数据为例说明如下:1 月 3 个数据中,平均温度的平均 12.82℃ 为 1990—2019 年合计 30 年的 1 月中平均温度的平均值,而平均温度的最高 15.58℃ 为 30 年 1 月中平均温度最高月值,平均温度的最低 7.69℃ 为 30 年 1 月中平均温度最低月值。表 3-2 表明:6~9 月 5 个月时间的月平均温度的平均值超过 25℃,平均温度的最低值也接近 25℃,说明 25℃ 是盛花期最低温度下限,后文将确认 25℃ 以上是茉莉花盛花期的温度下限;而 4 月平均温度的最高值超过 25℃,说明 4 月处于盛开期的初期;同理 10 月平均温度的最高值也超过 25℃,说明 10 月为盛开期的末期,4 月和 10 月平均温度都低于 25℃,这 2 个月不是茉莉花盛开期。实地调查表明,横州茉莉花盛花期是每年 5~9 月,4 月和 10 月遇到温度高的年型,4 月末和 10 月初也可盛开。

表 3-2　横州月平均温度数据（℃）

月	平均温度的最高	平均温度的平均	平均温度的最低
1	15.58	12.82	7.69
2	21.01	15.02	10.51
3	21.14	18.00	14.15
4	25.05	23.09	18.98
5	27.98	26.26	24.77
6	28.96	27.86	26.45
7	29.15	28.24	27.25
8	29.32	28.16	27.28
9	28.28	26.72	24.44
10	25.71	23.61	21.72
11	21.40	19.34	17.17
12	17.03	14.74	11.66

七、基于 4～5 月和 9～10 月平均温度的解析

表 3-3 为 1990—2019 年 30 年时间的每年 4~5 月和 9~10 月连续 5 日移动平均温度,其中,4 月 1 日的数值等于 3 月 28、29、30、31 日和 4 月 1 日连续 5 日每日平均温度的平均,其余类推。实地调查表明:每年 4 月和 10 月温度高时开花多。表 3-3 说明:5 月 1 日到 10 月 5 日期间的 5 日平均温度都在 25℃ 以上,说明连续 5 日温度稳定通过 25℃ 以上为盛花期,按月计算为 5~9 月 5 个月时间,而 5 月前和 9 月后整体上不是盛花期。

表 3-3 横州盛花期 5 日平均温度（℃）

日期（月/日）	温度	日期（月/日）	温度	日期（月/日）	温度	日期（月/日）	温度
4/1	20.38	5/1	25.13	9/1	27.54	10/1	25.78
4/2	20.61	5/2	25.47	9/2	27.53	10/2	25.75
4/3	20.80	5/3	25.70	9/3	27.50	10/3	25.75
4/4	20.91	5/4	25.62	9/4	27.39	10/4	25.56
4/5	21.03	5/5	25.59	9/5	27.29	10/5	25.24
4/6	21.04	5/6	25.56	9/6	27.26	10/6	24.90
4/7	21.13	5/7	25.52	9/7	27.20	10/7	24.57
4/8	21.21	5/8	25.46	9/8	27.08	10/8	24.31
4/9	21.49	5/9	25.56	9/8	27.02	10/9	24.23
4/10	21.81	5/10	25.57	9/10	27.01	10/10	24.28
4/11	22.05	5/11	25.59	9/11	26.93	10/11	24.42
4/12	22.14	5/12	25.68	9/12	26.87	10/12	24.60
4/13	22.26	5/13	25.86	9/13	26.83	10/13	24.58
4/14	22.23	5/14	26.17	9/14	26.79	10/14	24.51
4/15	22.17	5/15	26.40	9/15	26.72	10/15	24.37
4/16	22.38	5/16	26.42	9/16	26.70	10/16	24.11
4/17	22.74	5/17	26.33	9/17	26.63	10/17	23.73
4/18	23.06	5/18	26.24	9/18	26.61	10/18	23.51
4/19	23.61	5/19	26.13	9/19	26.65	10/19	23.37
4/20	24.20	5/20	26.12	9/20	26.64	10/20	23.33
4/21	24.56	5/21	26.20	9/21	26.52	10/21	23.22
4/22	24.62	5/22	26.36	9/22	26.41	10/22	23.17
4/23	24.71	5/23	26.50	9/23	26.23	10/23	23.05
4/24	24.68	5/24	26.46	9/24	25.99	10/24	22.89
4/25	24.43	5/25	26.50	9/25	25.84	10/25	22.85
4/26	24.22	5/26	26.61	9/26	25.83	10/26	22.90
4/27	24.25	5/27	26.66	9/27	25.82	10/27	22.77
4/28	24.34	5/28	26.70	9/28	25.82	10/28	22.71
4/29	24.45	5/29	26.76	9/29	25.84	10/29	22.59
4/30	24.73	5/30	26.86	9/30	25.82	10/30	22.28
		5/31	26.91			10/31	21.92

八、基于 4 月 1 日到 10 月 31 日平均温度的解析

图 3-1 为横州茉莉花花期 30 年每日平均温度，图 3-2 为横州茉莉花花期每日平均温度超过 25℃的百分比。横坐标时间为 4 月 1 日到 10 月 31 日，合计 214d。图 3-1 和图 3-2 说明：①4 月 29 日每日平均温度首次超过 25℃；②5～9 月每日平均温度最低只出现在 5 月

4 日 1 次，为 24.9℃，5 个月时间内每日平均温度超过 25℃的比例接近 100％；③10 月 5 日每日平均温度低于 25℃；④4 月 5 日每日平均温度的平均为 23.1℃，4 月 5 日每日平均温度的平均超过 25℃天数的比例为 6.7％；⑤10 月 5 日每日平均温度的平均为 23.6℃，10 月 5 日每日平均温度的平均超过 25℃天数的比例为 16.1％。由以上结果可以确定：横州茉莉花盛开期为 4 月 29 日到 10 月 4 日，合计 159d；其间，每日平均温度的平均超过 25℃天数的比例为 100％。这一研究结果与农户采花日期完全吻合。

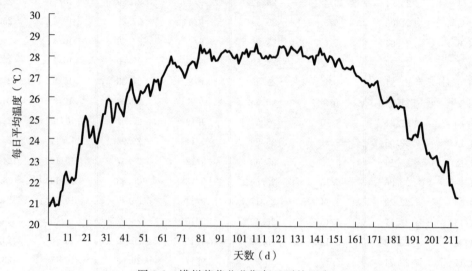

图 3-1　横州茉莉花花期每日平均温度

备注：天数由 4 月 1 日到 10 月 31 日合计 214d。

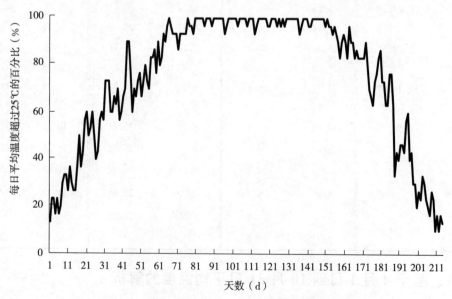

图 3-2　横州茉莉花花期每日平均温度超过 25℃的百分比

备注：天数由 4 月 1 日到 10 月 31 日合计 214d。

九、其他研究结果

基于横州5～9月5个月时间为盛花期的实际情况，统计5月和9月温度，结果表明：5月对应每日最低温度的最低为21.5℃、平均为23.2℃、最高为24.9℃，由此确定5月最低温度21.5℃为盛花期温度下限；9月对应每日最低温度的最低为21.6℃、平均为23.4℃、最高为25.2℃，由此确定9月最低温度21.6℃为盛花期温度下限。综合以上结果，最低温度21.5℃为茉莉花盛花期下限温度。

由于4月和10月为临界盛花期，研究结果表明：4月每日最低温度的最低为16.5℃，当最低温度5日均值≥20℃时进入花期；10月每日最低温度的最低为17.2℃，当最低温度5日均值≤20℃时花期结束。

综合以上的研究结果：广西横州市茉莉花适宜开花的区域气象条件判别模型为：①当最低温度5日均值≥20℃时进入花期；②当最低温度5日均值≥25℃时进入盛花期；③当最低温度5日均值≤25℃时盛花期结束；④当最低温度5日均值≤20℃时花期结束。

十、讨论

以往对茉莉花盛花期的研究结果是：19℃时叶芽萌动，25℃以上现蕾，最适开花温度是35～37℃[67～68,88]，最适温度为月平均气温28℃左右[32]。

本文通过对横州月温度、4～5月和9～10月连续5日平均温度、4月1日到10月31日每日平均温度以及4～10月每日最低温度等气象指标与盛花期以及花期关系的定量解析，确定了横州市茉莉花适宜开花的区域气象条件，即当最低温度5日均值≥20℃时进入花期、当最低温度5日均值≥25℃时进入盛花期、当最低温度5日均值≤25℃时盛花期结束、当最低温度5日均值≤20℃时花期结束。本研究结果与以往研究结果一致。本研究利用茉莉花产量实测数据和盛花期时间调研结果作为标定，定量确定花期和盛花期最佳温度，为茉莉花产量预报提供了定量化模型和参数。

十一、结论

横州茉莉花盛花期与温度关系的定量研究结果表明：4月每日平均温度达到20℃以上时，进入茉莉花花期，达到25℃以上时，进入盛花期；10月每日平均温度低于25℃以下时，盛花期结束，低于20℃以下时，花期结束。

第二节 茉莉花盛花期最佳气象条件模型

一、盛花期最佳气象条件模型

对广西横州茉莉花盛花期最佳气象条件进行定量研究，利用每日气象数据与盛花期产量关系建立横州茉莉花盛花期最佳气象条件模型，为横州茉莉花产量和价格预测提供了气象条件解析依据。

二、连续 5 日平均亩产数据

通过实地调查，获得一农户 2 101.05m² 地块的 2018—2020 年连续 3 年每日茉莉花采花量数据，并计算连续 5 日平均亩产。结果显示：不含未采花日，3 年 461d 的平均亩产5.31kg，日最低亩产 0.40kg，日最高亩产 15.24kg；5～9 月亩产相对较高，4 月亩产逐渐增加，10 月亩产逐渐减少。

三、横州气象数据

横州气象数据来源于《中国气象科学数据共享服务网》（http：//cdc.nmic.cn）的横州逐日气象数据，包括每日的最低温度、平均温度、最高温度、平均相对湿度、最小相对湿度、日照时数、降水量。根据初步分析结果，计算 2018—2020 年 4 月 1 日到 10 月 31日连续 5 日的每日平均温度的平均、每日日照时数的平均、每日平均相对湿度的平均 3 个气象指标。

四、模型建立方法

采用统计分析方法建模，包括一元线性或非线性回归、多元线性回归；使用 Excel 进行数据分析和建模。

五、基于 5 日连续平均亩产和气象条件的单因素解析

将连续 5 日平均亩产作为因变量（Y），将连续 5 日平均温度的平均（X_1）、连续 5 日日照时数的平均（X_2）、连续 5 日平均相对湿度的平均（X_3）作为 3 个因变量，结果分别见图 3-3、图 3-4 和图 3-5。3 个回归方程分别为：$Y=0.258\times e^{0.108\,5X_1}$（$r=0.520^{**}$，n＝456）；$Y=-0.339X_2^2+3.721X_2-4.044$（$r=0.430^{**}$，n＝456）；$Y=-0.012X_3^2+1.781X_3-61.176$（$r=0.380^{**}$，n＝456）。

将 3 年连续 5 日平均亩产＜2.5kg 作为低产，则≥2.5kg 为中产和高产。图 3-3 说明：

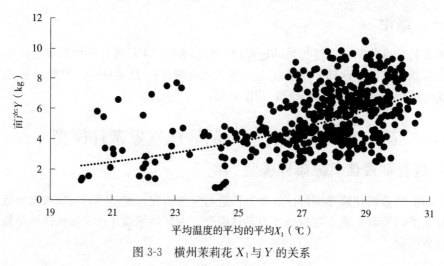

图 3-3　横州茉莉花 X_1 与 Y 的关系

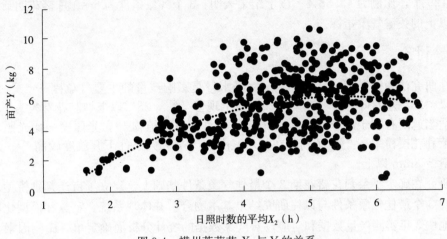

图 3-4 横州茉莉花 X_2 与 Y 的关系

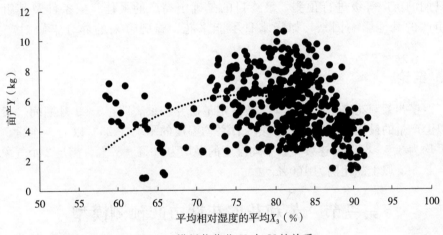

图 3-5 横州茉莉花 X_3 与 Y 的关系

当 5 日平均温度的平均（X_1）≥25℃时，亩产≥2.5kg 的比例为 99.5%。图 3-4 说明：当 5 日日照时数的平均（X_2）为 3.5～6.0h 时，亩产≥2.5kg 的比例为 99.4%。图 3-5 说明：当 5 日平均相对湿度的平均（X_3）为 73%～87% 时，亩产≥2.5kg 的比例为 100.0%。根据图 3-3、图 3-4 和图 3-5，确定茉莉花中产和高产的最佳单一气象指标，即 5 日平均温度的平均（X_1）、5 日日照时数的平均（X_2）、5 日平均相对湿度的平均（X_3）。

六、基于连续 5 日气象条件的多因素亩产建模

多因素亩产判别模型的建立：基于 5 日平均温度的平均（X_1）、5 日日照时数的平均（X_2）、5 日平均相对湿度的平均（X_3）3 个气象指标，建立亩产判别模型。在 456 个连续 5 日样本中，有 296 个样本满足 3 个气象条件，比例为 64.90%。分析表明：随着亩产的增加，满足 3 个气象条件的样本比例下降，如亩产大于 2.5kg 即中产以上的样本 296 个，比例为 100.0%，亩产大于 4.5kg 的样本 222 个，比例为 75.00%，亩产大于 6.5kg

的样本 129 个，比例为 43.58％。以上结果表明：3 个气象条件为 5～9 月盛花期茉莉花达到中产以上的关键气象指标。

七、讨论

以往研究认为：温度、日照、湿度、降水量是影响产量的主要气象因子[88~95]。现有研究结果：20℃左右叶芽开始萌动，25℃以上现蕾[32,66]，38℃以上抑制花芽发育[32,67~68]，高温时适当遮阴有利于高产[69~70]；茉莉花属阳性短日照植物[30]，光照度强比光照度弱的条件下茉莉花授粉率高[71]；茉莉花在相对湿度 85％～95％条件下开放度较高[96]；适宜的月降水量 278mm 以上。

本研究在确定了茉莉花盛花期 3 个最佳气象条件基础上，建立了亩产判别模型。本研究确定的 3 个最佳气象条件与以往研究结果基本吻合，并体现系统、定量和模型化，即基于同一地块 3 年实测产量数据和对应逐日气象数据的统计分析而确定单一影响因素，再建立多因素定量判别模型，在预测上不针对具体日期进行亩产预测，而是针对符合 3 个气象条件日期的亩产等级进行预测，最终目的是确定高产的最佳气象条件及其组合，有效避开亩产的其他影响因素，如降水日不能采花、施肥带来的养分丰缺对产量的影响等。

八、结论

对广西横州茉莉花盛花期最佳气象条件定量研究结果表明：5～9 月期间，茉莉花达到中产以上产量的最佳气象条件是连续 5 日平均温度的平均在 25℃以上、连续 5 日日照时数的平均为 3.5～6.0h、连续 5 日平均湿度的平均为 73％～87％，满足 3 个气象条件下每日亩产 2.5kg 以上的比例为 100％。

第三节　茉莉花盛花期亩产预测模型

一、基于气象条件的亩产预测模型

筛选影响亩产的关键气象因子，建立基于气象条件和连续 5 日平均亩产关系的茉莉花产量预测模型，为产量和价格预报提供模型和参数。

二、亩产数据

通过实地调查，获得一农户 2 101.05m² 地块的 2018—2020 年连续 3 年每日茉莉花采花量数据，并计算连续 5 日平均亩产；2018 年采花时间为 5 月 1 日到 9 月 30 日，2019 年采花时间为 6 月 22 日到 9 月 30 日，2020 年采花时间为 5 月 16 日到 9 月 30 日。在 3 年 461d 测产记录中，不含未采花日，每日平均亩产为 5.31kg，日最低亩产 0.40kg，日最高亩产 15.24kg；4 月亩产逐渐增加，5～9 月亩产相对较高，10 月亩产逐渐减少。

三、横州气象数据

横州气象数据来源于《中国气象科学数据共享服务网》（http：//cdc.nmic.cn）的横

州逐日气象数据，包括每日的最低温度、平均温度、最高温度、平均相对湿度、最小相对湿度、日照时数、降水量。

四、模型建立方法

采用统计分析方法建模，包括一元线性或非线性回归、多元线性回归；使用 Excel 进行数据分析和建模。

五、影响亩产的气象因素分析

统计结果表明：①与连续 5 日茉莉花的平均亩产（Y）具有显著相关关系的有 3 个气象指标，即连续 5 日平均温度的平均（X_1）、连续 5 日日照时数的平均（X_2）、连续 5 日平均相对湿度的平均（X_3）；②基于 3 个气象指标的回归方程分别为：$Y=0.258e^{0.1085X_1}$（$r=0.520^{**}$，$n=456$）；$Y=-0.339X_2^2+3.721X_2-4.044$（$r=0.430^{**}$，$n=456$）；$Y=-0.012X_3^2+1.781X_3-61.176$（$r=0.380^{**}$，$n=456$）；③如果将连续 5 日茉莉花亩产 < 2.5kg 作为低产标准，则 ≥ 2.5kg 为中产和高产标准；在 3 年 456 个连续 5 日平均亩产中，有 296d 同时满足 3 个气象条件，比例为 64.90%；④随着亩产的增加，地块比例下降：亩产大于 2.5kg 的天数为 100.0%，亩产大于 3.5kg 的天数为 90.54%，亩产大于 4.5kg 的天数为 75.00%，亩产大于 5.5kg 的天数为 64.53%，亩产大于 6.5kg 的天数为 43.58%。由于 5～9 月为横州多年茉莉花盛花期，因此以上结果说明确定的 3 个气象条件是茉莉花中产和高产的关键气象指标。

六、每日平均亩产预测建模

基于 2.1 研究结果和多种算法试算，提出茉莉花亩产预测概念模型如下：连续 5 日茉莉花平均亩产 $Y_i=f$（Y_{i-1}；连续 5 日平均温度的平均 X_1；连续 5 日日照时数的平均 X_2；连续 5 日平均相对湿度的平均 X_3）。式中 Y_i 为 i、$i-1$、$i-2$、$i-3$、$i-4$ 连续 5 日亩产的平均，Y_{i-1} 为 $i-1$、$i-2$、$i-3$、$i-4$、$i-5$ 连续 5 日亩产的平均。建模后模型预测的 Y_i 为 i、$i-1$、$i-2$、$i-3$、$i-4$ 日亩产的平均，也为预测第 i 日亩产的平均预测值，它与单日亩产不同，因为每日亩产影响因素很多，如昨日的亩产、昨日的降水量和当天的降水量等。

1. 单因素平均亩产建模 使用 2018 和 2019 年数据建模前，先制作 Y_{i-1}、X_1、X_2、X_3 与 Y_i 的散点图，并配回归方程，结果分别见图 3-6 至图 3-9。

图 3-6 说明：Y_{i-1} 与 Y_i 呈极显著相关，回归方程为：$Y_i=0.545+0.007Y_{i-1}^2+0.859Y_{i-1}$（$r=0.941^{**}$，$n=216$）；图 3-7 说明：$X_1$ 与 Y_i 呈极显著相关，回归方程为：$Y_i=1.312e^{0.049Z}$，$Z=X_1$（$r=0.140^{**}$，$n=216$）；图 3-8 说明：X_2 与 Y_i 呈极显著相关，回归方程为：$Y_i=-4.1980-0.406X_2^2+4.039X_2$（$r=0.212^{**}$，$n=216$）；图 3-9 说明：$X_3$ 与 Y_i 呈极显著相关，回归方程为：$Y_i=-0.007X_3^2+1.049X_3-32.133$（$r=0.232^{**}$，$n=216$）。

2. 多因素平均亩产建模 基于确定的 4 个影响因素建立多因素平均亩产预测模型，获得以下回归模型：$Y_i=0.4101+0.9350Y_{i-1}+0.0431X_1+0.0213X_2-0.0167X_3$（$r=0.943^{**}$，$n=216$）。

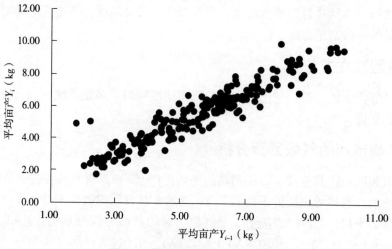

图 3-6　横州茉莉花 Y_{i-1} 与 Y_i 关系

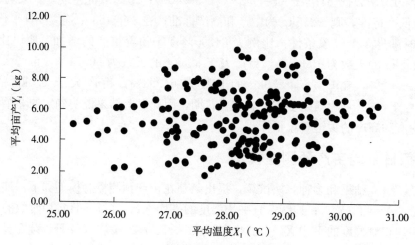

图 3-7　横州茉莉花 X_1 与 Y_i 关系

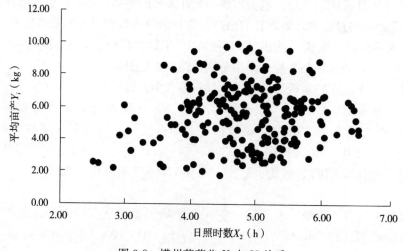

图 3-8　横州茉莉花 X_2 与 Y_i 关系

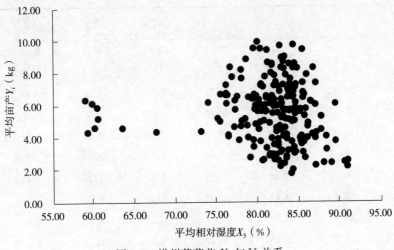

图 3-9　横州茉莉花 X_3 与 Y_i 关系

模型自回归结果：将预测值与真实值之差大于±1kg 的为预测结果不合格，结果 216 个样本中不合格的为 18 个样本，合格率为 91.67%。

七、每日平均亩产预测模型的验证

使用 2020 年气象数据和实测的每日亩产数据对多因素平均亩产模型进行验证，结果如表 3-4。2020 年的验证样本 137 个，预测值与真实值之差大于±1kg 的样本为 23 个，预测误差小于±1kg 的比例为 83.21%，表明预测的每日平均亩产结果的精度可以接受，并可作为每日平均亩产和价格预测的依据。

表 3-4　多因素平均亩产模型验证（kg）

日期	X_1（℃）	X_2（h）	X_3（%）	Y_{i-1}	Y_i	$Y_i{}'$	$Y_i{}'-Y_i$
2020/5/16	27.46	4.80	79.80	6.23	6.33	6.19	−0.13
2020/5/17	27.48	4.97	80.86	6.33	6.32	6.27	−0.05
2020/5/18	27.18	4.82	81.83	6.32	4.79	6.23	1.43
2020/5/19	27.37	5.20	81.32	4.79	4.06	4.83	0.77
2020/5/20	27.40	5.02	83.08	4.06	3.71	4.11	0.40
2020/5/21	27.67	4.71	83.46	3.71	4.88	3.78	−1.10
2020/5/22	27.74	4.57	82.14	4.88	5.77	4.90	−0.87
2020/5/23	28.13	4.86	79.82	5.77	6.97	5.79	−1.19
2020/5/24	28.15	4.74	80.69	6.97	7.90	6.90	−1.00
2020/5/25	27.57	4.56	81.26	7.90	9.14	7.73	−1.41
2020/5/26	26.78	4.81	79.26	9.14	7.56	8.89	1.33
2020/5/27	26.85	5.35	77.56	7.56	8.30	7.46	−0.84

（续）

日期	X_1（℃）	X_2（h）	X_3（%）	Y_{i-1}	Y_i	Y_i'	$Y_i'-Y_i$
2020/5/28	26.79	5.30	77.98	8.30	8.57	8.13	-0.44
2020/5/29	26.71	5.35	78.13	8.57	6.48	8.39	1.91
2020/5/30	27.04	5.59	78.17	6.48	4.48	6.45	1.97
2020/5/31	27.90	5.61	78.98	4.48	5.55	4.60	-0.95
2020/6/1	28.39	5.52	80.83	5.55	4.53	5.59	1.06
2020/6/2	28.48	5.15	81.95	4.53	4.41	4.62	0.20
2020/6/3	28.42	4.81	82.91	4.41	7.46	4.48	-2.98
2020/6/4	28.60	4.77	82.90	7.46	9.33	7.34	-2.00
2020/6/5	28.17	4.30	84.37	9.33	8.89	9.04	0.15
2020/6/6	28.10	3.98	85.19	8.89	9.33	8.60	-0.74
2020/6/7	28.34	4.07	84.72	9.33	8.86	9.03	0.18
2020/6/8	28.67	4.18	83.41	8.86	7.60	8.63	1.02
2020/6/9	28.50	3.76	83.62	7.60	7.13	7.43	0.31
2020/6/10	28.69	4.03	83.59	7.13	7.88	7.00	-0.87
2020/6/11	29.07	4.50	81.12	7.88	7.96	7.77	-0.18
2020/6/12	29.16	4.79	80.29	7.96	7.96	7.87	-0.09
2020/6/13	29.23	5.04	80.31	7.96	7.27	7.88	0.60
2020/6/14	29.03	5.16	81.09	7.27	6.64	7.22	0.58
2020/6/15	28.77	5.02	81.78	6.64	5.57	6.60	1.04
2020/6/16	28.35	4.60	83.11	5.57	5.68	5.55	-0.13
2020/6/17	27.92	4.24	85.00	5.68	5.56	5.59	0.03
2020/6/18	27.58	4.15	85.88	5.56	6.03	5.45	-0.58
2020/6/19	27.88	4.56	84.79	6.03	6.84	5.94	-0.90
2020/6/20	28.43	4.95	82.94	6.84	7.67	6.75	-0.92
2020/6/21	28.86	5.31	82.65	7.67	8.82	7.56	-1.25
2020/6/22	29.42	5.75	80.83	8.82	9.38	8.70	-0.68
2020/6/23	29.80	5.87	79.96	9.38	9.44	9.25	-0.19
2020/6/24	30.07	6.01	79.29	9.44	9.21	9.34	0.13
2020/6/25	29.65	5.20	81.99	9.21	8.35	9.04	0.69
2020/6/26	29.67	5.08	81.80	8.35	7.46	8.24	0.78
2020/6/27	29.47	4.97	82.19	7.46	6.57	7.39	0.82
2020/6/28	29.31	4.92	82.29	6.57	6.29	6.55	0.26
2020/6/29	29.17	4.85	82.26	6.29	6.79	6.28	-0.52
2020/6/30	29.62	5.69	80.05	6.79	7.21	6.83	-0.38

（续）

日期	X_1（℃）	X_2（h）	X_3（%）	Y_{i-1}	Y_i	$Y_i{}'$	$Y_i{}'-Y_i$
2020/7/1	29.67	5.94	79.49	7.21	7.33	7.23	−0.11
2020/7/2	29.50	5.68	80.70	7.33	7.33	7.31	−0.02
2020/7/3	29.22	5.24	82.01	7.33	7.87	7.27	−0.60
2020/7/4	29.02	4.88	83.01	7.87	7.24	7.74	0.50
2020/7/5	28.87	4.74	82.73	7.24	8.22	7.14	−1.08
2020/7/6	28.79	4.67	82.89	8.22	8.32	8.06	−0.26
2020/7/7	29.00	4.94	81.69	8.32	9.14	8.18	−0.96
2020/7/8	29.41	5.34	79.56	9.14	8.54	9.01	0.47
2020/7/9	29.89	5.63	77.43	8.54	8.98	8.51	−0.47
2020/7/10	30.12	5.54	76.42	8.98	8.60	8.95	0.35
2020/7/11	30.11	5.41	76.57	8.60	8.17	8.59	0.42
2020/7/12	29.90	5.48	76.85	8.17	7.10	8.18	1.08
2020/7/13	29.73	5.60	77.49	7.10	6.83	7.15	0.33
2020/7/14	29.64	5.83	77.54	6.83	6.38	6.90	0.52
2020/7/15	29.64	6.26	76.74	6.38	5.71	6.51	0.79
2020/7/16	29.80	6.63	74.66	5.71	5.52	5.93	0.41
2020/7/17	30.08	6.65	73.32	5.52	6.16	5.79	−0.37
2020/7/18	30.29	6.58	72.15	6.16	6.67	6.41	−0.26
2020/7/19	30.27	6.36	72.47	6.67	7.43	6.87	−0.55
2020/7/20	29.99	6.04	73.97	7.43	7.87	7.54	−0.33
2020/7/21	29.92	5.94	74.18	7.87	8.19	7.95	−0.24
2020/7/22	29.81	5.90	74.32	8.19	8.25	8.24	−0.01
2020/7/23	29.68	5.84	74.57	8.25	8.08	8.29	0.21
2020/7/24	29.68	5.87	74.29	8.08	7.51	8.13	0.62
2020/7/25	30.02	6.26	72.01	7.51	7.33	7.66	0.33
2020/7/26	30.19	6.34	71.81	7.33	6.84	7.50	0.66
2020/7/27	29.74	6.01	74.47	6.84	6.43	6.97	0.54
2020/7/28	29.54	6.18	75.54	6.43	5.66	6.57	0.91
2020/7/29	29.58	6.21	75.32	5.66	6.45	5.85	−0.60
2020/7/30	29.45	5.98	76.87	6.45	6.50	6.56	0.05
2020/7/31	29.21	5.83	77.28	6.50	6.66	6.59	−0.07
2020/8/1	29.33	5.82	75.91	6.66	6.84	6.76	−0.08
2020/8/2	29.01	5.45	77.44	6.84	7.36	6.88	−0.48
2020/8/3	28.33	4.69	80.58	7.36	6.63	7.27	0.64

（续）

日期	X_1 （℃）	X_2 （h）	X_3 （%）	Y_{i-1}	Y_i	Y_i'	$Y_i'-Y_i$
2020/8/4	27.80	4.11	83.21	6.63	5.71	6.51	0.80
2020/8/5	27.27	3.36	87.22	5.71	5.11	5.54	0.43
2020/8/6	27.07	3.10	89.37	5.11	4.63	4.93	0.30
2020/8/7	27.24	3.03	89.03	4.63	4.32	4.50	0.18
2020/8/8	27.69	3.72	87.79	4.32	3.65	4.26	0.60
2020/8/9	28.24	4.26	85.42	3.65	4.13	3.71	−0.42
2020/8/10	28.97	4.92	82.74	4.13	4.21	4.25	0.04
2020/8/11	29.48	5.26	81.30	4.21	4.26	4.37	0.12
2020/8/12	29.63	5.40	80.53	4.26	4.49	4.44	−0.05
2020/8/13	29.24	5.06	81.25	4.49	4.70	4.62	−0.09
2020/8/14	28.50	4.41	83.69	4.70	4.88	4.74	−0.14
2020/8/15	27.87	4.33	84.96	4.88	5.67	4.85	−0.82
2020/8/16	27.22	4.19	86.17	5.67	6.23	5.54	−0.69
2020/8/17	26.63	3.80	87.77	6.23	5.97	6.00	0.03
2020/8/18	26.74	3.97	87.38	5.97	7.38	5.77	−1.61
2020/8/19	26.87	4.25	87.01	7.38	8.16	7.11	−1.05
2020/8/20	26.55	3.69	88.49	8.16	7.54	7.79	0.25
2020/8/21	26.85	3.77	87.58	7.54	7.63	7.24	−0.40
2020/8/22	27.43	4.34	85.10	7.63	9.85	7.40	−2.45
2020/8/23	27.78	4.53	83.85	9.85	9.33	9.52	0.19
2020/8/24	28.35	4.80	82.71	9.33	9.39	9.08	−0.31
2020/8/25	29.00	5.22	80.80	9.39	10.60	9.20	−1.39
2020/8/26	28.94	5.00	81.10	10.60	10.50	10.32	−0.18
2020/8/27	28.97	5.16	80.24	10.50	9.49	10.25	0.76
2020/8/28	29.01	5.41	78.62	9.49	9.27	9.34	0.07
2020/8/29	29.12	5.63	76.17	9.27	8.98	9.18	0.20
2020/8/30	29.26	5.95	74.94	8.98	8.70	8.95	0.25
2020/8/31	29.75	6.45	72.86	8.70	8.79	8.75	−0.05
2020/9/1	30.04	6.38	72.86	8.79	8.37	8.85	0.48
2020/9/2	30.22	6.27	72.76	8.37	8.10	8.45	0.36
2020/9/3	30.14	6.17	74.49	8.10	8.13	8.17	0.04
2020/9/4	30.11	6.04	75.10	8.13	8.32	8.19	−0.13
2020/9/5	30.13	5.98	75.07	8.32	7.96	8.36	0.41
2020/9/6	29.99	5.67	76.63	7.96	7.97	7.98	0.01

（续）

日期	X_1（℃）	X_2（h）	X_3（%）	Y_{i-1}	Y_i	Y_i'	$Y_i'-Y_i$
2020/9/7	29.22	4.71	81.38	7.97	7.53	7.87	0.34
2020/9/8	28.54	4.04	83.84	7.53	6.51	7.37	0.85
2020/9/9	27.94	3.35	86.05	6.51	4.91	6.34	1.43
2020/9/10	27.33	3.05	88.52	4.91	4.29	4.77	0.48
2020/9/11	27.04	2.91	89.30	4.29	3.16	4.16	1.00
2020/9/12	27.26	3.50	87.87	3.16	2.56	3.15	0.60
2020/9/13	27.39	3.66	87.34	2.56	2.07	2.60	0.53
2020/9/14	27.55	4.03	86.77	2.07	2.20	2.17	−0.03
2020/9/15	27.86	4.18	85.49	2.20	1.91	2.33	0.42
2020/9/16	28.04	4.27	85.00	1.91	2.19	2.08	−0.11
2020/9/17	28.10	4.44	83.03	2.19	2.78	2.38	−0.40
2020/9/18	27.56	4.59	81.95	2.78	2.75	2.93	0.19
2020/9/19	27.03	4.27	83.17	2.75	3.05	2.85	−0.20
2020/9/20	26.46	3.68	85.59	3.05	4.03	3.05	−0.98
2020/9/21	26.05	3.49	87.45	4.03	4.48	3.92	−0.55
2020/9/22	25.86	3.07	90.51	4.48	4.77	4.27	−0.51
2020/9/23	25.85	2.77	91.81	4.77	5.40	4.51	−0.89
2020/9/24	25.69	3.04	90.17	5.40	4.82	5.13	0.31
2020/9/25	25.75	3.48	89.03	4.82	4.19	4.62	0.42
2020/9/26	25.27	3.31	88.58	4.19	3.44	4.01	0.57
2020/9/27	24.44	3.04	88.11	3.44	2.27	3.28	1.01
2020/9/28	24.56	3.04	88.31	2.27	1.76	2.18	0.42
2020/9/29	25.26	3.07	88.74	1.76	1.85	1.73	−0.12

八、讨论

以往研究虽然对影响茉莉花产量的气象指标进行过较多报道，并确定了比较符合实际的多个影响因素，为茉莉花产量预测提供了有利的技术支撑，但是尚未见到有关茉莉花亩产预测的模型和实际应用。本文基于实测数据，计算连续 5 日平均亩产，分析其与连续 5 日气象条件的定量关系，并引入前一天连续 5 日平均亩产变量，建立多因素平均亩产预测模型。结果表明：如果预测的平均亩产以误差小于±1kg 为合格标准，模型自回归合格率为 91.67%，模型验证的合格率为 83.21%，表明预测模型达到了实用水平。

九、结论

本文结论如下：①横州茉莉花连续 5 日平均亩产预测概念模型为 $Y_i = f$（Y_{i-1}；连续

5 日平均温度的平均 X_1；连续 5 日日照时数的平均 X_2；连续 5 日平均相对湿度的平均 X_3）；②使用 2018—2019 年数据建立的模型为 $Y_i = 0.4101 + 0.9350 Y_{i-1} + 0.0431 X_1 + 0.0213 X_2 - 0.0167 X_3$（$r = 0.943^{**}$，$n = 216$），模型自回归合格率为 91.67%；③使用 2020 年数据对 2018—2019 年模型验证结果为模型合格率 83.21%。以上结果表明：使用亩产与气象条件关系可以建模茉莉花产量预测模型。

第四章 茉莉花产量与立地条件关系模型

第一节 茉莉花产量等级与立地条件关系研究

通过对地块高产等级与高程、土壤 pH、土壤全氮含量和土壤全磷含量关系进行解析，确定高产地块条件和建立高产地块条件判别模型，为茉莉花高产选地和管理提供科学依据。

一、调查和测试数据

地块立地条件调查和测试数据：2018 年在横州确定 101 个采样点，获得每个采样点的纬度、经度和高程，于 2018 年 8 月盛花期采集 0~10cm 土样，测定土壤的 pH、有机质、全氮、全磷、全钾。

地块亩产等级确定方法：调查采样时通过对茉莉花亩产和对地块近年亩产的咨询，确定地块亩产等级，划分为高产、中产、低产 3 个产量等级。

二、模型建立方法

采用统计分析方法建模，包括一元线性或非线性回归、多元线性回归；使用 Excel 进行数据分析和建模。对地块亩产等级与立地条件关系进行统计分析，确定亩产为高产地块的立地条件，构建高产和中产地块立地条件判别模型。

三、结果与分析

表 4-1 为与亩产等级具有显著关系的立地条件数据。将表 4-1 中的茉莉花亩产等级作为因变量（Y），分别将表 4-1 中的高程、0~10cm 土壤 pH、土壤全氮含量、土壤全磷含量作为因变量（X），制作散点图，结果分别见图 4-1、图 4-2、图 4-3 和图 4-4。

表 4-1 横州茉莉花地块亩产等级和立地条件数据

样本编号	地点	亩产等级	亩产等级赋值 (Y)	高程 (X_1) (m)	土壤 pH (X_2)	土壤全氮含量 (X_3) (g/kg)	土壤全磷含量 (X_4) (g/kg)
1-1-1-①	校椅	中	2	63	5.92	0.86	0.10
1-1-2-①	校椅	中	2	63	7.19	0.98	0.13
1-1-3-①	校椅	中	2	59	6.72	1.03	0.14
1-1-4-①	校椅	中	2	57	6.51	1.49	0.10

（续）

样本编号	地点	亩产等级	亩产等级赋值 (Y)	高程 (X_1) (m)	土壤 pH (X_2)	土壤全氮含量 (X_3) (g/kg)	土壤全磷含量 (X_4) (g/kg)
1-1-5-①	校椅	中	2	58	6.04	1.75	0.08
1-2-1-①	茉莉园	中	2	54	6.31	1.77	0.18
1-2-2-①	茉莉园	中	2	59	6.07	2.07	0.17
1-2-3-①	茉莉园	中	2	59	6.50	2.06	0.19
1-2-4-①	茉莉园	多	3	58	5.82	1.68	0.08
1-2-5-①	茉莉园	中	2	59	5.14	1.69	0.17
1-3-1-①	茉莉园	中	2	58	5.78	2.26	0.18
1-3-2-①	茉莉园	中	2	60	5.74	1.40	0.12
1-3-3-①	茉莉园	少	1	61	5.65	2.50	0.17
1-3-4-①	茉莉园	少	1	61	5.81	1.64	0.14
1-3-5-①	茉莉园	多	3	64	6.18	2.35	0.15
1-4-1-①	茉莉园	少	1	64	5.91	1.86	0.20
1-4-2-①	茉莉园	少	1	62	5.22	1.30	0.12
1-4-3-①	茉莉园	中	2	58	7.09	1.52	0.16
1-4-4-①	茉莉园	少	1	59	4.91	1.99	0.12
1-4-5-①	茉莉园	少	1	58	5.33	1.74	0.12
1-5-1-①	茉莉园	中	2	53	5.49	1.22	0.07
1-5-2-①	茉莉园	中	2	53	5.86	1.85	0.14
1-5-3-①	茉莉园	少	1	53	6.03	1.62	0.12
1-5-4-①	茉莉园	少	1	54	5.46	2.44	0.12
1-5-5-①	茉莉园	少	1	52	6.15	2.33	0.14
2-1-1-①	横州	中	2	60	5.48	2.31	0.26
2-1-2-①	横州	多	3	61	5.50	1.84	0.15
2-1-3-①	横州	多	3	53	6.95	1.72	0.15
2-1-4-①	横州	多	3	52	5.64	2.30	0.11
2-1-5-①	横州	多	3	51	5.91	2.45	0.14
2-2-1-①	横州	中	2	66	6.08	1.27	0.11
2-2-2-①	横州	中	2	66	5.49	1.66	0.18
2-2-3-①	横州	少	1	61	6.38	1.58	0.11
2-2-4-①	横州	多	3	58	6.14	1.65	0.11
2-2-5-①	横州	少	1	58	6.01	1.58	0.14
2-3-1-①	横州	中	2	57	7.28	2.63	0.07

（续）

样本编号	地点	亩产等级	亩产等级赋值（Y）	高程（X₁）（m）	土壤 pH（X₂）	土壤全氮含量（X₃）（g/kg）	土壤全磷含量（X₄）（g/kg）
2-3-2-①	横州	中	2	56	5.90	2.03	0.10
2-3-3-①	横州	少	1	51	6.76	1.26	0.06
2-3-4-①	横州	中	2	50	7.26	1.78	0.11
2-3-5-①	横州	中	2	50	7.63	1.73	0.09
2-4-1-①	横州	少	1	43	7.32	0.65	0.04
2-4-2-①	横州	少	1	43	5.93	1.76	0.10
2-4-3-①	横州	少	1	43	6.21	2.00	0.09
2-4-4-①	横州	中	2	44	6.32	2.12	0.14
2-4-5-①	横州	少	1	44	4.38	2.09	0.20
2-5-1-①	横州	少	1	45	5.57	1.84	0.11
2-5-2-①	横州	少	1	42	5.75	2.04	0.17
2-5-3-①	横州	中	2	45	5.79	1.93	0.13
2-5-4-①	横州	中	2	47	5.48	2.52	0.10
2-5-5-①	横州	中	2	47	5.67	1.42	0.11
3-1-1-①	云表	多	3	65	6.34	1.95	0.15
3-1-2-①	云表	中	2	81	6.37	1.63	0.16
3-1-3-①	云表	中	2	64	7.11	1.62	0.11
3-1-4-①	云表	中	2	61	5.94	1.92	0.09
3-1-5-①	云表	中	2	91	5.49	2.08	0.20
3-2-1-①	云表	中	2	74	5.83	1.48	0.11
3-2-2-①	云表	中	2	107	5.45	1.82	0.14
3-2-3-①	云表	中	2	97	3.41	1.74	0.38
3-2-4-①	云表	少	1	107	4.95	2.02	0.15
3-2-5-①	云表	多	3	65	5.61	2.17	0.14
3-3-1-①	云表	少	1	74	5.93	2.45	0.18
3-3-2-①	云表	少	1	66	6.46	1.81	0.13
3-3-3-①	云表	少	1	61	6.57	2.55	0.11
3-3-4-①	云表	少	1	58	6.78	2.25	0.22
3-3-5-①	云表	少	1	60	5.66	2.43	0.11
4-1-1-①	马岭	中	2	83	6.55	2.72	0.16
4-1-2-①	马岭	中	2	82	6.95	2.62	0.18
4-1-3-①	马岭	中	2	77	7.36	1.77	0.36
4-1-4-①	马岭	中	2	75	7.64	1.43	0.17

（续）

样本编号	地点	亩产等级	亩产等级赋值 (Y)	高程 (X₁) (m)	土壤 pH (X₂)	土壤全氮含量 (X₃) (g/kg)	土壤全磷含量 (X₄) (g/kg)
4-1-5-①	马岭	中	2	73	8.24	1.42	0.19
4-2-1-①	马岭	中	2	86	4.38	2.76	0.24
4-2-2-①	马岭	中	2	86	6.47	1.26	0.11
4-2-3-①	马岭	中	2	90	5.10	1.41	0.10
4-2-4-①	马岭	中	2	90	5.79	2.26	0.10
4-2-5-①	马岭	少	1	88	6.21	2.33	0.12
4-3-1-①	马岭	少	1	74	6.22	2.05	0.18
4-3-2-①	马岭	少	1	78	7.45	1.48	0.09
4-3-3-①	马岭	多	3	51	6.96	1.03	0.08
4-3-4-①	马岭	中	2	51	6.27	1.13	0.08
5-1-1-①	莲塘	中	2	76	6.70	1.61	0.08
5-1-2-①	莲塘	中	2	56	6.92	1.33	0.08
5-1-3-①	莲塘	中	2	53	6.30	1.57	0.09
5-1-4-①	莲塘	中	2	54	6.37	1.28	0.10
5-1-5-①	莲塘	中	2	55	6.32	1.11	0.07
5-2-1-①	莲塘	中	2	56	6.41	1.08	0.06
5-2-2-①	莲塘	中	2	58	6.27	1.02	0.05
5-2-3-①	莲塘	少	1	58	7.22	1.40	0.15
5-2-4-①	莲塘	少	1	57	6.11	1.23	0.08
5-2-5-①	莲塘	少	1	59	6.95	1.45	0.08
5-3-1-①	莲塘	少	1	71	7.26	1.90	0.09
5-3-2-①	莲塘	中	2	71	6.79	1.27	0.06
5-3-3-①	莲塘	少	1	71	8.13	1.53	0.07
5-3-4-①	莲塘	中	2	70	6.55	1.32	0.07
5-3-5-①	莲塘	少	1	70	6.62	1.47	0.06
5-4-1-①	莲塘	多	3	65	6.57	1.84	0.06
5-4-2-①	莲塘	中	2	63	6.30	1.48	0.06
5-4-3-①	莲塘	中	2	67	6.74	1.32	0.06
5-4-4-①	莲塘	中	2	67	7.01	1.11	0.16
5-4-5-①	莲塘	中	2	69	6.49	1.12	0.04
6-1-1-①	那阳	中	2	82	6.83	0.73	0.04
7-1-1-①	百合	多	3	65	5.68	1.66	0.09

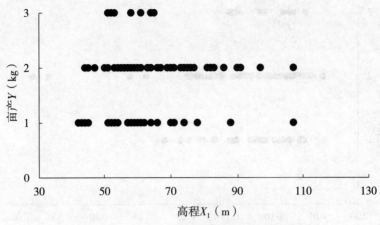

图 4-1　横州茉莉花地块高程与亩产等级关系

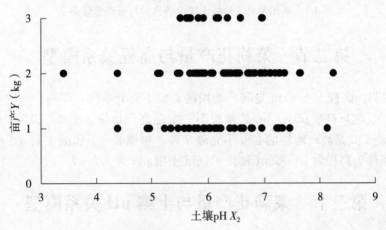

图 4-2　横州茉莉花地块土壤 pH 与亩产等级关系

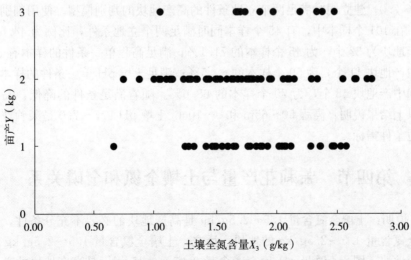

图 4-3　横州茉莉花地块土壤全氮含量与亩产等级关系

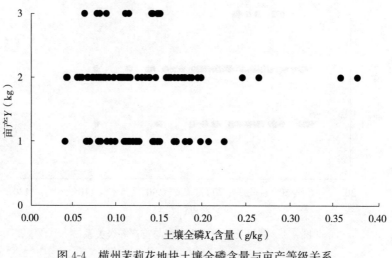

图 4-4　横州茉莉花地块土壤全磷含量与亩产等级关系

第二节　茉莉花产量与高程关系模型

图 4-1 说明：高程 50～65m 是高产地块的必要不充分条件，即高产地块是高程 50～65m 的地块；反之，高程 50～65m 的地块不一定是高产地块。图 4-2 说明：0～10cm 土壤 pH 为 5.5～7.0 是高产地块的必要不充分条件。根据表 4-1 和图 4-1、图 4-2，高产地块最佳立地条件为高程为 50～65m 和 0～10cm 土壤 pH 为 5.5～7.0。

第三节　茉莉花产量与土壤 pH 关系模型

判别模型：基于茉莉花高产地块两个立地条件指标即高程为 50～65m 和 0～10cm 土壤 pH 5.5～7.0，建立同时满足两个立地条件的高产地块的判别模型。使用判别模型分析结果如下：在 101 个样本中，有 45 个样本同时满足两个立地条件，比例为 44.6％，其中高产和中产地块为 32 个，为 45 个样本的 71.1％；满足高程单一条件的样本有 59 个，其中高产和中产地块 41 个，为 59 个样本的 69.5％；满足土壤 pH 单一条件的样本有 70 个，其中高产和中产地块 48 个，为 70 个样本的 68.6％。随着满足条件的降低，高产地块比例降低。以上结果说明：高程 50～65m 和 0～10cm 土壤 pH 5.5～7.0 是茉莉花高产地块的关键立地条件指标。

第四节　茉莉花产量与土壤全氮和全磷关系

图 4-3 说明：土壤全氮含量 1.5～2.5g/kg 是高产地块的必要不充分条件，即高产地块是土壤全氮含量 1.5～2.5g/kg 的地块；反之，土壤全氮含量 1.5～2.5g/kg 的地块不一定是高产地块。图 4-4 说明：土壤全磷含量 0.05～0.15g/kg 是高产地块的必要不充分条件。根据表 4-1、图 4-3 和图 4-4，高产地块最佳土壤大量元素含量指标为土壤全氮含量

1.5～2.5g/kg、土壤全磷含量 0.05～0.15g/kg。

判别模型：基于茉莉花高产地块土壤 0～10cm 大量元素含量范围指标即土壤全氮含量 1.5～2.5g/kg、土壤全磷含量 0.05～0.15g/kg，建立同时满足两个土壤全量养分含量范围的高产地块的判别模型。进一步分析：高产地块的 12 个样本中有 11 个地块土壤全氮含量为 1.5～2.5g/kg，比例为 91.7%；12 个样本中土壤全磷含量为 0.05～0.15g/kg。使用判别模型分析结果如下：在 101 个采样点中，有 41 个采样点同时满足两个土壤大量元素全量含量范围，比例为 40.59%，其中高产和中产地块 24 个，占 41 个样本的 58.54%；满足单一土壤全量养分含量范围的有 2 种情况，高产和中产地块比例平均为 62.87%，这一结果说明随着满足条件的降低，高产地块的比例略有增加，可能与样本数不够多有关。以上结果说明：土壤全氮含量和土壤全磷含量是茉莉花高产地块的关键土壤大量元素含量指标，但是与高程和土壤 pH 关键指标相比，贡献略低。

统计表明：有 22 个采样点同时满足两个立地条件和两个土壤大量元素全量含量范围，其比例为 21.78%，其中高产和中产地块 16 个（其中高产地块 11 个，中产地块 5 个），占 22 个样本的 72.73%；满足单一立地条件的有 4 种情况，高产和中产地块比例平均为 65.95%。以上结果说明：4 个高产地块判别条件选择合理。

立地条件是影响横州茉莉花产量的关键生态因子。茉莉花原产热带、亚热带地区，适宜 pH 为 5.5～6.5[97]、有机质含量高的砂壤土或壤土[98-99]。茉莉花产量与氮肥用量成负相关，与磷、钾肥用量成正相关[79]。高温多雨、湿热同季，地势较高的土壤风化和淋溶作用比较强烈[72]，易造成土壤酸化，导致土壤养分降低[73]，破坏了土壤结构，不利于作物根系生长[74]。

对横州茉莉花种植区域的大量调查结果表明：除气象条件外，地块茉莉花产量与以下因素高度相关，即地块立地条件，包括地块高程、土壤 pH、土壤大量元素含量等。本研究结果验证了调查结果和农户的经验。立地条件中高程决定了土壤类型和肥力高低，相对高处，保水能力差，相对低处，持水能力强，但是水分过多时不利于茉莉花根系的生长发育，直接影响到产量。土壤 pH 为 5.5～7.0 即微酸到中性时，是所有植物必需营养元素有效性最高和土壤微生物最稳定的区段；pH 低于 5.5 以下时，硼和钼有效性锐降，磷的有效性大幅提高；pH 高于 7.0 以上时，磷、硼、铁、锰、铜、锌有效性锐降。氮、磷、钾是植物三大必需营养元素，土壤氮、磷、钾全量和有效含量直接影响到作物的产量和品质。

本研究对地块产量等级与高程、土壤 pH、土壤全氮含量和土壤全磷含量关系进行了定量解析，获得以下研究结论：①茉莉花高产地块具有显著的立地条件差异，高产地块具备 4 个必要不充分条件，即高程 50～65m、0～10cm 土壤 pH 5.5～7.0、0～10cm 土壤全氮含量 1.5～2.5g/kg 和 0～10cm 土壤全磷含量 0.05～0.15g/kg；②符合 4 个判别条件的高产和中产地块比例高，基于立地条件的高产和中产判别模型有效和实用。

第五节　基于茉莉花亩产变化的施肥对策

一、每日亩产数据

2021 年在横州选择 6 户种植者，实测后折算成每日亩产（kg）。从 6 月 9 日开始测产，直到 10 月 10 日。6 个地块分别命名为：地块 1、地块 2、地块 3、地块 4、地块 5、地块 6，6 个地块采花日的平均亩产分别为 5.02、5.61、5.89、8.03、8.30、9.89kg，6 个地块每日亩产平均的平均（所有 6 块地测产日的平均）为 7.08kg。地块 1、地块 2、地块 3、地块 4、地块 5、地块 6 测产日分别为 6 月 15 日至 9 月 30 日、6 月 9 日至 10 月 10 日、6 月 10 日至 9 月 30 日、6 月 10 日至 10 月 8 日、6 月 10 日至 10 月 8 日、6 月 9 日至 10 月 10 日。表 4-2 为每亩地块测产原始数据。

表 4-2　每亩地块测产原始数据（kg）

月/日	地块 1	地块 2	地块 3	地块 4	地块 5	地块 6	6 个地块平均
6/9	0.00	5.33	0.00	0.00	0.00	7.33	6.33
6/10	0.00	5.63	8.33	5.00	3.33	7.50	5.96
6/11	0.00	8.00	11.00	5.25	3.50	7.67	7.08
6/12	0.00	5.88	8.67	5.63	5.00	7.17	6.47
6/13	0.00	4.83	8.42	5.63	5.00	7.50	6.28
6/14	0.00	3.33	8.83	5.50	5.83	7.50	6.20
6/15	3.20	5.21	9.17	6.25	8.33	7.67	6.64
6/16	2.80	4.75	10.25	6.25	8.33	8.00	6.73
6/17	3.60	5.67	8.83	6.25	11.67	8.33	7.39
6/18	3.10	6.33	8.17	8.75	23.33	9.17	9.81
6/19	6.40	6.42	8.00	8.75	23.33	10.00	10.48
6/20	4.70	6.79	9.17	10.00	20.00	10.33	10.17
6/21	8.20	7.08	9.75	9.38	20.00	10.67	10.85
6/22	3.40	6.17	9.67	9.38	16.67	10.50	9.30
6/23	3.60	5.50	7.67	10.00	18.33	10.83	9.32
6/24	3.60	4.75	8.33	10.00	15.00	11.67	8.89
6/25	3.30	4.04	7.67	10.00	16.67	11.17	8.81
6/26	3.20	4.04	6.92	11.25	10.00	11.00	7.73
6/27	4.10	6.67	6.75	10.00	8.33	10.67	7.75
6/28	4.00	5.00	6.33	10.00	11.67	10.83	7.97
6/29	7.60	5.67	6.67	8.75	10.00	11.67	8.39
6/30	8.30	4.67	5.33	10.63	10.00	11.50	8.40
7/1	8.10	5.50	5.17	8.75	10.00	11.67	8.20
7/2	8.60	5.25	5.08	9.75	10.83	12.50	8.67
7/3	5.70	5.83	6.75	10.00	11.67	13.33	8.88
7/4	6.40	7.63	7.50	10.25	12.00	11.67	9.24
7/5	8.50	5.17	8.42	10.00	12.50	11.33	9.32
7/6	8.80	8.50	8.00	10.00	12.83	11.67	9.97

（续）

月/日	地块1	地块2	地块3	地块4	地块5	地块6	6个地块平均
7/7	6.80	8.42	8.33	10.63	13.33	12.83	10.06
7/8	7.90	6.50	9.33	10.38	12.50	11.67	9.71
7/9	6.20	6.79	5.08	10.00	11.67	11.00	8.46
7/10	3.00	6.75	6.00	10.00	11.67	10.00	7.90
7/11	3.20	6.58	6.33	9.63	12.00	10.00	7.96
7/12	3.10	6.71	5.67	10.00	12.50	10.00	8.00
7/13	2.80	6.96	7.67	8.75	11.67	10.83	8.11
7/14	2.90	7.17	7.50	7.50	10.00	11.17	7.71
7/15	3.30	7.00	6.33	6.25	10.00	11.67	7.43
7/16	2.20	6.50	6.92	6.25	10.00	11.67	7.26
7/17	3.80	7.33	7.75	7.50	11.67	12.17	8.37
7/18	2.50	7.17	9.33	7.50	11.67	12.33	8.42
7/19	3.90	5.88	8.58	0.00	0.00	0.00	6.12
7/20	3.50	5.50	8.33	0.00	0.00	0.00	5.78
7/21	4.20	5.75	7.00	7.38	6.67	11.67	7.11
7/22	3.80	5.29	8.00	7.50	5.00	11.33	6.82
7/23	4.00	7.04	5.17	7.25	10.00	11.67	7.52
7/24	4.30	6.83	4.17	6.88	11.33	12.00	7.58
7/25	4.00	6.25	4.33	6.50	9.17	10.83	6.85
7/26	3.20	7.17	4.42	6.75	8.00	10.00	6.59
7/27	2.70	7.08	6.33	6.63	8.33	10.00	6.85
7/28	3.00	6.63	2.83	6.88	7.83	10.33	6.25
7/29	3.10	6.42	4.33	7.50	6.67	9.83	6.31
7/30	2.60	6.58	3.08	7.25	8.17	10.00	6.28
7/31	2.30	6.83	2.50	7.00	6.83	10.33	5.97
8/1	3.70	6.88	2.92	8.75	4.33	10.00	6.10
8/2	4.00	7.17	4.33	9.00	4.00	10.33	6.47
8/3	7.60	7.00	5.58	8.50	2.33	9.83	6.81
8/4	4.80	6.33	6.00	8.38	7.50	9.67	7.11
8/5	8.10	6.00	6.25	9.00	6.67	8.33	7.39
8/6	7.20	6.79	6.58	8.75	8.33	10.00	7.94
8/7	5.80	6.54	6.67	8.25	6.33	10.33	7.32
8/8	5.90	8.00	5.42	8.13	15.00	9.83	8.71
8/9	8.40	7.33	5.50	7.88	11.67	10.00	8.46
8/10	6.20	7.67	7.67	8.00	10.33	9.67	8.26

（续）

月/日	地块1	地块2	地块3	地块4	地块5	地块6	6个地块平均
8/11	6.30	8.50	7.33	8.13	9.83	9.50	8.27
8/12	6.00	7.21	6.33	7.50	9.50	9.83	7.73
8/13	7.50	7.00	5.08	7.38	9.33	9.67	7.66
8/14	7.80	6.83	7.50	7.63	9.33	9.83	8.15
8/15	6.40	6.08	5.17	7.50	9.17	10.17	7.41
8/16	6.20	6.88	5.00	7.25	9.00	10.33	7.44
8/17	5.70	6.75	7.25	7.38	8.00	10.00	7.51
8/18	6.40	5.96	4.42	7.38	7.50	10.17	6.97
8/19	6.70	8.08	3.33	7.50	8.33	10.33	7.38
8/20	7.60	7.58	5.42	7.50	8.50	10.50	7.85
8/21	6.50	5.88	3.00	7.88	8.83	10.00	7.01
8/22	6.20	6.50	3.42	7.75	8.33	10.33	7.09
8/23	6.30	8.92	3.67	8.00	7.83	9.83	7.43
8/24	7.20	7.79	3.08	7.88	8.00	9.67	7.27
8/25	5.70	7.33	2.67	7.50	8.00	9.83	6.84
8/26	5.90	7.42	3.25	7.38	8.33	10.00	7.05
8/27	6.40	5.96	2.83	7.63	6.67	10.17	6.61
8/28	5.30	7.58	2.58	7.50	6.17	10.50	6.61
8/29	4.60	6.96	2.25	7.75	5.83	10.00	6.23
8/30	4.80	6.83	2.00	8.00	6.00	9.67	6.22
8/31	5.00	7.17	2.58	7.50	5.67	9.50	6.24
9/1	4.30	6.50	2.67	8.75	5.00	9.83	6.18
9/2	5.20	5.96	2.33	8.63	5.33	9.50	6.16
9/3	5.40	5.88	3.00	8.38	5.00	9.67	6.22
9/4	4.70	6.38	4.33	8.13	4.83	9.83	6.37
9/5	4.50	6.75	7.00	8.38	5.00	10.00	6.94
9/6	5.60	5.17	8.50	8.50	5.00	10.00	7.13
9/7	3.90	6.58	9.42	8.38	5.33	9.67	7.21
9/8	2.70	4.75	6.83	8.25	5.33	9.67	6.26
9/9	3.10	3.63	7.00	8.50	5.50	10.00	6.29
9/10	3.60	3.00	6.75	8.38	5.17	9.83	6.12
9/11	2.10	2.79	6.67	8.63	5.00	9.83	5.84
9/12	3.90	2.25	7.67	8.63	4.83	10.00	6.21
9/13	3.10	2.50	7.00	8.50	5.00	10.00	6.02
9/14	4.10	1.79	6.33	8.13	5.17	9.83	5.89

（续）

月/日	地块1	地块2	地块3	地块4	地块5	地块6	6个地块平均
9/15	3.80	2.38	6.50	8.00	5.33	10.00	6.00
9/16	3.60	1.71	5.17	8.25	5.00	9.33	5.51
9/17	6.10	2.58	5.33	8.13	5.00	9.17	6.05
9/18	4.00	4.63	4.92	8.38	5.33	9.67	6.15
9/19	4.00	1.42	5.25	7.63	5.17	9.50	5.49
9/20	4.20	3.25	5.08	7.50	5.00	9.67	5.78
9/21	5.20	5.50	3.92	7.38	5.33	9.67	6.17
9/22	4.30	5.29	4.92	7.63	5.50	9.83	6.24
9/23	3.70	5.58	4.83	7.50	5.33	9.83	6.13
9/24	5.30	3.58	4.25	7.50	5.00	9.67	5.88
9/25	5.20	1.67	3.58	7.38	5.00	9.67	5.42
9/26	3.70	3.21	3.00	7.38	4.83	9.83	5.33
9/27	8.50	1.88	2.17	7.50	5.00	10.00	5.84
9/28	7.20	1.50	1.75	7.50	5.00	9.83	5.46
9/29	7.30	1.33	2.25	7.38	5.17	10.00	5.57
9/30	6.40	1.71	2.50	7.38	4.83	9.83	5.44
10/1	0.00	1.75	0.00	7.50	5.00	6.67	5.23
10/2	0.00	1.58	0.00	7.50	5.00	6.67	5.19
10/3	0.00	1.63	0.00	7.38	4.83	6.50	5.08
10/4	0.00	4.75	0.00	7.38	4.83	6.50	5.86
10/5	0.00	4.46	0.00	7.13	4.67	6.33	5.65
10/6	0.00	4.38	0.00	7.25	4.67	6.33	5.66
10/7	0.00	5.13	0.00	7.25	4.83	6.50	5.93
10/8	0.00	4.67	0.00	7.13	4.83	6.17	5.70
10/9	0.00	4.33	0.00	0.00	0.00	0.00	4.33
10/10	0.00	5.63	0.00	0.00	0.00	0.00	5.63
平均	5.02	5.61	5.89	8.03	8.30	9.89	7.08

二、横州气象数据

横州气象数据来源于《中国气象科学数据共享服务网》（http：//cdc.nmic.cn）的横州逐日气象数据，包括每日的最低温度、平均温度、最高温度、平均相对湿度、最小相对湿度、日照时数、降水量。

三、模型建立方法

采用统计分析方法建模，包括一元线性或非线性回归、多元线性回归；使用 Excel 进行数据分析和建模。

四、地块亩产趋势

图 4-5 为平均亩产 5.02kg 的低产地块，其总体规律是：①亩产呈现波动趋势，与气象条件不匹配；②亩产有明显的 3 次峰值和 3 次谷值，说明土壤养分供应不足，3 次峰值和 3 次谷值分别出现在 6 月 16 日（谷值）、7 月 6 日（峰值）、7 月 16 日（谷值）、8 月 9 日（峰值）、9 月 11 日（谷值）、9 月 27 日（峰值），从谷值到峰值所需要时间分别为19d、23d、15d，从峰值到谷值所需要时间分别为 9d、33d；③施肥应该施在峰值期间，以便补充谷值时养分的不足。

图 4-6 为平均亩产 5.61kg 的低产地块，其总体规律是：①亩产前期稳定，波动不大，后期养分供应不足，亩产急剧下降，与气象条件不匹配；②施肥应该施在中期，以便补充后期养分的不足。

图 4-7 为平均亩产 5.89kg 的低产地块，其总体规律是：①亩产呈现波动趋势，与气象条件不匹配；②亩产有明显的 5 次峰值和 5 次谷值，说明土壤养分供应不足；③施肥应该施在峰值期间，以便补充谷值时养分的不足。

图 4-8 为平均亩产 8.03kg 的中产地块，其总体规律是：①亩产呈现波动趋势，与气象条件不匹配；②亩产有明显的 2 次峰值和 2 次谷值，说明土壤养分供应不足；③施肥应该施在峰值期间，以便补充谷值时养分的不足。

图 4-9 为平均亩产 8.30kg 的中产地块，其总体规律是：①亩产呈现波动趋势，与气象条件不匹配；②亩产有明显的 2 次峰值和 2 次谷值，峰值后亩产急剧下降，说明土壤养分供应不足；③施肥应该施在峰值期间，以便补充谷值时养分的不足。

图 4-10 为平均亩产 9.89kg 的高产地块，其总体规律是：①亩产呈现波动趋势，与气象条件不匹配；②亩产有明显的 1 次峰值，之后亩产总体呈下降趋势，说明土壤养分供应不足；③施肥应该施在峰值期间，以便补充谷值时养分的不足。

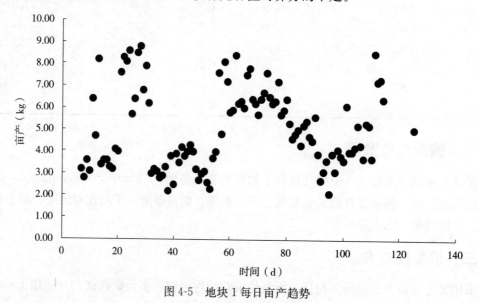

图 4-5　地块 1 每日亩产趋势

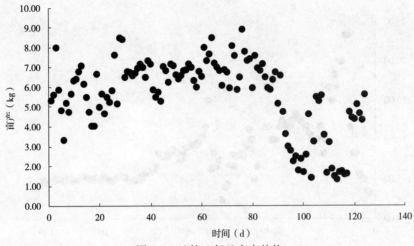

图 4-6　地块 2 每日亩产趋势

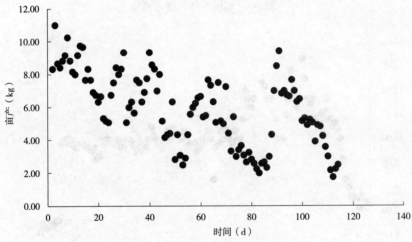

图 4-7　地块 3 每日亩产趋势

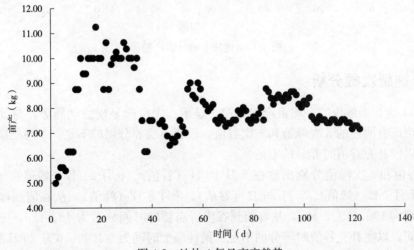

图 4-8　地块 4 每日亩产趋势

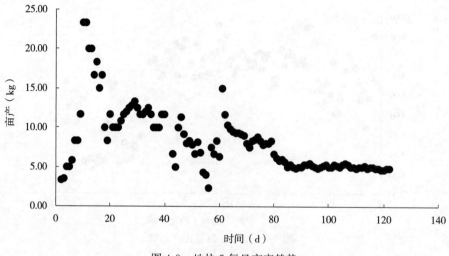

图 4-9　地块 5 每日亩产趋势

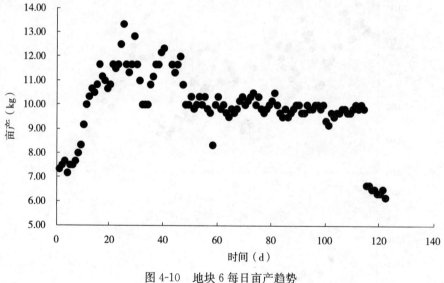

图 4-10　地块 6 每日亩产趋势

五、施肥次数分析

图 4-11 为 6 个地块的平均亩产趋势图，显示：①亩产呈现波动趋势，与气象条件不匹配；②亩产有明显的 3 次峰值和 3 次谷值，说明土壤养分供应不足；③施肥应该施在峰值期间，以便补充谷值时养分的不足。

3 次谷值和 3 次峰值分别出现在 6 月 10 日（谷值）、6 月 21 日（峰值）、6 月 26 日（谷值）、7 月 7 日（峰值）、7 月 20 日（谷值）、8 月 8 日（峰值），从谷值到峰值所需要的时间分别为 10d、10d、18d，从峰值到谷值所需要的时间分布为 4d、12d；施肥应该施在峰值期间，以便补充谷值时养分的不足。最佳施肥时间为 6 月初、6 月 20 日前后、7 月 7 日前后、8 月 8 日前后，平均为 20～30d 间隔施肥 1 次比较合理。由于 5～9 月 5 个月时间为茉莉花盛花期，4月为初花期，考虑到冬季剪枝时施基肥，进入5月后可以每隔20～30d施肥1次，即生育期追肥5次左右。

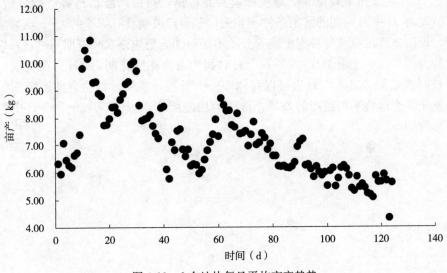

图4-11　6个地块每日平均亩产趋势

六、亩产提高潜力分析

基于6个地块平均亩产7.08kg，可将6个地块划分为3个亩产等级，即3个低产地块平均亩产分别为5.02kg、5.61kg和5.89kg，2个中产地块平均亩产分别为8.03kg和8.30kg，一个高产地块平均亩产为9.89kg。低产到中产提高潜力为48.27%，中产到高产提高潜力为21.13%，低产到高产提高潜力为79.59%。根据横州5～9月5个月时间的气象条件分析[88]，气象要素不是产量的显著因素，因此可以基本推断出施肥可以使低产地块增产的潜力幅度达50%～80%，使中产地块增产的潜力幅度达20%。

七、讨论

近年来茉莉花用地老化已成为阻碍花茶发展的主要因素之一，长期连作加之不合理使用化肥农药是导致土壤理化性状变差、地力大幅度下降的主要原因[100]。因此，茉莉花栽培中应该慎重选择肥料的用量，过多的肥料不仅造成肥料浪费，还会起到相反的效果，对植株的生长和光合作用产生抑制作用[101]。

茉莉花喜大肥大水，除冬季休眠期外，生长季20～30d就应施一次肥，以满足植株生长对大量元素的需求。除NPK多元复合肥外，研究表明，结合使用有机肥能起到更好的增产效果[81]。

本文基于地块产量波动规律，解析了茉莉花最佳施肥次数和时期，为横州茉莉花产量的提高提供了施肥依据。本文结果虽然与以往研究结果基本一致，但是具有一定的特点，即先排除盛花期5个月产量与气象条件关系不显著，再通过产量波动分析土壤养分供应，进而推断出施肥的合理次数和时期，完善茉莉花合理施肥的技术体系。

八、结论

基于 2020 年横州茉莉花 6 个地块产量实测数据，对亩产波动趋势进行分析，获得：①亩产波动与 5～9 月期间的气象条件不相关；②亩产波动具有明显的 1～5 次峰值和谷值的出现，说明施肥没有及时补充土壤养分的不足；③施肥应该在峰值期间进行，以便补充谷值时养分的不足；④由于 5～9 月 5 个月时间为茉莉花盛花期，4 月为初花期，考虑到冬季剪枝时施基肥，进入 5 月后可以每隔 20～30d 施一次肥，即生育期追肥 5 次左右为宜；⑤基于 6 个地块平均亩产的差异，低产地块施肥增产幅度 50％～80％，中产地块施肥增产幅度 20％。

第五章 茉莉花产量与土壤营养元素关系模型

第一节 茉莉花产量与氮、磷、钾关系模型研究

一、土壤养分测定方法

土壤 pH 用蒸馏水浸提，pH 计测定；有机质含量用重铬酸钾容量法—外加热法测定；全氮用凯氏定氮法测定；全磷用钼蓝比色法测定；全钾用原子吸收光谱仪测定；有效氮用碱解扩散法测定；有效磷（浸提剂为 $NaHCO_3$）用紫外分光光度计测定；速效钾用中性 NH_4OAc 浸提—原子吸收光谱仪测定。有效铁、锰、铜、锌用 DTPA 溶液浸提—原子吸收分光光度法测定。姜黄素比色法和草酸—草酸铵浸提—极谱法分别测定土壤有效硼、钼的含量。土壤中硒含量测定采用原子荧光光度法。

二、产量与氮营养关系研究

1. 数据来源 地块亩产等级确定方法：采集土壤和植株样本时，调查当时开花数量等级，再对近 3 年地块茉莉花产量情况进行咨询，最后确定地块低产、中产、高产 3 个产量等级，并分别赋值 3、2、1。

地块土壤属性数据：2018 年在横州确定 101 个采样点，获得每个采样点的纬度、经度和高程，于 2018 年 8 月上旬盛花期采集 0～10cm 的 101 个土样和 38 个土样对应的茉莉花根、枝、叶、花样本，测定土壤的 pH、有机质、全氮、全磷、全钾、水解氮、有效磷、速效钾和有效态的铁、锰、铜、锌、硼、钼和全硒，测定植株 4 个器官的氮、磷、钾、铁、锰、铜、锌、硼、钼、硒。

2. 数据分析方法 使用 Excel 和自编软件对数据进行相关性分析。

3. 高产地块土壤全氮和水解氮含量范围 将茉莉花产量等级作为因变量（Y），分别将土壤全氮、土壤水解氮含量作为因变量（X）制作散点图，见图 5-1 和图 5-2。

图 5-1 说明土壤全氮含量 1.65～2.45g/kg 是高产地块的必要不充分条件，即高产地块是土壤全氮含量 1.65～2.45g/kg 的地块；反之，土壤全氮含量为 1.65～2.45g/kg 的地块不一定是高产地块；图 5-2 说明土壤水解氮含量 51.20～124.19mg/kg 是高产地块的必要不充分条件。

根据图 5-1、图 5-2，确定茉莉花高产地块最佳土壤氮含量的两个指标，即土壤全氮含量 1.65～2.45g/kg、土壤水解氮含量 51.20～124.19mg/kg 为两个必要不充分条件。

基于茉莉花高产地块的两个土壤 0~10cm 氮含量范围：12 个高产地块土壤全氮含量均在 1.65~2.45g/kg；12 个样本中除去一个土壤水解氮含量 159.25mg/kg 的样本外，其他 11 个比例为 91.7% 的土壤水解氮含量在 51.20~124.19mg/kg。

在 101 个采样点中，有 35 个采样点同时满足两个氮含量条件的比例为 34.65%。在 35 个样本中，高产地块 10 个、中产地块 14 个，合计 24 个，比例为 68.57%。说明土壤全氮和水解氮含量是影响茉莉花肥力的两个关键土壤养分指标。

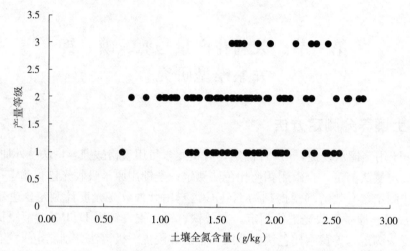

图 5-1　茉莉花地块产量等级与土壤全氮含量关系

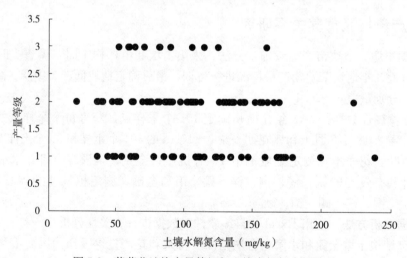

图 5-2　茉莉花地块产量等级与土壤水解氮含量关系

4. 茉莉花地块 0~10cm 土壤全氮和水解氮含量与其他养分的关系　表 5-1 为茉莉花地块 0~10cm 土壤全氮和水解氮含量与其他养分的关系，可见：①全氮含量和水解氮含量均与有机质含量呈极显著和显著正相关，因为氮主要来源于有机质；②土壤全氮含量与 pH 呈极显著负相关，说明 pH 高时有机质不容易积累；③土壤全氮含量与土壤全钾含量和速效钾含量呈极显著正相关，说明土壤肥力中氮与钾在含量上具有一致性；④土壤全氮与土壤有效铁、锰、铜、钼含量呈现正相关，说明有机质对微量元素具有络合作用。

表 5-1　茉莉花地块 0～10cm 土壤氮含量与其他养分的关系

相关关系	皮尔逊法 r	斯皮尔曼法 r	相关关系	皮尔逊法 r	斯皮尔曼法 r
全氮—有机质	0.657 6**	0.672 4**	水解氮—有机质	0.239 7*	
全氮—pH	−0.316 1**	−0.358 1**			
全氮—全磷	0.419 6**	0.509 2**			
全氮—全钾	0.331 6**	0.317 5**			
全氮—速效钾	0.364 5**	0.524 0**			
全氮—有效铁		0.203 6*			
全氮—有效锰	0.208 7*		水解氮—有效锰	0.241 5*	0.228 0*
全氮—有效铜		0.270 4**			
全氮—有效钼	0.198 9*				

5. 茉莉花地块 0～10cm 土壤氮含量与植株氮的关系　对 38 个样本的统计结果见表 5-2。结果表明：①土壤全氮含量与茉莉花根、枝、叶、花氮含量均未达到显著相关关系，说明土壤全氮含量不是直接能够衡量茉莉花吸收氮的土壤肥力指标；②水解氮含量与根、枝、叶、花氮含量均达到显著或极显著负相关关系，说明土壤水解氮含量越高，茉莉花 4 个器官的氮含量越低。

结合本研究的土壤水解氮含量 51.20～124.19mg/kg 是高产地块的必要不充分条件，经过分析表 5-2 中的 7 个相关关系散点图，发现具有一致性趋势，现以相关性最大 −0.494 2**（n=101）的叶氮含量为例进行统计，说明在水解氮含量 51.20～124.19mg/kg 范围内，叶氮含量与土壤水解氮含量的相关系数为 −0.326 9*（n=22），明显降低，说明当土壤水解氮含量超过 124.19mg/kg 后，可能由于土壤水解氮含量过高引起其他养分的不均衡吸收，结果导致叶氮含量显著降低，此种情况下不利于高产。

表 5-2　茉莉花 0～10cm 土壤氮含量与植株氮的关系

相关关系	皮尔逊法 r	斯皮尔曼法 r
水解氮—根氮	−0.423 2*	
水解氮—枝氮	−0.455 0**	−0.344 1*
水解氮—叶氮	−0.494 2**	−0.395 0*
水解氮—花氮	−0.419 8*	−0.343 3*

6. 茉莉花地块 0～10cm 土壤氮含量与植株其他养分的关系　对 38 个样本的统计结果见表 5-3。结果表明：①土壤全氮含量与茉莉花叶硼含量呈显著正相关，结合本研究，土壤全氮含量 1.65～2.45g/kg 是高产地块的必要不充分条件。对 12 个高产地块的叶硼含量与土壤全氮含量进行统计，结果未达到显著相关，说明高产地块之间叶硼含量差异不显著。②土壤水解氮含量与其他 4 个器官的诸多养分含量均呈显著或极显著的负相关关系，

结合本研究，土壤水解氮含量 51.20～124.19mg/kg 是高产地块的必要不充分条件。以表 5-3 中相关性最大的叶铁含量为例进行统计，结果在 12 个高产地块的水解氮含量 51.20～124.19mg/kg 范围内，叶铁含量与土壤水解氮含量未达到显著相关关系，说明当土壤水解氮含量超过 124.19mg/kg 后，可能土壤水解氮含量过高引起其他养分的不均衡吸收，结果导致叶铁含量显著降低，此种情况下不利于高产。分析结果也表明：根和枝中的磷、钾、铁、锰、锌、钼与土壤水解氮相关关系一致；叶根和花中的磷、铁、锌、钼、硒与土壤水解氮相关关系一致；4 个器官与土壤水解氮相关关系一致的有磷、铁、锌、钼。

表 5-3　茉莉花 0～10cm 土壤氮含量与植株其他养分的关系

相关关系	皮尔逊法 r	斯皮尔曼法 r	相关关系	皮尔逊法 r	斯皮尔曼法 r
全氮—叶硼	0.385 3*	0.423 1*			
水解氮—根磷	−0.482 1**	−0.429 8*	水解氮—叶磷	−0.393 4*	
水解氮—根钾	−0.393 5*	−0.380 4*	水解氮—叶铁	−0.512 3**	−0.413 3*
水解氮—根铁	−0.341 9*		水解氮—叶锌	−0.463 8**	−0.338 9*
水解氮—根锰	−0.449 9**	−0.391 0*	水解氮—叶钼	−0.381 4*	
水解氮—根锌	−0.401 3*	−0.335 2*	水解氮—叶硒		−0.350 3*
水解氮—根钼	−0.375 7*		水解氮—花磷	−0.379 0*	
水解氮—枝磷	−0.404 4*		水解氮—花铁	−0.483 2**	−0.405 9*
水解氮—枝钾	−0.383 5*	−0.377 5*	水解氮—花锰	−0.361 7*	
水解氮—枝铁	−0.461 9**	−0.359 9*	水解氮—花锌	−0.394 0*	−0.341 3*
水解氮—枝锰	−0.392 5*	−0.3656*	水解氮—花硼	−0.339 7*	
水解氮—枝锌	−0.403 9*		水解氮—花钼	−0.395 6*	
水解氮—枝钼	−0.390 9*		水解氮—花硒		−0.353 3*
水解氮—枝硼		−0.379 6*			

7. 讨论　土壤是植物生长的基础，植物生长需要的必需营养元素主要来源于土壤，土壤养分状况直接影响茉莉花的产量和品质。氮是植物生长发育的必需元素，对光合作用的影响显著[102]，并最终体现在株高和生物量的积累上。大量研究结果表明，适量施氮可以促进植物生物量的增加，提高叶片光合作用的能力[103]。氮肥用量太少，植株长势不好，而氮肥用量过多，又将导致植株枝条徒长，不利于茉莉花花蕾的形成[79]。

周瑾等[79]对影响茉莉花产量的主要元素即氮、磷、钾进行大田比较试验，发现茉莉花产量与氮呈负相关，与磷和钾呈正相关，且钾的效应最大。而戴玉蓉等[101]认为氮、磷、钾对茉莉生长的效应不同，影响强度由大到小的顺序为氮＞钾＞磷，茉莉花的营养生长状况总体上随着施氮量的增加而有所提高。赵芳玉等[104]研究发现，喜马拉雅紫茉莉根冠比和根生物量比随施氮量的增加显著下降；而株高、单叶数量、分蘖数、总生物量在施氮量为 0～0.8g/kg 范围内随施氮量的增加而增加，在施氮量为 1.2g/kg 时则显著下降；

植株基部直径、叶绿素含量随施氮量的增加而增加。李春牛等[49]以广西茉莉花主产区横州连作田土壤为研究对象，所调查土壤 pH 最高为 4.87，最低为 3.82，发现其 pH 越高，越适宜茉莉花生长，产量也就越高；土壤 pH 是影响茉莉花产量的最主要因素，是低产田改造的主要对象。

8. 结论　本研究结论：①高产地块土壤全氮含量和水解氮含量范围分别为 1.65～2.45g/kg 和 51.20～124.19mg/kg；②高产地块根、枝、叶、花氮和其他诸多营养元素的含量与土壤氮含量相关性不显著；③土壤水解氮含量过高时，影响根、枝、叶、花氮和其他诸多营养元素的吸收；④茉莉花叶硼含量与土壤全氮含量呈显著正相关，而高产地块叶硼含量差异不明显。

三、产量与磷营养关系研究

1. 数据来源　地块亩产等级确定方法：采集土壤和植株样本时，调查当时开花数量等级，再对近 3 年地块开花量产量情况进行咨询，最后确定地块低产、中产、高产 3 个产量等级，并分别赋值 3、2、1。

地块土壤属性数据：2018 年在横州确定 101 个采样点，获得每个采样点的纬度、经度和高程，于 2018 年 8 月上旬盛花期采集 0～10cm 的 101 个土样和 38 个土样对应的茉莉花根、枝、叶、花样本，测定土壤的 pH、有机质、全氮、全磷、全钾、水解氮、有效磷、速效钾和有效态的铁、锰、铜、锌、硼、钼和全硒，测定植株 4 个器官的氮、磷、钾、铁、锰、铜、锌、硼、钼、硒。

2. 数据分析方法　使用 Excel 和自编软件对数据进行相关性分析。

3. 高产地块土壤全磷和有效磷含量范围　将茉莉花产量等级作为因变量（Y），分别将土壤全磷含量、土壤有效磷含量作为因变量（X）制作散点图，见图 5-3 和图 5-4。

图 5-3 说明土壤全磷含量 0.062～0.149g/kg 是高产地块的必要不充分条件，即高产地块是土壤全磷含量 0.062～0.149g/kg 的地块；反之，土壤全磷含量为 0.062～0.149g/kg 的地块不一定是高产地块。图 5-4 说明土壤有效磷含量 4.8～90.0mg/kg 是高产地块的必要不充分条件。

根据图 5-3 和图 5-4，确定茉莉花高产地块土壤磷含量的两个指标，即土壤全磷含量 0.062～0.149g/kg、土壤有效磷含量 4.8～90.0mg/kg 为两个必要不充分条件。基于茉莉花高产地块的两个土壤 0～10cm 磷含量范围：12 个样本的土壤全磷含量均在 0.062～0.149g/kg，12 个样本中的土壤有效磷含量均在 4.8～90.0mg/kg。

在 101 个采样点中，有 63 个采样点同时满足两个磷含量条件的比例为 62.38%。在 63 个样本中，高产地块 10 个、中产地块 32 个，合计 42 个，比例为 66.67%。说明土壤全磷含量和有效磷含量是影响茉莉花肥力的两个关键土壤养分指标。

4. 茉莉花地块 0～10cm 土壤全磷含量和有效磷含量与土壤其他养分的关系　表 5-4 为茉莉花地块 0～10cm 土壤全磷含量和有效磷含量与其他养分的关系，可见：①土壤全磷含量与有机质含量呈极显著正相关，因为磷的一半左右来源于有机质；②土壤全磷含量和有效磷含量与 pH 呈极显著负相关，原因是 pH 高时磷容易被钙镁固定；③土壤全磷含量与土壤全氮含量、土壤全钾含量呈极显著和显著正相关，说明土壤肥力中的氮、钾与磷

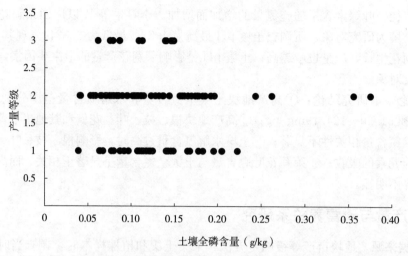

图 5-3　茉莉花地块产量等级与土壤全磷含量关系

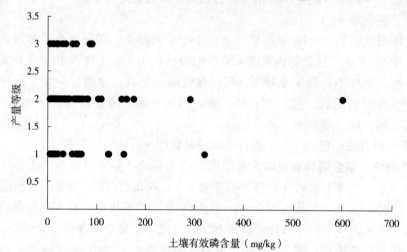

图 5-4　茉莉花地块产量等级与土壤有效磷含量关系

的含量具有一致性；④土壤全磷含量与土壤有效磷含量、土壤速效钾含量以及有效态的铁、锰、铜、锌、硼、钼含量呈正相关，原因是土壤全磷含量高的土壤，土壤有机质含量也高，此种情况下铁、锰、铜、锌、硼、钼被络合，其有效性也高；⑤有效磷含量与其他营养元素的相关关系有正、有负，相关系数总体不高。

分析结果表明：在高产地块的土壤全磷含量 0.062～0.149g/kg 和土壤有效磷含量 4.8～90.0mg/kg 范围内，未发现新的相关性规律。

表 5-4　茉莉花地块 0～10cm 土壤磷含量与其他养分的关系

相关关系	皮尔逊法 r	斯皮尔曼法 r	相关关系	皮尔逊法 r	斯皮尔曼法 r
全磷—有机质	0.526 1**	0.601 1**			
全磷—pH	−0.319 0**	−0.278 1**	有效磷—pH	−0.437 6**	
全磷—全氮	0.419 6**	0.509 2**			

（续）

相关关系	皮尔逊法 r	斯皮尔曼法 r	相关关系	皮尔逊法 r	斯皮尔曼法 r
			有效磷—水解氮		−0.267 8**
全磷—全钾	0.234 2*	0.356 0**			
全磷—有效磷	0.566 1**		有效磷—全磷	0.566 1**	
全磷—速效钾	0.657 3**	0.671 8**	有效磷—速效钾	0.245 9*	
全磷—有效铁			有效磷—有效铁	0.386 4**	0.375 7**
全磷—有效锰	0.247 8*	0.328 1**	有效磷—有效锰	−0.215 2*	−0.381 0**
全磷—有效铜	0.398 5**	0.374 7**	有效磷—有效铜	0.308 0**	0.347 1**
全磷—有效锌	0.318 1**	0.295 9**	有效磷—有效锌		0.313 4**
全磷—有效硼	0.430 9**	0.326 1**			
全磷—有效钼	0.224 0*	0.263 7**	有效磷—有效钼		−0.244 0*
			有效磷—全硒		−0.395 1**

5. 茉莉花地块 0～10cm 土壤磷含量与植株不同器官磷含量的关系　对 38 个样本的统计结果见表 5-5。结果表明：①土壤全磷含量与茉莉花枝、叶磷含量均呈显著负相关，说明土壤全磷含量高时枝磷含量并不高；②土壤有效磷含量与枝、叶磷含量呈显著和极显著正相关，说明土壤有效磷含量越高，枝、叶磷含量越高，有利于开花。以上相关性说明土壤有效磷高时促进其他器官营养元素的吸收，可见，土壤有效磷是关键的肥力指标。

分析结果表明：在高产地块的土壤全磷含量 0.062～0.149g/kg 和土壤有效磷含量 4.8～90.0mg/kg 范围内，未发现新的相关性规律。

表 5-5　茉莉花 0～10cm 土壤磷含量与植株不同器官磷的关系

相关关系	皮尔逊法 r	斯皮尔曼法 r
全磷—枝磷		−0.349 9*
有效磷—枝磷		0.350 2*
全磷—叶磷		−0.403 5*
有效磷—叶磷		0.442 1**

6. 茉莉花 0～10cm 土壤磷含量与植株不同器官其他养分含量的关系　对 38 个样本的统计结果见表 5-6。结果表明：①土壤全磷含量与茉莉花下列器官的养分含量呈显著或极显著负相关：根硼、枝硒、叶钾、叶锰、叶钼、花锰、花硼，可能的原因是土壤磷含量高时，影响其他元素的吸收。②土壤有效磷含量与茉莉花 4 个器官中的诸多养分含量均呈显著或极显著的正相关，包括：根氮、根钾、根锰、根铜、根锌、根硼、根钼；枝氮、枝铁、枝锰、枝铜、枝锌、枝硼、枝钼；叶氮、叶钾、叶铁、叶锰、叶铜、叶锌、叶钼、叶硒；花氮、花钾、花铁、花锰、花铜、花锌、花钼、花硒。以上相关性说明土壤有效磷高时促进其他营养元素的吸收，可见，土壤有效磷是关键的肥力指标。

分析结果表明：在高产地块的土壤全磷含量 0.062～0.149g/kg 和土壤有效磷含量 4.8～90.0mg/kg 范围内，未发现新的相关性规律。

表 5-6　茉莉花 0～10cm 土壤磷含量与植株不同器官其他养分的关系

相关关系	皮尔逊法 r	斯皮尔曼法 r	相关关系	皮尔逊法 r	斯皮尔曼法 r
全磷—根硼	−0.465 8**	−0.503 0**	有效磷—叶氮		0.429 2*
有效磷—根氮		0.396 9*	有效磷—叶钾		0.431 9**
有效磷—根钾		0.345 7*	有效磷—叶铁		0.349 6*
有效磷—根锰		0.384 1*	有效磷—叶锰		0.394 9*
有效磷—根铜		0.354 5*	有效磷—叶铜		0.379 1*
有效磷—根锌		0.418 4*	有效磷—叶锌		0.376 9*
有效磷—根硼		0.350 7*	有效磷—叶钼		0.428 5*
有效磷—根钼		0.363 9*	有效磷—叶硒		0.357 6*
全磷—枝硒		−0.365 5*	全磷—花锰	−0.345 0*	−0.400 6*
有效磷—枝氮		0.338 9*	全磷—花硼	−0.397 6*	−0.529 7**
有效磷—枝铁		0.368 6*	有效磷—花氮		0.366 6*
有效磷—枝锰		0.401 0*	有效磷—花钾		0.371 0*
有效磷—枝铜		0.367 1*	有效磷—花铁		0.409 3*
有效磷—枝锌		0.386 8*	有效磷—花锰		0.430 6**
有效磷—枝硼		0.418 4*	有效磷—花铜		0.384 9*
有效磷—枝钼		0.462 8**	有效磷—花锌		0.362 4*
全磷—叶钾	−0.393 6*	−0.456 2**	有效磷—花钼		0.372 9*
全磷—叶锰		−0.420 1*	有效磷—花硒		0.378 8*
全磷—叶钼		−0.376 2*			

7. 讨论　土壤是植物生长的基础，植物生长需要的必需营养元素主要来源于土壤，土壤养分状况直接影响茉莉花的产量和品质。磷肥可以促进作物的生长发育和代谢过程，促进花芽分化，缩短花芽分化的时间[79]。

周瑾[79]等对影响茉莉花产量的主要元素即氮、磷、钾进行大田比较试验，发现茉莉花产量与氮呈负相关，与磷和钾呈正相关，且钾的效应最大。而戴玉蓉等[101]认为氮、磷、钾对茉莉花生长的效应不同，影响强度由大到小的顺序为氮＞钾＞磷，茉莉花的营养生长状况总体上随着施氮量的增加而有所提高。李春牛等[49]以广西茉莉花主产区横州连作田土壤为研究对象，所调查土壤 pH 最高 4.87，最低 3.82，发现其 pH 越高，越适宜茉莉花生长，产量也就越高。土壤 pH 是影响茉莉花产量的最主要因素，是低产田改造的主要对象。Nair[105]以单瓣茉莉花为对象，研究不同施肥水平对其开花稳定性的影响，发现每株每年使用氮 120g、磷 240g、钾 240g，并且在每年的 2、5、9、12 月分 4 次等量施用可确保年产花量最稳定，并且开花时的每株叶片数、每株花芽数和每株开花数等与产花量相关的性状指标最佳。沈邦琼等[106]采用田间试验研究了喷施有机铁肥、无机铁肥对茉莉花植株长势、产量及品质的影响。试验结果表明，叶面喷施有机铁（螯合铁）、无机铁（硫酸亚铁）均能促进茉莉花植株的生长，增加株花序数、花蕾数、蕾重、产量。叶厚专[107]通过田间试验表明，影响江西吉泰盆地油菜花产量限制因素 P＞B＞K＞S，其中缺磷处理的植株生长缓慢、矮小，叶片形状扭曲、发红，抗逆性差，受冻害严重。

8. 结论　本研究结论：①高产地块土壤全磷含量和土壤有效磷含量范围分别为 0.062～0.149g/kg 和 4.8～90.0mg/kg，为两个必要不充分条件；②土壤全磷含量与土壤全氮含量、土壤全钾含量、土壤有效磷含量、土壤速效钾含量以及土壤有效态铁、锰、铜、锌、硼、钼含量呈正相关，原因是土壤全磷含量高的土壤，土壤有机质含量也高，此种情况下各种养分含量也高；③土壤有效磷含量与枝、叶磷含量呈显著和极显著正相关，说明土壤有效磷含量越高，枝、叶磷含量越高，有利于开花；土壤有效磷含量与茉莉花 4 个器官中的诸多养分含量均呈显著或极显著的正相关，说明土壤有效磷高时促进其他营养元素的吸收。可见，土壤有效磷是关键的肥力指标。

四、产量与钾营养关系研究

1. 数据来源　地块产量等级确定方法：采集土壤和植株样本时，调查当时开花数量等级，再对近 3 年地块茉莉花产量情况进行咨询，最后确定地块低产、中产、高产 3 个产量等级，并分别赋值 3、2、1。

地块土壤属性数据：2018 年在横州确定 101 个采样点，获得每个采样点的纬度、经度和高程，于 2018 年 8 月上旬盛花期采集 0～10cm 的 101 个土样和 38 个土样对应的茉莉花根、枝、叶、花样本，测定土壤的 pH、有机质、全氮、全磷、全钾、水解氮、有效磷、速效钾和有效态铁、锰、铜、锌、硼、钼和全硒含量，测定植株 4 个器官的氮、磷、钾、铁、锰、铜、锌、硼、钼和硒含量。

2. 数据分析方法　使用 Excel 和自编软件对数据进行相关性分析。

3. 高产地块土壤全钾和速效钾含量范围　将茉莉花产量等级作为因变量（Y），分别将土壤全钾含量、土壤速效钾含量作为因变量（X）制作散点图，见图 5-5 和图 5-6。

图 5-5 说明，在 12 个高产地块中剔除一个 19.3g/kg 的样本，土壤全钾含量 4.5～12.5g/kg 是高产地块的必要不充分条件，即高产地块是土壤全钾含量 4.5～12.5g/kg 的

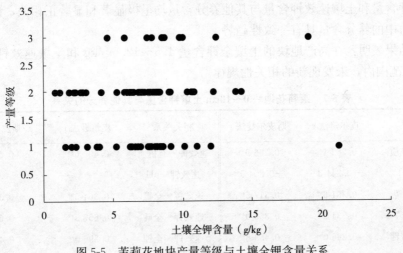

图 5-5　茉莉花地块产量等级与土壤全钾含量关系

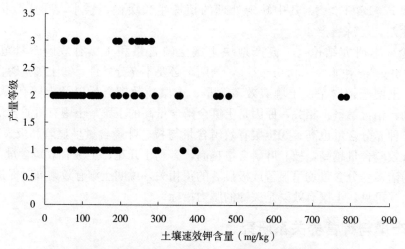

图 5-6 茉莉花地块产量等级与土壤速效钾含量关系

地块；反之，土壤全钾含量为 4.5～12.5g/kg 的地块不一定是高产地块；图 5-6 说明土壤速效钾含量 20～280mg/kg 是高产地块的必要不充分条件。

根据图 5-5 和图 5-6，确定茉莉花高产地块土壤钾含量的两个指标，即土壤全钾含量 4.5～12.5g/kg、土壤速效钾含量 20～280mg/kg 为两个必要不充分条件。基于茉莉花高产地块的两个土壤 0～10cm 钾含量范围：12 个样本的土壤全钾含量剔除一个 19.3g/kg 的样本后均在 4.5～12.5g/kg，12 个样本中的土壤有效磷含量均在 20～280mg/kg。

在 101 个采样点中，有 65 个采样点同时满足两个钾含量条件的比例为 64.36%。在 65 个样本中，高产地块 11 个、中产地块 31 个，合计 42 个，比例为 64.62%。说明土壤全钾和速效钾含量是影响茉莉花肥力的两个关键土壤养分指标。

4. 茉莉花地块 0～10cm 土壤全钾含量和速效钾含量与土壤其他养分的关系 表 5-7 为茉莉花地块 0～10cm 土壤全钾含量和速效钾含量与土壤其他养分的关系，可见：①土壤全钾含量和速效钾含量与 pH 呈极显著负相关，原因是 pH 高时有机质含量相对低；②土壤全钾含量和土壤速效钾含量与其他养分含量均呈极显著和显著正相关，说明在茉莉花土壤肥力中的养分含量具有一致性趋势。

分析结果表明：在高产地块的土壤全钾含量 4.5～12.5g/kg 和土壤速效钾含量 20～280mg/kg 范围内，未发现新的相关性规律。

表 5-7 茉莉花地块 0～10cm 土壤钾含量与其他养分的关系

相关关系	皮尔逊法 r	斯皮尔曼法 r	相关关系	皮尔逊法 r	斯皮尔曼法 r
全钾—有机质	0.282 1**	0.296 9**	速效钾—有机质	0.490 6**	0.612 2**
全钾—pH	−0.241 3*	−0.304 5**	速效钾—pH		−0.272 8**
全钾—全氮	0.331 6**	0.317 5**	速效钾—全氮	0.364 5**	0.524 0**
全钾—全磷	0.234 2*	0.356 0**	速效钾—全磷	0.657 3**	0.671 8**
全钾—速效钾	0.296 0**	0.453 8**	速效钾—全钾	0.296 0**	0.453 8**
全钾—有效态铁	0.257 1**	0.283 9**	速效钾—有效态磷	0.245 9*	

（续）

相关关系	皮尔逊法 r	斯皮尔曼法 r	相关关系	皮尔逊法 r	斯皮尔曼法 r
全钾—有效态锰	0.298 8**		速效钾—有效态锰	0.260 4**	0.328 5**
全钾—有效态铜		0.388 9**	速效钾—有效态铜	0.262 8**	0.320 4**
			速效钾—有效态锌	0.355 5**	0.313 9**
			速效钾—有效态硼	0.501 1**	0.437 2**
			速效钾—有效态钼	0.347 8**	0.339 6**

5. 茉莉花地块 0～10cm 土壤钾含量与植株不同器官钾含量的关系 对 38 个样本的统计结果见表 5-8。结果表明：土壤速效钾含量与茉莉花根、花钾含量均呈显著正相关，说明土壤速效钾含量高时促进根和花钾的吸收，有利于产量的形成，说明土壤速效钾是关键的肥力指标。

分析结果表明：在高产地块的土壤速效钾含量 20～280mg/kg 范围内，未发现新的相关性规律。

表 5-8 茉莉花地块 0～10cm 土壤钾含量与植株不同器官钾的关系

相关关系	皮尔逊法 r	斯皮尔曼法 r
速效钾—根钾	0.409 3*	
速效钾—花钾	0.346 5*	

6. 茉莉花地块 0～10cm 土壤钾含量与植株不同器官其他养分含量的关系 对 38 个样本的统计结果见表 5-9。结果表明：①土壤全钾含量与茉莉花下列器官的养分含量呈显著或极显著负相关：根铜、根锌、根钼、根硒、枝铜、枝锌、枝硒、叶锰、叶铜、叶锌、叶硒、花磷、花铜、花钼，可能的原因是土壤全钾含量高时，影响其他元素的吸收。与 4 个器官均呈显著负相关的为铜，与根、枝、叶 3 个器官均呈显著负相关的为硒；②土壤速效钾与根铁、根硼、枝锰呈显著正相关关系。

分析结果表明：在高产地块的土壤全钾含量 4.5～12.5g/kg 和土壤速效钾含量 20～280mg/kg 范围内，未发现新的相关性规律。

表 5-9 茉莉花地块 0～10cm 土壤钾含量与植株不同器官其他养分的关系

相关关系	皮尔逊法 r	斯皮尔曼法 r	相关关系	皮尔逊法 r	斯皮尔曼法 r
全钾—根铜	−0.413 8*	−0.364 8*	速效钾—枝锰	0.379 1*	0.356 4*
全钾—根锌	−0.367 2*		全钾—叶锰	−0.335 2*	
全钾—根钼	−0.350 1*		全钾—叶铜	−0.358 9*	−0.360 1*
全钾—根硒	−0.410 8*	−0.435 8**	全钾—叶锌	−0.382 9*	−0.366 8*
速效钾—根铁	0.358 7*		全钾—叶硒	−0.398 9*	
速效钾—根硼	0.410 9*		全钾—花磷	−0.412 9*	−0.436 7**
全钾—枝铜	−0.382 3*		全钾—花铜	−0.400 0*	−0.356 7*

(续)

相关关系	皮尔逊法 r	斯皮尔曼法 r	相关关系	皮尔逊法 r	斯皮尔曼法 r
全钾—枝锌	−0.352 0*		全钾—花钼	−0.365 0*	−0.346 4*
全钾—枝硒	−0.380 3*	−0.346 5*			

7. 讨论 土壤是植物生长的基础，植物生长需要的必需营养元素主要来源于土壤，土壤养分状况直接影响茉莉花的产量和品质。土壤钾素是作物生长发育过程中所需钾最重要、最直接的供给源，其含量变化直接关系到作物能否摄取足够的钾素，以保持作物在整个生育期中的正常生长发育、产量形成和品质的改善[108]。

周瑾等[79]对影响茉莉花产量的主要元素即氮、磷、钾进行大田比较试验，发现茉莉花产量与氮呈负相关，与磷和钾呈正相关，且钾的效应最大。而戴玉蓉等[101]认为氮、磷、钾对茉莉生长的效应不同，影响强度由大到小的顺序为氮＞钾＞磷，茉莉花的营养生长状况总体上随着施氮量的增加而有所提高。李春牛等[49]以广西茉莉花主产区横州连作田土壤为研究对象，所调查土壤 pH 最高 4.87，最低 3.82，发现其 pH 越高，越适宜茉莉花生长，产量也就越高。土壤 pH 是影响茉莉花产量的最主要因素，是低产田改造的主要对象。Nair[105]以单瓣茉莉花为对象，研究不同施肥水平对其开花稳定性的影响，发现每株每年使用氮 120g、磷 240g、钾 240g，并且在每年的 2、5、9、12 月分 4 次等量施用可确保年产花量最稳定，并且开花时的每株叶片数、每株花芽数和每株开花数等与产花量相关的性状指标最佳。沈邦琼等[106]采用田间试验研究了喷施有机铁肥、无机铁肥对茉莉花植株长势、产量及品质的影响。试验结果表明，叶面喷施有机铁（螯合铁）、无机铁（硫酸亚铁）均能促进茉莉植株的生长，增加株花序数、花蕾数、蕾重、产量。叶厚专[107]通过田间试验表明，影响江西吉泰盆地油菜产量限制因素 P＞B＞K＞S，其中缺磷处理的植株生长缓慢、矮小，叶片形状扭曲、发红，抗逆性差，受冻害严重。

8. 结论 本研究结论：①高产地块土壤全钾含量和速效钾含量范围分别为 4.5～12.5g/kg 和 20～280mg/kg，为两个必要不充分条件；②土壤全钾含量和土壤速效钾含量与其他土壤养分含量均呈极显著和显著正相关，说明在茉莉花土壤肥力中的养分含量具有一致性趋势；③土壤速效钾含量与茉莉花根钾含量、花钾含量、根铁含量、根硼含量、枝锰含量均呈显著正相关，说明土壤速效钾是关键的肥力指标之一；④土壤全钾含量与茉莉花根、枝、叶、花的其他养分含量呈显著或极显著负相关，说明全钾含量高时影响其他元素的吸收。研究结论：①高产地块土壤全钾含量和速效钾含量范围分别为 4.5～12.5g/kg 和 20～280mg/kg；②土壤速效钾含量和全钾含量是茉莉花关键的肥力指标。

第二节 茉莉花产量与微量元素关系模型

一、数据来源

块产量等级确定方法：采集土壤和植株样本时，调查当时开花数量等级，再对近 3 年地块开花产量情况进行咨询，最后确定地块低产、中产、高产 3 个产量等级，并分别赋值

3、2、1。

地块土壤属性数据：2018 年在横州确定 101 个采样点，获得每个采样点的纬度、经度和高程，于 2018 年 8 月上旬盛花期采集 0～10cm 的 101 个土样和 38 个土样对应的茉莉花根、枝、叶、花样本，测定土壤的 pH、有机质、全氮、全磷、全钾、水解氮、有效磷、速效钾和有效态的铁、锰、铜、锌、硼、钼以及全硒，测定植株 4 个器官的氮、磷、钾、铁、锰、铜、锌、硼、钼、硒。

二、数据分析方法

使用 Excel 和自编软件对数据进行相关性分析。

三、不同产量等级土壤微量元素含量范围

统计茉莉花不同产量等级的土壤微量元素含量范围，结果见表 5-10。表 5-10 说明高产等级土壤微量元素含量范围是高产地块的必要不充分条件，即高产地块土壤微量元素含量范围为一个合理区间；反之，土壤微量元素含量范围在这个区间的地块不一定是高产地块。

表 5-10　茉莉花不同产量等级土壤微量元素含量范围（mg/kg）

微量元素	高产等级	中产等级	低产等级
有效态铁	25.00～93.00 (12)	13.10～216.00 (56)	8.99～300.00 (33)
有效态锰	13.50～140.00 (12)	5.90～298.00 (56)	3.80～339.00 (33)
有效态铜	1.20～3.70 (12)	0.50～5.80 (56)	0.60～7.20 (33)
有效态锌	0.75～3.98 (12)	0.69～11.50 (56)	0.28～7.90 (33)
有效态硼	0.25～0.45 (12)	0.04～1.48 (56)	0.03～0.84 (33)
有效态钼	0.11～0.40 (12)	0.04～1.31 (56)	0.04～2.84 (33)
全硒	0.35～1.35 (12)	0.25～2.41 (56)	0.22～1.52 (33)

备注：表中括号中的数字为样本数。

四、地块 0～10cm 土壤微量元素含量与土壤其他养分的关系

表 5-11 为茉莉花地块 0～10cm 土壤有效态铁含量与其他养分的关系，可见：①土壤有效态铁含量与大量元素的土壤全氮含量、土壤全钾含量、土壤有效磷含量之间呈显著和极显著正相关，说明土壤大量元素含量与有效态铁含量具有一致性；②有效态铁含量与土壤 pH 呈极显著负相关关系，原因是土壤 pH 越低，铁越容易溶解；③土壤有效态铁含量与土壤有效态铜和全硒含量之间呈极显著正相关，而与土壤有效态锰含量呈显著负相关。分析结果表明：在高产地块的土壤有效铁 25.00～93.00g/kg 范围内，未发现新的相关性规律。

表 5-11　茉莉花地块 0～10cm 土壤有效态铁含量与其他养分的关系

相关关系	皮尔逊法 r	斯皮尔曼法 r
有效态铁—pH	−0.452 6**	−0.565 4**

（续）

相关关系	皮尔逊法 r	斯皮尔曼法 r
有效态铁—全氮		0.203 6*
有效态铁—全钾	0.257 1**	0.283 9**
有效态铁—有效锰	−0.216 8*	
有效态铁—有效磷	0.386 4**	0.375 7**
有效态铁—有效铜	0.395 4**	0.593 0**
有效态铁—全硒	−0.310 1**	−0.236 2*

表 5-12 为茉莉花地块 0～10cm 土壤有效态锰含量与其他养分含量的关系，可见：除土壤有效磷和土壤有效态铁外，土壤有效态锰含量与其他养分含量之间均呈显著或极显著正相关关系，说明土壤有效态锰含量与其他养分含量具有一致性。分析结果表明：在高产地块的土壤有效态锰含量 13.50～140.00mg/kg 范围内，未发现新的相关性规律。

表 5-12　茉莉花地块 0～10cm 土壤有效态锰含量与其他养分的关系

相关关系	皮尔逊法 r	斯皮尔曼法 r
有效态锰—有机质	0.254 7**	0.340 8**
有效态锰—全氮	0.208 7*	
有效态锰—全磷	0.247 8*	0.328 1**
有效态锰—全钾	0.298 8**	
有效态锰—水解氮	0.241 5*	0.228 0*
有效态锰—有效磷	−0.215 2*	−0.381 0**
有效态锰—速效钾	0.260 4**	0.328 5**
有效态锰—有效铁	−0.216 8*	
有效态锰—有效锌		0.332 1**
有效态锰—有效硼	0.195 9*	0.223 3*
有效态锰—有效钼	0.418 7**	0.543 8**
有效态锰—全硒		0.364 8**

表 5-13 为茉莉花地块 0～10cm 土壤有效态铜含量与其他养分的关系，可见：①土壤有效态铜含量与 pH 呈极显著负相关，原因是 pH 低时铜容易溶解，有效性高；②土壤有效态铜含量与土壤大量元素含量和微量元素含量之间均呈极显著正相关关系，说明茉莉花土壤肥力中的养分含量具有一致性趋势。分析结果表明：在高产地块的土壤有效态铜含量 1.20～3.70mg/kg 范围内，未发现新的相关性规律。

表 5-13　茉莉花地块 0～10cm 土壤有效态铜含量与其他养分的关系

相关关系	皮尔逊法 r	斯皮尔曼法 r
有效态铜—pH		−0.292 3**
有效态铜—有机质	0.355 6**	0.365 0**

(续)

相关关系	皮尔逊法 r	斯皮尔曼法 r
有效态铜—全氮		0.270 4**
有效态铜—全磷	0.398 5**	0.374 7**
有效态铜—全钾		0.388 9**
有效态铜—有效磷	0.308 0**	0.347 1**
有效态铜—速效钾	0.262 8**	0.320 4**
有效态铜—有效铁	0.395 4**	0.593 0**
有效态铜—有效锌	0.589 0**	0.402 3**
有效态铜—有效硼	0.267 7**	

表 5-14 为茉莉花地块 0～10cm 土壤有效态锌含量与其他养分的关系，可见：①土壤有效态锌含量与土壤大量元素含量和微量元素含量之间均呈极显著正相关关系，说明茉莉花土壤肥力中的养分含量具有一致性趋势；②土壤有效态锌含量与 pH 呈显著正相关，与一般情况下 pH 低时有效态锌含量高的规律相反。分析结果表明：在高产地块的土壤有效态锌含量 0.75～3.98mg/kg 范围内，未发现新的相关性规律。

表 5-14 茉莉花地块 0～10cm 土壤有效态锌含量与其他养分的关系

相关关系	皮尔逊法 r	斯皮尔曼法 r
有效态锌—pH	0.237 9*	
有效态锌—有机质	0.303 1**	0.285 7**
有效态锌—全磷	0.318 1**	0.295 9**
有效态锌—有效磷		0.313 4**
有效态锌—速效钾	0.355 5**	0.313 9**
有效态锌—有效锰		0.332 1**
有效态锌—有效铜	0.589 0**	0.402 3**
有效态锌—有效硼	0.496 8**	0.369 6**

表 5-15 为茉莉花地块 0～10cm 土壤有效态硼含量与其他养分的关系，可见：土壤有效态硼含量与土壤大量元素含量和微量元素含量之间均呈极显著和显著正相关关系，说明茉莉花土壤肥力中的养分含量具有一致性趋势。分析结果表明：在高产地块的土壤有效态硼含量 0.25～0.45mg/kg 范围内，未发现新的相关性规律。

表 5-15 茉莉花地块 0～10cm 土壤有效态硼含量与其他养分的关系

相关关系	皮尔逊法 r	斯皮尔曼法 r
有效态硼—有机质	0.426 2**	0.367 1**
有效态硼—全磷	0.430 9**	0.326 1**
有效态硼—速效钾	0.501 1**	0.437 2**

（续）

相关关系	皮尔逊法 r	斯皮尔曼法 r
有效态硼—有效锰	0.195 9*	0.223 3*
有效态硼—有效铜	0.267 7**	
有效态硼—有效锌	0.496 8**	0.369 6**
有效态硼—有效钼	0.250 7*	

表 5-16 为茉莉花地块 0～10cm 土壤有效态钼含量与其他养分的关系，可见：土壤有效态钼含量与土壤大量元素含量和微量元素含量之间均呈极显著和显著正相关关系，说明茉莉花土壤肥力中的养分含量具有一致性趋势。分析结果表明：在高产地块的土壤有效硼含量 0.11～0.40mg/kg 范围内，未发现新的相关性规律。

表 5-16　茉莉花地块 0～10cm 土壤有效态钼含量与其他养分的关系

相关关系	皮尔逊法 r	斯皮尔曼法 r
有效态钼—有机质	0.243 1*	0.277 9**
有效态钼—全氮	0.198 9*	
有效态钼—全磷	0.224 0*	0.263 7**
有效态钼—有效磷		−0.244 0*
有效态钼—速效钾	0.347 8**	0.339 6**
有效态钼—有效锰	0.418 7**	0.543 8**
有效态钼—有效硼	0.250 7*	
有效态钼—全硒		0.244 0*

表 5-17 为茉莉花地块 0～10cm 土壤全硒含量与其他养分的关系，可见：①土壤全硒含量与有机质含量、有效锰含量、有效钼含量之间呈极显著和显著正相关；②土壤全硒含量与土壤有效磷含量、有效铁含量之间呈极显著和显著负相关。分析结果表明：在高产地块的土壤全硒含量 0.35～1.35mg/kg 范围内，未发现新的相关性规律。

表 5-17　茉莉花地块 0～10cm 土壤全硒含量与其他养分的关系

相关关系	皮尔逊法 r	斯皮尔曼法 r
全硒—有机质		0.306 3**
全硒—有效磷		−0.395 1**
全硒—有效铁	−0.310 1**	−0.236 2*
全硒—有效锰		0.364 8**
全硒—有效钼		0.244 0*

五、地块 0～10cm 土壤微量元素与植株不同器官微量元素含量的关系

对茉莉花地块 0～10cm 土壤的有效态铁含量、有效态锰含量与植株不同器官铁和锰

含量的统计结果表明：没有任何一个器官铁和锰的含量与土壤有效态铁和有效态锰含量之间呈显著相关关系，说明茉莉花地块不缺铁和锰。

对 38 个样本的统计结果表明（表 5-18）：土壤有效态铜含量与茉莉花根、枝、叶、花铜含量均呈极显著正相关，说明土壤有效态铜含量多时，植株各器官吸收的铜也多，有利于茉莉花产量的形成，可见，土壤有效态铜是关键的肥力指标之一。分析结果表明：在高产地块的土壤有效态铜含量 1.20～3.70mg/kg 范围内，未发现新的相关性规律。

表 5-18　茉莉花 0～10cm 土壤有效态铜含量与植株铜的关系

相关关系	皮尔逊法 r	斯皮尔曼法 r
有效态铜—根铜	0.472 8**	0.401 7*
有效态铜—枝铜	0.474 4**	0.388 9*
有效态铜—叶铜	0.484 1**	0.379 6*
有效态铜—花铜	0.452 8**	0.376 1*

对 38 个样本的统计结果表明（表 5-19）：土壤有效态锌含量与茉莉花根、枝、叶、花锌含量均呈显著和极显著正相关，说明土壤有效态锌含量多时，植株各器官吸收的锌也多，有利于茉莉花产量的形成，可见，土壤有效态锌是关键的肥力指标之一。分析结果表明：在高产地块的土壤有效态锌含量 0.75～3.98mg/kg 范围内，未发现新的相关性规律。

表 5-19　茉莉花 0～10cm 土壤有效态锌含量与植株锌的关系

相关关系	皮尔逊法 r	斯皮尔曼法 r
有效态锌—根锌	0.422 9*	0.365 0*
有效态锌—枝锌	0.467 1**	0.377 5*
有效态锌—叶锌	0.378 6*	
有效态锌—花锌	0.482 8**	0.364 7*

对 38 个样本的统计结果表明：土壤有效态硼含量与茉莉花根、枝、叶、花硼含量均未达到显著相关，说明茉莉花地块土壤不缺硼。

对 38 个样本的统计结果表明：土壤有效态钼含量与植株不同器官钼含量的关系无显著相关关系，说明茉莉花土壤不缺钼，这与酸性土壤容易缺钼的规律相反。

对 38 个样本的统计结果表明：土壤全硒含量与植株不同器官硒含量均无显著相关关系，说明土壤不缺硒，原因是横州土壤普遍富硒。

六、地块 0～10cm 土壤微量元素与植株不同器官其他养分含量的关系

对 38 个样本的统计结果表明：土壤有效态铁含量与其他任何一个器官的其他养分含量均没有显著相关关系，说明茉莉花地块不缺铁，因为酸性土壤富含铁。

对 38 个样本的统计结果表明：土壤有效态锰与根锌（皮尔逊法 r=－0.346 0*，n=38）、叶锌（斯皮尔曼法 r=－0.378 6*，n=38）、花磷（斯皮尔曼法 r=－0.344 2*，n=38）呈显著负相关，说明土壤有效态锰多时不利于产量的形成。

对 38 个样本的统计结果表明（表 5-20）：①土壤有效态铜含量与茉莉花根、枝、叶、

花 4 个器官的养分含量之间呈显著或极显著正相关，可能的原因是土壤有效态铜高时，促进其他元素的吸收；②土壤有效态铜含量与 4 个器官根、枝、叶、花的锌含量之间均呈显著或极显著正相关，可见铜与锌吸收的同步性；③土壤有效态铜含量与 3 个器官根、枝、叶的磷、钼含量之间均呈显著或极显著正相关，可见铜与磷、钼吸收的同步性；④土壤有效态铜含量与 3 个器官枝、叶、花的锰、硒含量之间均呈显著或极显著正相关，可见铜与锰、硒吸收的同步性；⑤土壤有效态铜含量与两个器官根、花的硼含量之间均呈显著或极显著正相关，可见铜对硼的吸收有促进作用，有利于开花；⑥土壤有效态铜含量与两个器官枝、叶的铁含量之间均呈显著或极显著正相关，可见铜对铁的吸收有促进作用；⑦土壤有效态铜含量与两个器官叶、花的钾含量之间均呈显著或极显著正相关，可见铜对钾的吸收有促进作用；⑧土壤有效态铜含量与叶的氮含量之间均呈显著或极显著正相关，氮利于叶面形成和光合作用，促进开花。以上相关性说明土壤有效态铜含量高时促进其他营养元素的吸收，可见，土壤有效态铜含量是关键的肥力指标之一。分析结果表明：在高产地块的土壤有效态铜含量 1.20～3.70mg/kg 范围内，未发现新的相关性规律。

表 5-20　茉莉花 0～10cm 土壤有效态铜含量与植株其他养分的关系

相关关系	皮尔逊法 r	斯皮尔曼法 r	相关关系	皮尔逊法 r	斯皮尔曼法 r
有效态铜—根磷	0.359 4*	0.368 5*	有效态铜—叶钾	0.407 7*	0.341 0*
有效态铜—根锌	0.420 3*	0.432 0**	有效态铜—叶铁	0.344 4*	0.347 3*
有效态铜—根硼	0.585 2**	0.357 2*	有效态铜—叶锰	0.487 8**	0.406 2*
有效态铜—根钼	0.378 1*	0.400 4*	有效态铜—叶锌	0.405 0*	0.376 8*
有效态铜—枝磷	0.397 5*	0.386 6*	有效态铜—叶钼	0.459 2**	0.410 1*
有效态铜—枝铁	0.335 1*	0.336 4*	有效态铜—叶硒	0.433 8**	
有效态铜—枝锰	0.438 1**	0.443 7**	有效态铜—花钾	0.346 8*	0.425 5*
有效态铜—枝锌	0.458 9**	0.461 8**	有效态铜—花锰	0.436 2*	0.366 1*
有效态铜—枝钼		0.348 6*	有效态铜—花锌	0.494 9**	0.431 4**
有效态铜—枝硒	0.355 3*		有效态铜—花硼	0.443 5**	0.381 1*
有效态铜—叶氮		0.376 0*	有效态铜—花硒	0.427 6*	0.399 1*
有效态铜—叶磷	0.336 4*	0.356 6*			

对 38 个样本的统计结果见表 5-21。结果表明：①土壤有效态锌含量与茉莉花根、枝、叶、花 4 个器官诸多养分含量之间呈显著或极显著正相关：可能的原因是土壤有效态锌高时，促进光合作用和开花，进而促进其他元素的吸收；②土壤有效态锌含量与 4 个器官根、枝、叶、花的铜含量、硒含量之间均呈显著或极显著正相关，可见土壤有效态锌促进铜和硒的吸收；③土壤有效态锌含量与 3 个器官根、枝、叶的钼含量之间均呈显著或极显著正相关，可见土壤有效态锌促进钼的吸收；④土壤有效态锌含量与 3 个器官枝、叶、花的锰含量之间均呈显著或极显著正相关，可见土壤有效态锌促进锰的吸收；⑤土壤有效态

锌含量与两个器官根、花的硼含量之间均呈极显著正相关，可见土壤有效态锌促进硼的吸收，有利于开花；土壤有效态锌促进枝对磷、叶对磷和钾、花对钾的吸收，有利于茉莉花生长发育。以上相关性说明土壤有效态锌含量高时促进其他营养元素的吸收，可见，土壤有效态锌含量是关键的肥力指标之一。分析结果表明：在高产地块的土壤有效态锌含量 $0.75\sim3.98mg/kg$ 范围内，未发现新的相关性规律。

表 5-21 茉莉花 0～10cm 土壤有效态锌含量与植株其他养分的关系

相关关系	皮尔逊法 r	斯皮尔曼法 r	相关关系	皮尔逊法 r	斯皮尔曼法 r
有效态锌—根铜	0.593 6**	0.460 3**	有效态锌—叶钾	0.439 7**	0.431 6**
有效态锌—根硼	0.655 6**	0.396 3*	有效态锌—叶锰	0.523 9**	0.477 8**
有效态锌—根钼	0.388 3*	0.380 5*	有效态锌—叶铜	0.577 2**	0.447 1**
有效态锌—根硒	0.382 5*		有效态锌—叶钼	0.420 7*	0.361 5*
有效态锌—枝磷	0.374 1*		有效态锌—叶硒	0.478 3**	0.367 3*
有效态锌—枝锰	0.459 9**	0.402 5*	有效态锌—花钾	0.428 0*	0.507 9**
有效态锌—枝铜	0.578 2**	0.462 0**	有效态锌—花锰	0.456 9**	0.390 3*
有效态锌—枝钼	0.385 6*	0.422 8*	有效态锌—花铜	0.533 3**	0.449 2**
有效态锌—枝硒	0.408 7*	0.379 4*	有效态锌—花硼	0.436 1**	0.357 5*
有效态锌—叶磷		0.349 4*	有效态锌—花硒	0.416 5*	0.341 8*

对 38 个样本的统计结果表明：土壤有效态硼含量与茉莉花根硼含量（皮尔逊法r＝0.350 2*，n＝38）、根铜含量（皮尔逊法 r＝0.343 8*，n＝38）之间呈显著正相关，说明土壤有效态硼促进根硼和铜的吸收。

对 38 个样本的统计结果表明：土壤有效态钼含量与植株不同器官钼含量之间没有显著相关关系，说明茉莉花土壤不缺钼，这与酸性土壤上容易缺钼的规律相反。

统计结果表明：土壤全硒含量与叶锌含量之间呈显著负相关（斯皮尔曼法 r＝－0.366 6*，n＝38），说明茉莉花土壤不缺硒，因为横州土壤普遍富硒。

七、讨论

土壤是植物生长的基础，植物生长需要的必需营养元素主要来源于土壤，土壤养分状况直接影响茉莉花的产量和品质。铁是植物生长发育必需的微量元素，同时铁又是土壤中敏感的氧化还原活性金属元素，铁的氧化还原不仅影响土壤剖面铁的分布、迁移和扩散，还影响土壤发育，进而影响植物的产量和品质[109]。锰是植物正常生长不可缺少的微量元素之一，土壤中锰的含量过低，不适的土壤条件供给植物的有效锰减少，其中以 pH 的影响最为突出[110]。土壤有效锰含量主要受制于全锰含量，其次是有机质的影响，与土壤 pH 和碳酸钙含量呈负相关关系，当土壤 pH＞7 时，土壤常会缺锰。土壤中全锰的含量主要受制于成土母质[111]。李社新等[112]采用分层取样的方法，对陕北王茂沟小流域土壤有效铜的分布特征进行了研究，研究发现 0～10cm 土层中土壤有效铜含量最高，是由于有机质对微量元素的固定吸附性能，且表层土壤微生物的活动分解了有机质，释放出 Cu^{2+}，并且合成微生物组织，固定了土壤铜。土壤中的铜和锌的有效性受土壤 pH 的影响较大，一般来说两者呈负相关关系[113～114]。锌（Zn）是碳酸酐酶的成分，能促进繁殖器官发育和受精，硼能促进碳水化合物的运输、蛋白质的合成和繁殖器官的建成和发育，钼是硝酸还原酶的成分，能促进繁殖器官建成[115]，参与植物体内的氮代谢及促进光合作用及碳水化合物转移，还能提高叶片中叶绿素的含量和稳定性[116]。全硒对茉莉花的产量和品质有一定的影响，是重要的土壤元素。一定剂量的外源硒不仅能促进植物的生长，提高农产品产量和品质[117]，还能够通过增强植物的抗逆性来保护其生长发育，调控植物的光合作用、呼吸作用和叶绿素合成代谢[118]。

李春牛等[119]为探索锌、硼、钼配施对茉莉花开花及叶片养分的影响，以 2 年生盆栽茉莉花为试材，采用三因素三水平正交设计。研究发现，叶面喷施锌、硼、钼肥，能显著影响盆栽茉莉花的开花及叶片养分含量。0.50％锌、0.20％硼肥配施，茉莉花的平均花朵数量最多、花径最大。对花朵数量的影响，钼＞锌＞硼，对花径的影响，硼＞钼＞锌。沈邦琼等[106]采用田间试验研究了喷施有机铁肥、无机铁肥对茉莉花植株长势、产量及品质的影响。试验结果表明，叶面喷施有机铁（螯合铁）、无机铁（硫酸亚铁）均能促进茉莉花植株的生长，增加株花序数、花蕾数、蕾重、产量。刘旭阳等[120]探讨施肥与茉莉花土壤中有效铁含量的关系，发现施肥量对于茉莉花土壤中的铁形态以及含量有明显的影响，这可能是因为施肥改变了土壤中的 pH、Eh，以及微生物数量与活性、有机质、含水量等环境因子所造成的，而这些变化都会影响铁的存在形态以及含量。吴超等[121]研究发现铁化合物的溶解性受土壤 pH 影响，pH 决定着铁还原反应的难易程度，土壤 pH 低时，沉积铁的溶解度提高，易于还原；土壤 pH 高时，铁的溶解度小，易于氧化。Nair[105]以单瓣茉莉花为对象，研究不同施肥水平对其开花稳定性的影响，发现每株每年使用 N120g、P240g、K240g，并且在每年的 2、5、9、12 月分 4 次等量施用可确保年产花量最稳定，并且开花时的每株叶片数、每株花芽数和每株开花数等与产花量相关的性状指标最佳。李春牛等[49]以广西茉莉花主产区横州连作田土壤为研究对象，所调查土壤 pH 最高 4.87，最低 3.82，发现其 pH 越高，越适宜茉莉花生长，产量也就越高。土壤 pH 是影响茉莉花产量的最主要因素，是低产田改造的主要对象。戴玉蓉等[101]认为氮、磷、钾对茉莉生长的效应不同，影响强度由大到小的顺序为氮＞钾＞磷，茉莉花的营养生长状况总体上随着施氮量的增加而有所提高。

本研究中采样的 101 个地块分为低产、中产、高产 3 个产量等级，通过对不同产量等级地块土壤每种微量元素含量范围进行对比分析，得到每种土壤微量元素含量都有一个合理范围的结果，这个范围是高产地块微量元素的必要不充分条件。进一步对每种土壤微量元素与土壤其他养分的关系、与植株不同器官同一微量元素含量的关系、与植株不同器官其他养分含量关系的统计分析，确认了茉莉花土壤养分丰缺状况，即横州茉莉花土壤不缺铁、锰、钼、硒，而缺少铜、锌，硼可能处于临界水平，土壤有效态锰含量可能有害。今后横州茉莉花土壤微量元素养分调控的重点是进行铜、锌和硼肥的试验，特别是叶面肥试验。

本研究的其他研究结果与以往有关茉莉花的养分研究结果基本一致。

八、结论

本研究结论：①高产地块土壤每种微量元素都有一个合理范围，这个范围是高产地块的微量元素必要不充分条件；②统计每种土壤微量元素与土壤其他养分的关系、与植株不同器官同一微量元素含量的关系、与植株不同器官其他养分含量的关系，确认横州茉莉花土壤不缺铁、锰、钼、硒，而缺少铜、锌；硼可能处于临界水平；土壤有效态锰含量可能有害。

第六章 茉莉花产量与不同器官养分含量关系研究

第一节 茉莉花不同器官养分含量关系

一、数据来源

地块土壤属性数据：2018 年在横州确定 101 个采样点，获得每个采样点的纬度、经度和高程，于 2018 年 8 月上旬盛花期采集 0～10cm 的 101 个土样和 38 个土样对应的茉莉花根、枝、叶、花样本，测定土壤的 pH、有机质、全氮、全磷、全钾、水解性氮、有效磷、速效钾和有效态的铁、锰、铜、锌、硼、钼和全硒，测定植株 4 个器官的氮、磷、钾、铁、锰、铜、锌、硼、钼、硒。

二、数据分析方法

使用 Excel 和自编软件对数据进行相关性分析。

三、不同器官养分含量

表 6-1 为茉莉花不同器官同一养分含量范围，可见：①10 个养分中有 5 个花的含量最多（磷、钾、铁、锰、铜）、4 个叶的含量最多（氮、硼、钼、硒）；②10 个养分中有 5 个根的含量最少（氮、磷、钾、锰、铜）。

表 6-1 茉莉花不同器官养分含量范围

含量	根	枝	叶	花	含量顺序
氮（%）	1.05～1.46	1.29～1.65	1.35～1.79	1.23～1.58	叶>枝>花>根
磷（%）	0.08～0.38	0.11～0.46	0.18～0.58	0.25～0.62	花>叶>枝>根
钾（mg/g）	11.36～14.35	14.46～20.10	17.56～29.86	21.11～31.24	花>叶>枝>根
铁（μg/g）	20.16～34.65	13.37～24.06	11.31～21.69	46.03～77.67	花>根>枝>叶
锰（μg/g）	13.19～31.68	22.36～60.01	56.88～163.24	80.34～234.55	花>叶>枝>根
铜（μg/g）	3.06～11.28	3.89～12.24	4.74～14.11	5.99～15.37	花>叶>枝>根
锌（μg/g）	13.36～27.22	25.89～50.06	11.55～25.15	19.78～40.14	枝>花>根>叶
硼（μg/g）	2.02～6.22	1.11～2.71	6.25～13.01	3.98～9.32	叶>花>根>枝
钼（μg/g）	1.12～3.22	1.65～4.12	2.13～4.35	0.14～0.58	叶>枝>根>花
硒（μg/g）	0.01～0.10	0.03～0.01	0.05～0.13	0.02～0.09	叶>根>枝>花

备注：统计样本数为 38。

四、同一器官养分相关性

表 6-2 为 38 个茉莉花样本根中养分含量的相关性，可见：①硒虽然不是必需营养元素，但硒含量与氮、磷、铜、锌、硼、钼含量呈显著和极显著正相关，说明硒对这些元素的吸收有促进作用；②除根硼含量与根锰含量不显著相关外，其他养分之间都存在显著和极显著正相关，说明养分之间在吸收上具有相互促进的作用；③相关系数大于 0.9 的有 4 个：根铁含量与根磷含量、根铁含量与根钾含量、根磷含量与根钾含量、根锌含量与根铜含量，说明这些养分之间存在互相促进吸收的作用或土壤环境有利于其同时吸收，因此含量具有高度一致性的趋势。

表 6-2　茉莉花根养分相关关系

	根氮	根磷	根钾	根铁	根锰	根铜	根锌	根硼	根钼	根硒
根氮	1									
根磷	0.827	1								
根钾	0.714	0.915	1							
根铁	0.776	0.923	0.934	1						
根锰	0.777	0.721	0.748	0.813	1					
根铜	0.687	0.807	0.706	0.640	0.439	1				
根锌	0.729	0.776	0.622	0.561	0.430	0.938	1			
根硼	0.516	0.739	0.676	0.615	—	0.773	0.636	1		
根钼	0.778	0.776	0.634	0.587	0.453	0.860	0.888	0.665	1	
根硒	0.573	0.412	—	—		0.594	0.625	0.353	0.672	1

备注：$r_{0.05}=0.320$，$r_{0.01}=0.413$，$n=38$。

表 6-3 为 38 个茉莉花样本枝中养分含量的相关性，可见：①硒不是必需营养元素，但具有促进其他养分吸收的作用；②所有养分之间都存在显著和极显著正相关，说明养分之间具有相互促进的作用；③相关系数大于 0.9 的有 5 个：枝铁含量与枝磷含量、枝锰含量与枝磷含量、枝锰含量与枝铁含量、枝锌含量与枝铜含量、枝钼含量与枝氮含量，说明这些养分之间存在互相促进吸收的作用或土壤环境有利于其同时吸收，因此含量具有高度一致性的趋势。

表 6-3　茉莉花枝养分相关关系

	枝氮	枝磷	枝铁	枝锰	枝铜	枝锌	枝硼	枝钼	枝硒
枝氮	1								
枝磷	0.826	1							
枝钾	0.597	0.765							
枝铁	0.873	0.942	1						
枝锰	0.796	0.943	0.944	1					

（续）

	枝氮	枝磷	枝铁	枝锰	枝铜	枝锌	枝硼	枝钼	枝硒
枝铜	0.616	0.831	0.733	0.856	1				
枝锌	0.737	0.886	0.816	0.852	0.936	1			
枝硼	0.849	0.623	0.680	0.655	0.481	0.555	1		
枝钼	0.913	0.862	0.869	0.886	0.739	0.774	0.812	1	
枝硒	0.669	0.750	0.651	0.713	0.809	0.811	0.471	0.775	1

备注：$r_{0.05}=0.320$，$r_{0.01}=0.413$，n=38。

表 6-4 为 38 个茉莉花样本叶中养分含量的相关性，可见：①多数养分之间都存在显著和极显著正相关，说明养分之间具有相互促进的作用；②相关系数大于 0.9 的有 5 个：叶钾含量与叶磷含量、叶锌含量与叶锰含量、叶钼含量与叶磷含量、叶钼含量与叶锰含量、叶钼含量与叶锌含量，说明这些养分之间存在互相促进吸收的作用或土壤环境有利于其同时吸收，因此含量具有高度一致性的趋势；③叶硼含量只有 2 个显著相关关系，说明叶硼含量受其他养分的影响小。

表 6-4　茉莉花叶养分相关关系

	叶氮	叶磷	叶钾	叶铁	叶锰	叶铜	叶锌	叶硼	叶钼	叶硒
叶氮	1									
叶磷	0.835	1								
叶钾	0.733	0.905	1							
叶铁	0.871	0.861	0.767	1						
叶锰	0.693	0.834	0.841	0.708	1					
叶铜	0.689	0.802	0.830	0.767	0.856	1				
叶锌	0.769	0.799	0.745	0.818	0.918	0.859	1			
叶硼	0.382	—	—	0.336	—	—	—	1		
叶钼	0.769	0.915	0.868	0.838	0.935	0.889	0.908	—	1	
叶硒	0.612	0.709	0.709	0.683	0.864	0.815	0.862	—	0.844	1

备注：$r_{0.05}=0.320$，$r_{0.01}=0.413$，n=38。

表 6-5 为 38 个茉莉花样本花中养分含量的相关性，可见：①多数养分之间都存在显著和极显著正相关，说明养分之间具有相互促进的作用；②相关系数大于 0.9 的有 1 个：花锌含量与花铜含量，说明它们之间存在互相促进吸收的作用或土壤环境有利于其同时吸收，因此含量具有高度一致性的趋势。

表 6-5　茉莉花花养分相关关系

	花氮	花磷	花钾	花铁	花锰	花铜	花锌	花硼	花钼	花硒
花氮	1									

（续）

	花氮	花磷	花钾	花铁	花锰	花铜	花锌	花硼	花钼	花硒
花磷	0.791	1								
花钾	0.779	0.674	1							
花铁	0.898	0.706	0.824	1						
花锰	0.629	0.534	0.741	0.806	1					
花铜	0.562	0.680	0.697	0.627	0.807	1				
花锌	0.713	0.735	0.731	0.768	0.879	0.939	1			
花硼	0.661	0.661	0.749	0.774	0.895	0.835	0.887	1		
花钼	0.729	0.873	0.558	0.586	0.341	0.638	0.679	0.498	1	
花硒	0.406	0.590	0.458	0.406	0.553	0.863	0.833	0.627	0.703	1

备注：$r_{0.05}=0.320$，$r_{0.01}=0.413$，$n=38$。

从表 6-5 中可以得到相关系数大于 0.9 的有 2 个以上的相关关系，结果如下：①根、枝、花的锌含量与根铜含量；②根、叶的磷含量与钾含量；③根、枝的铁含量与根磷含量。以上结果说明：锌和铜吸收的一致性，磷和钾、铁和磷吸收的互促性。

五、讨论

植物化学元素的分布特征不但是植物自身的特征，同时也会受到所处生境的影响，是植物生物学特性与生态环境相统一的结果[122]。植物中不同器官的生理机能不同，不同化学元素尤其是营养元素在植物中的分布是有差异的[123]。由于植物体的营养元素含量主要取决于植物的种类和生长状况，了解植物体营养元素含量，可以掌握该植物营养状况，这不但对茉莉花的科学施肥具有重要意义，也可为茉莉花产量和品质的提高提供一定的指导。

刘鹏等[124]在对大盘山自然保护区七子花（*Heptacodium miconioides*）群落进行分类的基础上，探讨不同群落类型中七子花开花期器官营养元素分布及其与土壤养分的关系。研究发现，七子花不同器官元素含量大小为：N、P、K 的顺序均为叶＞皮＞枝＞干，Ca和 Mg 的顺序均为皮＞叶＞枝＞干；不同器官中七子花 5 种营养元素的总量由高到低依次为叶、皮、枝、干；七子花各营养元素含量的变异系数相差较大，其中叶、皮和枝的较高，而干的较低。施家月等[125]对浙江天童 39 种常见植物幼树的养分分配研究表明：常绿阔叶幼树叶的养分含量为：N 1.059%～2.896%，P 0.069%～0.126%，落叶阔叶幼树叶的养分含量为：N 1.868%～3.254%，P 0.092%～0.186%，针叶树马尾松幼树叶的养分含量为：N 1.874%，P 0.078%。植物不同器官营养含量不同，叶中 N 和 P 含量明显高于其他器官，茎和根中 N 和 P 的含量较低。邱细妹[126]对不同年龄绿竹各器官的 N、P、K 3 种营养元素的含量进行分析，结果表明：各器官 N、P、K 元素含量基本呈随竹株年龄增大而减小的趋势，从绿竹各器官不同年龄竹的平均 N、P、K 含量来看，N 含量大小排序为叶＞根＞蔸＞枝＞秆，P 含量大小排序为叶＞蔸＞枝＞根＞秆，K 含量大小排序为叶＞蔸＞秆＞枝＞根。3 种主要营养元素在绿竹各器官中的含量以叶最多，含量最少的是枝与秆。张国斌等[127]发现青花菜植株各器官的氮、磷、钾含量均随生育过程而逐渐降低；现蕾期之前，茎叶中的氮、磷含量较高，从现蕾期开始，花球的氮、磷含量明显高于茎叶，整个生长期，茎部的钾含量明显高于其他器官；采收期青花菜植株氮含量表现为花球＞叶＞茎＞根，磷含量表现为花球＞茎＞叶＞根，钾含量表现为茎＞花球＞叶＞根。莫大伦[128]对海南岛 86 种植物中的大量元素和微量元素进行测定，并分析各元素间的相关性，研究发现常量元素和必需微量元素 Mo、Cu、Zn 之间相关系数均达到 $P<0.001$ 水平，具有很好的相关关系；N 和 Mo、Cu、Zn 之间仅有一般的相关关系，而 Mg 和 Mo 之间相关性显著，与 Cu 仅一般相关，与 Zn 具有较好的相关关系。

本研究得到：①茉莉花不同器官同一养分的含量范围，其中花和叶含量最高，根最低，是叶面施肥的依据；②同一器官不同养分含量呈显著和极显著相关，说明养分含量的一致性；③相关系数 0.9 以上的有 2 个以上的相关关系结果：根、枝、花的锌含量与根铜含量，根、叶的磷含量与钾含量，根、枝的铁含量与根磷含量，说明锌和铜吸收的一致性，磷和钾、铁和磷吸收的互促性。

六、结论

本研究研究结论：①茉莉花不同器官养分含量具有一定的范围；②根、枝、叶、花的养分之间都存在显著和极显著正相关；③锌和铜吸收具有高度一致性，磷和钾、铁和磷吸收具有互促性。

第二节　茉莉花产量等级与不同器官养分含量关系

一、数据来源

地块亩产等级确定方法：采集土壤和植株样本时，调查当时开花数量等级，再对近 3 年地块开花量情况进行咨询，最后确定地块低产、中产、高产 3 个产量等级，并分别赋值 3、2、1。

地块土壤属性数据：2018 年在横州确定 38 个采样点，获得每个采样点的纬度、经度和高程，于 2018 年 8 月上旬盛花期采集 0～10cm 的土样和对应的茉莉花根、枝、叶、花样本，测定植株 4 个器官的氮、磷、钾、铁、锰、铜、锌、硼、钼、硒。

二、数据分析方法

使用 Excel 和自编软件对数据进行相关性分析。

三、不同产量等级下不同器官养分含量范围

表 6-6 为不同产量等级下不同器官的养分含量范围，可知：3 个产量等级的 4 个器官 10 个养分含量范围不同，高产和偏高产等级的含量下限高，说明器官养分含量高是高产的基础。高产和偏高产含量下限[（中产＋偏低产和低产）/2]的变化范围为 1.05～3.00 倍，分别为：氮（根 1.22、枝 1.18、叶 1.20、花 1.13）、磷（根 2.33、枝 2.25、叶 2.00、花 1.80）、钾（根 1.05、枝 1.05、叶 1.16、花 1.24）、铁（根 1.12、枝 1.39、叶 1.49、花 1.25）、锰

（根 1.36、枝 1.62、叶 1.52、花 1.28）、铜（根 1.88、枝 1.62、叶 1.72、花 1.69）、锌（根 1.49、枝 1.40、叶 1.64、花 1.42）、硼（根 1.19、枝 1.42、叶 1.08、花 1.48）、钼（根 1.69、枝 1.69、叶 1.45、花 2.19）、硒（根 3.00、枝 1.67、叶 1.40、花 2.00）。

表 6-6　不同产量等级下不同器官的养分含量范围

产量等级	器官	养分									
		氮	磷	钾	铁	锰	铜	锌	硼	钼	硒
高产和偏高产（n＝8）	根	1.29～1.44	0.21～0.36	11.89～14.35	23.45～34.65	18.56～31.68	5.67～11.28	20.49～26.88	2.46～6.22	2.01～3.16	0.06～0.10
	枝	1.53～1.64	0.27～0.44	15.48～19.35	19.01～23.77	36.94～58.49	6.71～12.24	37.49～50.06	1.63～2.19	2.98～4.04	0.05～0.09
	叶	1.64～1.79	0.37～0.49	21.66～27.89	17.01～21.69	90.11～162.22	8.25～14.11	19.37～24.74	6.59～10.05	3.16～4.26	0.07～0.13
	花	1.41～1.54	0.46～0.53	26.24～31.04	59.65～77.67	110.58～223.22	10.16～14.86	28.83～39.60	6.03～9.24	0.34～0.55	0.04～0.08
中产（n＝12）	根	1.06～1.46	0.08～0.38	11.36～14.02	20.16～31.74	13.19～26.12	3.06～10.29	13.36～27.22	2.02～6.13	1.12～3.22	0.01～0.10
	枝	1.31～1.65	0.11～0.46	14.46～20.10	13.96～24.06	22.36～60.01	3.99～12.17	25.89～49.74	1.11～2.71	1.65～4.12	0.03～0.10
	叶	1.38～1.68	0.18～0.58	17.56～29.86	11.31～21.05	56.88～163.24	4.85～14.09	11.55～25.14	6.25～12.45	2.22～4.35	0.05～0.12
	花	1.23～1.58	0.26～0.53	21.11～31.21	47.59～74.29	82.12～234.55	6.02～15.37	19.78～40.14	4.19～9.32	0.17～0.48	0.02～0.08
偏低产和低产（n＝18）	根	1.05～1.41	0.10～0.29	11.39～13.49	21.58～28.12	14.16～29.45	3.15～9.89	14.09～27.12	2.11～4.25	1.26～3.10	0.03～0.10
	枝	1.29～1.64	0.13～0.41	15.19～17.02	13.37～21.96	23.14～49.11	3.89～10.88	27.51～49.28	1.19～2.68	1.88～3.94	0.04～0.09
	叶	1.35～1.72	0.19～0.47	18.01～29.14	11.56～19.77	61.36～148.95	4.74～12.10	12.12～25.15	5.99～13.01	2.13～3.79	0.05～0.12
	花	1.26～1.56	0.25～0.62	21.15～31.24	46.03～70.96	80.34～210.22	5.99～13.77	20.87～39.03	3.98～8.75	0.14～0.58	0.02～0.08

备注：括号中数字为样本数；养分含量的单位：氮（%）、磷（%）、钾（mg/g）、铁（μg/g）、锰（μg/g）、铜（μg/g）、锌（μg/g）、硼（μg/g）、钼（μg/g）、硒（μg/g）。

四、不同产量等级下不同器官养分相关关系

表 6-7、表 6-8、表 6-9 分别为产量偏高和高等级、产量中等等级、产量偏低和低等级 3 个档次产量的不同器官养分含量的相关关系。从中可以总结出以下规律：

（1）在产量中等等级（表 6-8）、产量偏低和低等级（表 6-9）中，不同器官养分含量的显著和极显著相关关系均为正相关，而产量偏高和高等级（表 6-7）中存在负显著或负极显著相关关系。

（2）在产量偏高和高等级中，4 个器官的锌含量与铜含量、硒含量与铜含量、硒含量与锌含量之间均呈显著和极显著正相关关系，说明三者在吸收上是同步的。

（3）在产量偏高和高等级中，与叶硼含量呈显著和极显著负相关的器官养分为：叶钾、叶锰、叶铜、叶锌、叶钼、叶硒，说明这些养分含量高时影响硼的吸收。

表 6-7　产量偏高和高等级不同器官养分含量相关关系

	根氮 枝氮 叶氮 花氮	根磷 枝磷 叶磷 花磷	根钾 枝钾 叶钾 花钾	根铁 枝铁 叶铁 花铁	根锰 枝锰 叶锰 花锰	根铜 枝铜 叶铜 花铜	根锌 枝锌 叶锌 花锌	根硼 枝硼 叶硼 花硼	根钼 枝钼 叶钼 花钼	根硒 枝硒 叶硒 花硒
根氮	1									
枝氮	1									
叶氮	1									
花氮	1									
根磷	0.862	1								
枝磷	—	1								
叶磷	—	1								
花磷	—	1								
根钾	0.836	0.895	1							
枝钾	—	—	1							
叶钾	—	0.787	1							
花钾	—	—	1							
根铁	—	0.888	0.917	1						
枝铁	0.915	0.820	0.833	1						
叶铁	—	—	—	1						
花铁	0.794	—	—	1						
根锰	0.729	—	—	0.792	1					
枝锰	—	0.969	—	0.857	1					
叶锰	—	—	—	—	1					
花锰	—	—	0.915	—	1					
根铜						1				
枝铜						1				
叶铜			0.823			1				
花铜						1				
根锌						0.936	1			
枝锌						0.939	1			
叶锌					0.825	0.794	1			
花锌			0.760		0.723	0.887	1			
根硼						0.893	0.726	1		
枝硼			0.746	0.738				1		
叶硼			−0.746		−0.847	−0.916	−0.900	1		
花硼		−0.767	0.847		0.733	0.708	0.742	1		
根钼						0.938	0.929	0.879	1	
枝钼		0.821			0.781	0.812	0.739		1	
叶钼					0.890	0.836	0.905	−0.927	1	
花钼				−0.725	—				1	
根硒					0.868	0.801	0.778	0.814	0.852	1
枝硒						0.862	0.775	—	—	1
叶硒					0.815	0.739	0.797	−0.872	0.707	1
花硒						0.922	0.723	—	—	1

备注：$r_{0.05}＝0.707$，$r_{0.01}＝0.834$，$n＝8$。

（4）在产量中等等级中，多数养分在 4 个器官中均呈显著和极显著正相关关系，说明这些养分在吸收上是同步的。

（5）在产量中等等级中，叶硼含量与叶的其他养分含量没有显著相关关系，说明各器官不缺硼，结合表 6-7 中产量偏高和高等级中的叶硼含量与其他养分多呈负相关的结果，可以确定产量中等等级以上的地块茉莉花叶不缺硼；根据根硒含量与根的其他养分含量均没有达到显著相关关系结果分析，茉莉花不缺硒，也是对横州土壤富硒的验证。

表 6-8　产量中等等级不同器官养分含量相关关系

	根氮 枝氮 叶氮 花氮	根磷 枝磷 叶磷 花磷	根钾 枝钾 叶钾 花钾	根铁 枝铁 叶铁 花铁	根锰 枝锰 叶锰 花锰	根铜 枝铜 叶铜 花铜	根锌 枝锌 叶锌 花锌	根硼 枝硼 叶硼 花硼	根钼 枝钼 叶钼 花钼	根硒 枝硒 叶硒 花硒
根氮	1									
枝氮	1									
叶氮	1									
花氮	1									
根磷	0.812	1								
枝磷	0.763	1								
叶磷	0.863	1								
花磷	0.969	1								
根钾	0.799	0.938	1							
枝钾	0.677	0.915	1							
叶钾	0.887	0.955	1							
花钾	0.851	0.809	1							
根铁	0.856	0.968	0.950	1						
枝铁	0.855	0.970	0.898	1						
叶铁	0.920	0.936	0.912	1						
花铁	0.927	0.929	0.836	1						
根锰	0.907	0.693	0.749	0.808	1					
枝锰	0.797	0.979	0.928	0.959	1					
叶锰	0.866	0.965	0.987	0.926	1					
花锰	0.580	0.664	0.648	0.759	1					
根铜	0.720	0.929	0.894	0.922	0.699	1				
枝铜	0.614	0.917	0.807	0.836	0.924	1				
叶铜	0.717	0.900	0.941	0.764	0.940	1				
花铜	—	0.618	0.693	0.727	0.979	1				
根锌	0.765	0.953	0.874	0.906	0.657	0.963	1			
枝锌	0.699	0.951	0.784	0.899	0.928	0.950	1			
叶锌	0.842	0.941	0.968	0.914	0.983	0.909	1			
花锌	0.702	0.767	0.702	0.862	0.976	0.944	1			
根硼	0.652	0.954	0.893	0.893	—	0.946	0.955	1		
枝硼	0.947	0.597	—	0.690	0.646	—	0.603	1		
叶硼	—	—	—	—	—	—	—	1		
花硼	0.736	0.791	0.742	0.880	0.972	0.942	0.991	1		
根钼	0.879	0.922	0.903	0.937	0.760	0.779	0.797	0.797	1	
枝钼	0.953	0.875	0.841	0.923	0.923	0.761	0.798	0.854	1	
叶钼	0.809	0.966	0.952	0.912	0.955	0.917	0.938	—	1	
花钼	0.952	0.914	0.804	0.964	0.592	—	0.728	0.759	1	

（续）

	根氮 枝氮 叶氮 花氮	根磷 枝磷 叶磷 花磷	根钾 枝钾 叶钾 花钾	根铁 枝铁 叶铁 花铁	根锰 枝锰 叶锰 花锰	根铜 枝铜 叶铜 花铜	根锌 枝锌 叶锌 花锌	根硼 枝硼 叶硼 花硼	根钼 枝钼 叶钼 花钼	根硒 枝硒 叶硒 花硒
根硒	—	—	—	—	—	—	—	—	—	1
枝硒	0.791	0.931	0.956	0.943	0.935	0.775	0.785	0.584	0.900	1
叶硒	0.619	0.893	0.804	0.810	0.853	0.817	0.837	—	0.907	1
花硒	—	—	—	0.732	0.889	0.887	0.889	0.874	0.577	1

备注：$r_{0.05}=0.576$，$r_{0.01}=0.708$，$n=12$。

（6）在产量偏低和低等级中，多数养分在 4 个器官中均呈显著和极显著正相关关系，说明这些养分在吸收上是同步的。

（7）在产量偏低和低等级中，硼、钼、硒、锌、铜存在部分没有达到显著以上相关关系的情况，说明横州偏低和低等级的土壤不明显缺乏硼、钼、硒、锌、铜。

表 6-9　产量偏低和低等级不同器官养分含量相关关系

	根氮 枝氮 叶氮 花氮	根磷 枝磷 叶磷 花磷	根钾 枝钾 叶钾 花钾	根铁 枝铁 叶铁 花铁	根锰 枝锰 叶锰 花锰	根铜 枝铜 叶铜 花铜	根锌 枝锌 叶锌 花锌	根硼 枝硼 叶硼 花硼	根钼 枝钼 叶钼 花钼	根硒 枝硒 叶硒 花硒
根氮	1									
枝氮	1									
叶氮	1									
花氮	1									
根磷	0.887	1								
枝磷	0.934	1								
叶磷	0.939	1								
花磷	0.693	1								
根钾	0.650	0.837	1							
枝钾	0.785	0.713	1							
叶钾	0.855	0.887	1							
花钾	0.731	0.612	1							
根铁	0.756	0.813	0.808	1						
枝铁	0.955	0.923	0.732	1						
叶铁	0.869	0.848	0.776	1						
花铁	0.871	0.628	0.856	1						
根锰	0.764	0.790	0.661	0.792	1					
枝锰	0.901	0.893	0.615	0.929	1					
叶锰	0.939	0.831	0.759	0.867	1					
花锰	0.581	0.472	0.785	0.758	1					
根铜	0.740	0.786	0.702	0.511	—	1				
枝铜	0.639	0.734	—	0.675	0.833	1				
叶铜	0.791	0.665	0.722	0.739	0.901	1				
花铜	0.645	0.812	0.681	0.620	0.698	1				

（续）

	根氮 枝氮 叶氮 花氮	根磷 枝磷 叶磷 花磷	根钾 枝钾 叶钾 花钾	根铁 枝铁 叶铁 花铁	根锰 枝锰 叶锰 花锰	根铜 枝铜 叶铜 花铜	根锌 枝锌 叶锌 花锌	根硼 枝硼 叶硼 花硼	根钼 枝钼 叶钼 花钼	根硒 枝硒 叶硒 花硒
根锌	0.775	0.797	0.642	—		0.948	1			
枝锌	0.768	0.845	—	0.814	0.875	0.939	1			
叶锌	0.827	0.696	0.595	0.856	0.942	0.862	1			
花锌	0.753	0.786	0.706	0.722	0.788	0.936	1			
根硼	0.632	0.808	0.956	0.852	0.649	0.585	0.511	1		
枝硼	0.812	0.723	0.730	0.741	0.816	0.586	0.614	1		
叶硼	—	0.526	—	0.498	—	—	—	1		
花硼	0.635	0.634	0.693	0.723	0.852	0.715	0.785	1		
根钼	0.807	0.876	0.695	0.587	0.552	0.919	0.949	0.583	1	
枝钼	0.921	0.856	0.720	0.900	0.941	0.667	0.735	0.858	1	
叶钼	0.953	0.904	0.816	0.916	0.975	0.853	0.905	—	1	
花钼	0.782	0.887	0.513	0.602	—	0.792	0.788	—	1	
根硒	0.780	0.861	0.703	0.601	0.524	0.920	0.924	0.603	0.946	1
枝硒	0.768	0.820	—	0.781	0.862	0.877	0.908	0.659	0.755	1
叶硒	0.788	0.671	0.706	0.835	0.903	0.909	0.919	—	0.876	1
花硒	0.567	0.722	—	—	—	0.863	0.872	0.489	0.808	1

备注：$r_{0.05}=0.468$，$r_{0.01}=0.590$，$n=18$。

五、讨论

土壤养分含量和作物不同器官养分含量均会影响作物的产量。土壤是植物生长的基础，植物生长需要的必需营养元素主要来源于土壤，土壤养分状况直接影响茉莉花的产量和品质。植物化学元素的分布特征不但是植物自身的特征，同时也会受到所处生境的影响，是植物生物学特性与生态环境相统一的结果[122]。植物中不同器官的生理机能不同，不同化学元素尤其是营养元素在植物中的分布是有差异的[123]。由于植物体的营养元素含量主要取决于植物的种类和生长状况，了解植物体营养元素含量与作物产量关系，不仅对茉莉花的科学施肥具有重要意义，还可为茉莉花产量和品质的提高提供一定的指导。

刘鹏等[124]在对大盘山自然保护区七子花（*Heptacodium miconioides*）群落进行分类的基础上，探讨不同群落类型中七子花开花期器官营养元素分布及其与土壤养分的关系。研究发现，七子花不同器官元素含量大小为：N、P、K 的顺序均为叶＞皮＞枝＞干，Ca 和 Mg 的顺序均为皮＞叶＞枝＞干；不同器官中七子花 5 种营养元素的总量由高到低依次为叶、皮、枝、干；七子花各营养元素含量的变异系数相差较大，其中叶、皮和枝的含量较高，而干的含量较低。曹春信等[125~129]以甘蓝型油菜品种秦优 9 号为材料，通过盆栽试验研究了不同浓度锌处理对油菜生长、产量和养分吸收的影响及其在植株地上部器官中的富集特征。研究发现，低浓度锌处理一定程度刺激了油菜的生长，植株的花期生物量、光合速率、产量和主要矿质元素含量等指标均与对照差异不显著。随着土壤中锌浓度的增大，植株的花期生物量、光合速率、产量、主要矿质元素含量、株高和主花序长等指标均显著下降，油菜地上部不同器官对锌的富集特征差异显著，总体上呈现出茎秆中的含量大于籽粒中的趋势。李刚平等[130]研究了不同施肥模式对西南丘陵岗地红黄壤区夏玉米产量和各器官 NPK 含量的影响。结果表明：不同施肥模式对夏玉米产量和各器官 NPK 含量有较大的影响，配方施肥可以显著提高夏玉米生物产量和经济产量，其中有机无机配合施用对提高夏玉米农学效率有明显的促进作用。前人的研究主要集中在通过施肥这一方式影响作物器官的营养含量及作物的产量。

以往缺乏对茉莉花不同产量等级下不同器官养分含量关系的研究，本研究获得的研究结果将为提高茉莉花产量提供田间管理依据。

六、结论

本研究结论：①与中产、偏低产和低产相比，高产和偏高产等级的不同器官的氮、磷、钾、铁、锰、铜、锌、硼、钼、硒含量下限高，说明器官养分含量高是高产的基础；②产量中等等级、产量偏低和低等级两个档次产量的不同器官养分含量的显著和极显著相关关系中均为正相关，而产量偏高和高等级中存在负显著或负极显著相关关系，说明后者养分含量已经出现过剩情况，而前者仍然不足；③产量偏高和高等级中，锌、铜、硒在吸收上是同步的，叶硼含量与叶钾、叶锰、叶铜、叶锌、叶钼、叶硒含量之间具有拮抗作用；④在产量中等等级、偏低和低等级中，多数养分含量在 4 个器官中均呈显著和极显著正相关关系，说明这些养分在吸收上是同步的。

第七章　茉莉花植株器官养分关系

本章主要包括根和枝、根和叶、根和花、枝和叶、枝和花、叶和花六部分。每一部分包括 100 个基本图和基于基本图中少量样本的补充图，以根和枝的氮、磷、钾、铁、锰、铜、锌、硼、钼、硒 10 个养分元素为例，根的氮对应枝的 10 个养分元素形成 10 张图，以此类推合计 100 个基本图；补充图有 9 个。

由于近 600 张不同器官养分含量之间绝大多数呈极显著和显著相关关系（其中呈显著正相关的有 2 个，不相关的有 4 个，其余均为极显著正相关关系），因此，将由这些图构成的图集称之为图谱。图谱可以给出不同器官养分含量的基本关系，因此可以依据一个器官某养分含量，大致推断得到其他养分含量的大致范围，如果测定结果偏离这个范围较大，说明有必要进行数据测试等过程的检查。图谱的重要意义在于揭示出不同器官养分含量关系的客观规律，为养分调控提供科学依据。

第一节　根和枝

图 7-1 到图 7-100 为根和枝养分含量关系，其中主要含量关系见表 7-1。

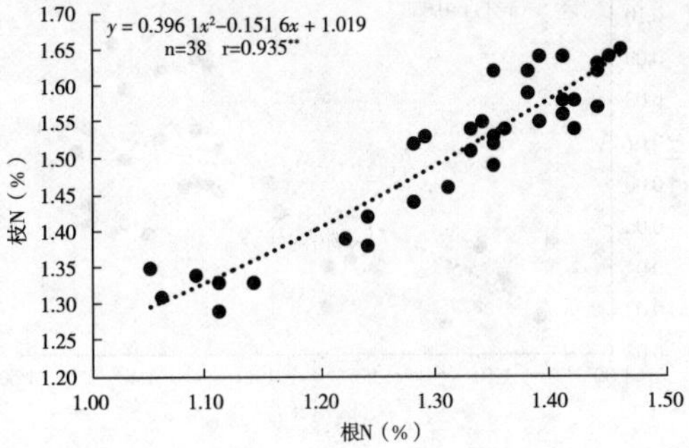

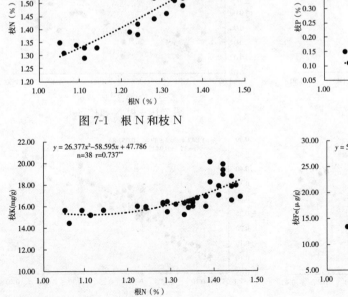

图 7-1　根 N 和枝 N

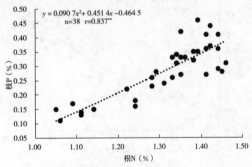

图 7-2　根 N 和枝 P

图 7-3　根 N 和枝 K

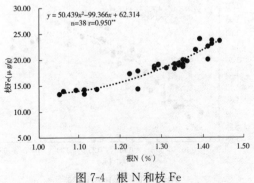

图 7-4　根 N 和枝 Fe

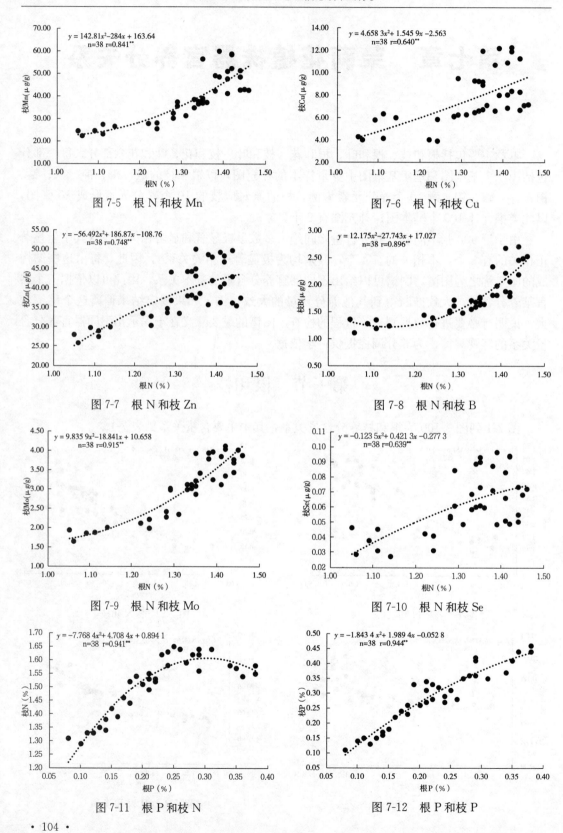

$y = 142.81x^2 - 284x + 163.64$
n=38 r=0.841**

图 7-5　根 N 和枝 Mn

$y = 4.658\,3x^2 + 1.545\,9x - 2.563$
n=38 r=0.640**

图 7-6　根 N 和枝 Cu

$y = -56.492x^2 + 186.87x - 108.76$
n=38 r=0.748**

图 7-7　根 N 和枝 Zn

$y = 12.175x^2 - 27.743x + 17.027$
n=38 r=0.896**

图 7-8　根 N 和枝 B

$y = 9.835\,9x^2 - 18.841x + 10.658$
n=38 r=0.915**

图 7-9　根 N 和枝 Mo

$y = -0.123\,5x^2 + 0.421\,3x - 0.277\,3$
n=38 r=0.639**

图 7-10　根 N 和枝 Se

$y = -7.768\,4x^2 + 4.708\,4x + 0.894\,1$
n=38 r=0.941**

图 7-11　根 P 和枝 N

$y = -1.843\,4x^2 + 1.989\,4x - 0.052\,8$
n=38 r=0.944**

图 7-12　根 P 和枝 P

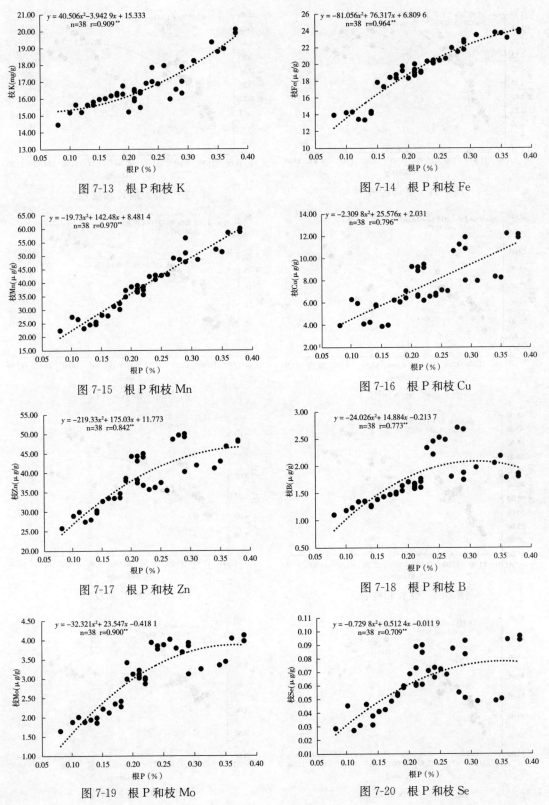

图 7-13 根 P 和枝 K

图 7-14 根 P 和枝 Fe

图 7-15 根 P 和枝 Mn

图 7-16 根 P 和枝 Cu

图 7-17 根 P 和枝 Zn

图 7-18 根 P 和枝 B

图 7-19 根 P 和枝 Mo

图 7-20 根 P 和枝 Se

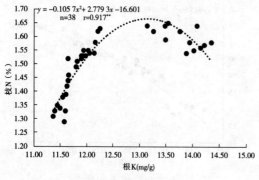

图 7-21　根 K 和枝 N

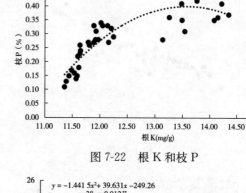

图 7-22　根 K 和枝 P

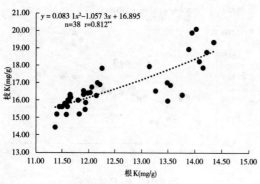

图 7-23　根 K 和枝 K

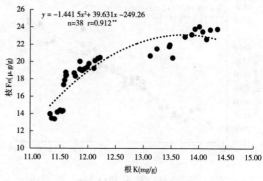

图 7-24　根 K 和枝 Fe

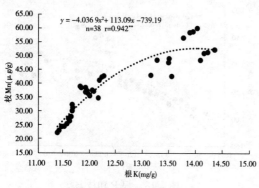

图 7-25　根 K 和枝 Mn

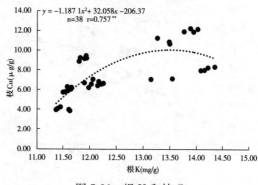

图 7-26　根 K 和枝 Cu

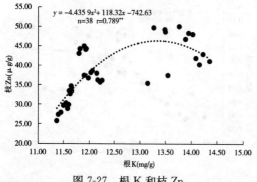

图 7-27　根 K 和枝 Zn

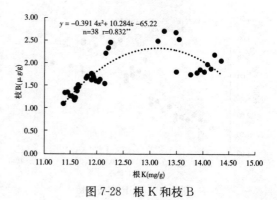

图 7-28　根 K 和枝 B

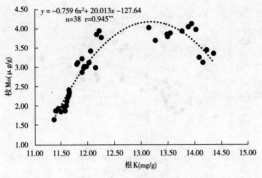

图 7-29 根 K 和枝 Mo

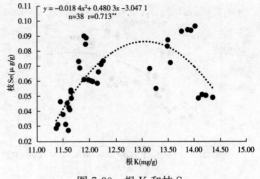

图 7-30 根 K 和枝 Se

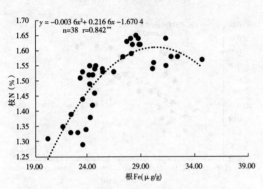

图 7-31 根 Fe 和枝 N

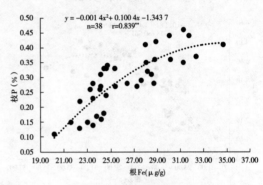

图 7-32 根 Fe 和枝 P

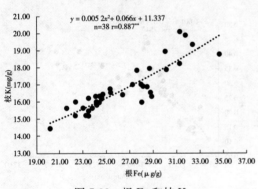

图 7-33 根 Fe 和枝 K

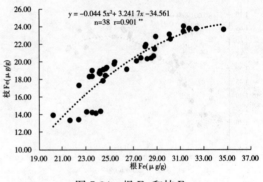

图 7-34 根 Fe 和枝 Fe

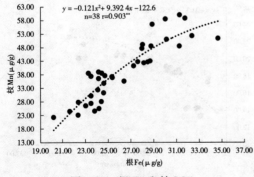

图 7-35 根 Fe 和枝 Mn

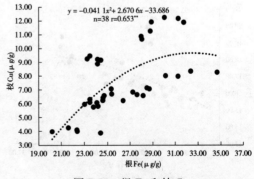

图 7-36 根 Fe 和枝 Cu

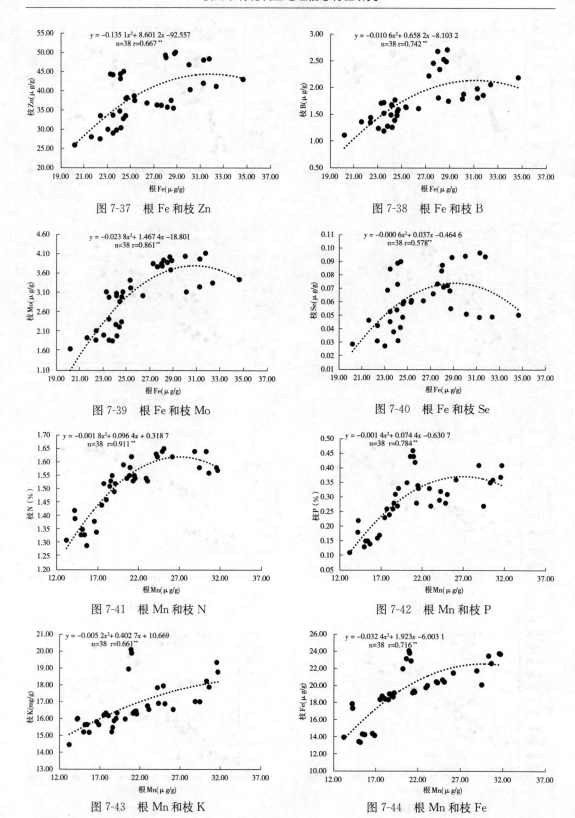

图 7-37　根 Fe 和枝 Zn

图 7-38　根 Fe 和枝 B

图 7-39　根 Fe 和枝 Mo

图 7-40　根 Fe 和枝 Se

图 7-41　根 Mn 和枝 N

图 7-42　根 Mn 和枝 P

图 7-43　根 Mn 和枝 K

图 7-44　根 Mn 和枝 Fe

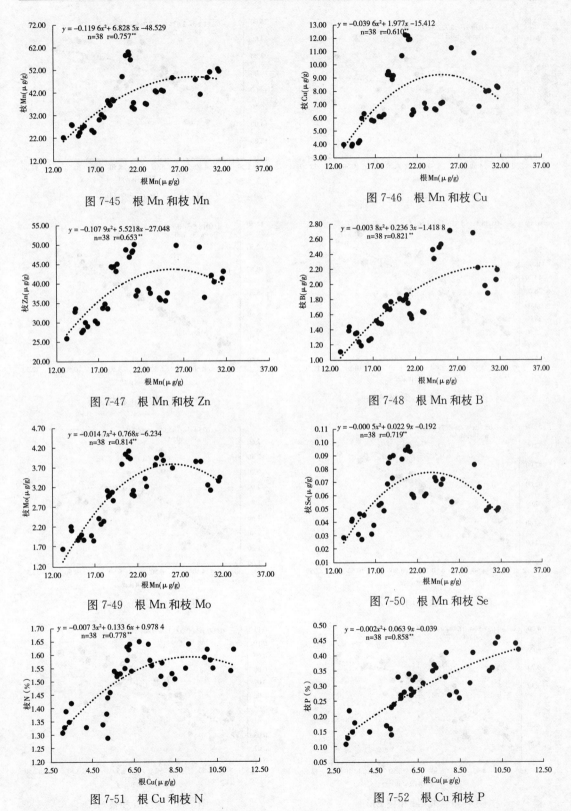

图 7-45 根 Mn 和枝 Mn

图 7-46 根 Mn 和枝 Cu

图 7-47 根 Mn 和枝 Zn

图 7-48 根 Mn 和枝 B

图 7-49 根 Mn 和枝 Mo

图 7-50 根 Mn 和枝 Se

图 7-51 根 Cu 和枝 N

图 7-52 根 Cu 和枝 P

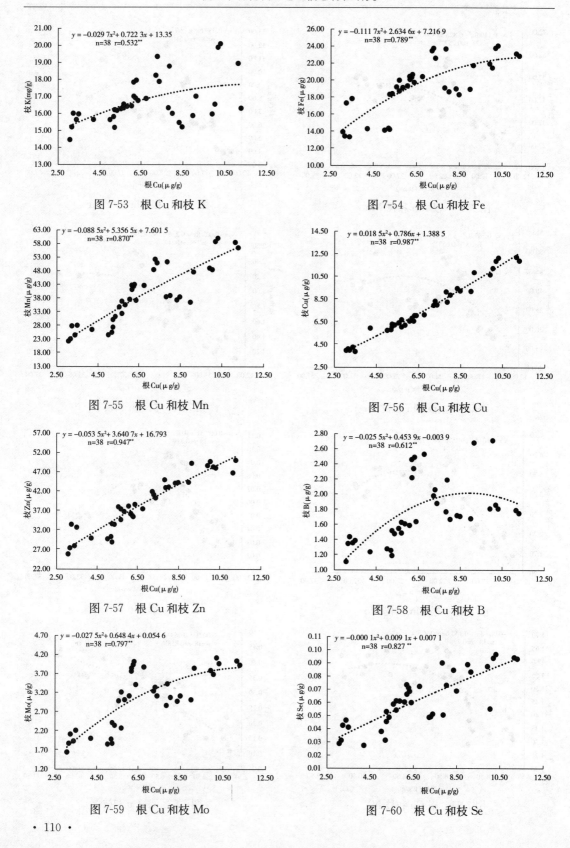

图 7-53　根 Cu 和枝 K

图 7-54　根 Cu 和枝 Fe

图 7-55　根 Cu 和枝 Mn

图 7-56　根 Cu 和枝 Cu

图 7-57　根 Cu 和枝 Zn

图 7-58　根 Cu 和枝 B

图 7-59　根 Cu 和枝 Mo

图 7-60　根 Cu 和枝 Se

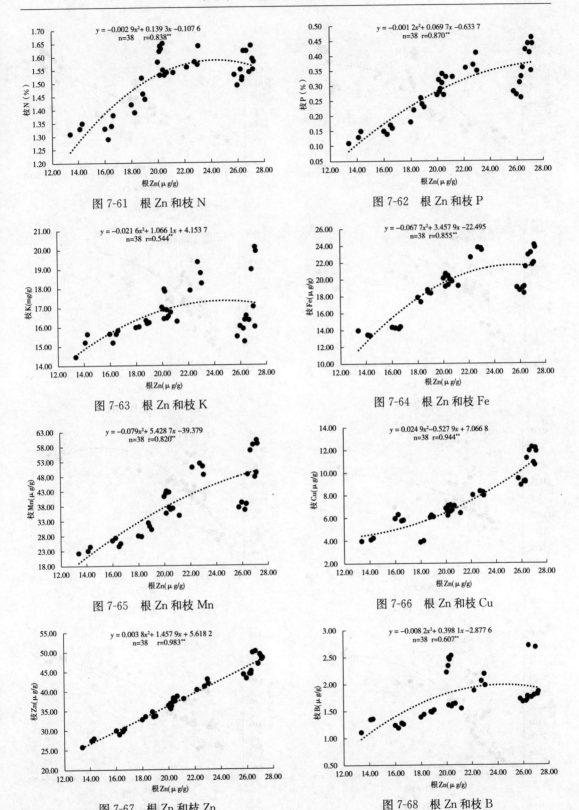

图 7-61 根 Zn 和枝 N

图 7-62 根 Zn 和枝 P

图 7-63 根 Zn 和枝 K

图 7-64 根 Zn 和枝 Fe

图 7-65 根 Zn 和枝 Mn

图 7-66 根 Zn 和枝 Cu

图 7-67 根 Zn 和枝 Zn

图 7-68 根 Zn 和枝 B

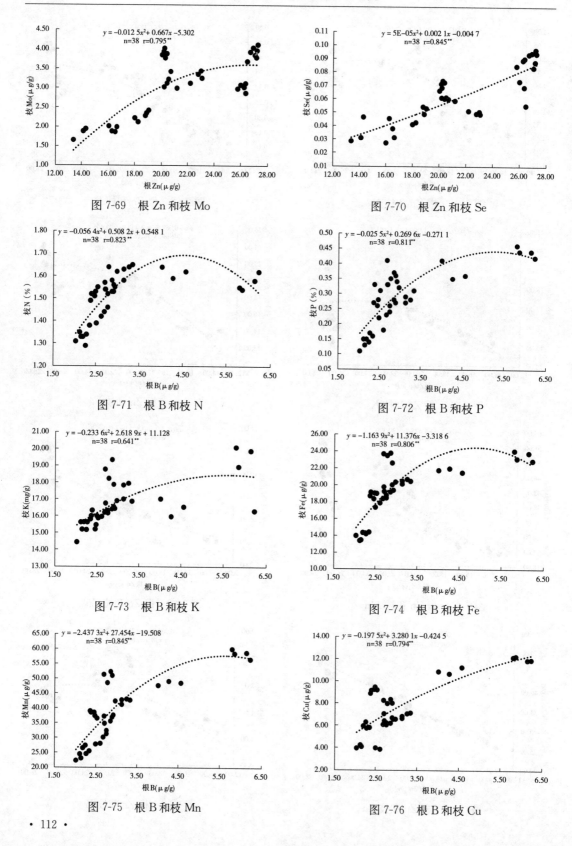

图 7-69　根 Zn 和枝 Mo

图 7-70　根 Zn 和枝 Se

图 7-71　根 B 和枝 N

图 7-72　根 B 和枝 P

图 7-73　根 B 和枝 K

图 7-74　根 B 和枝 Fe

图 7-75　根 B 和枝 Mn

图 7-76　根 B 和枝 Cu

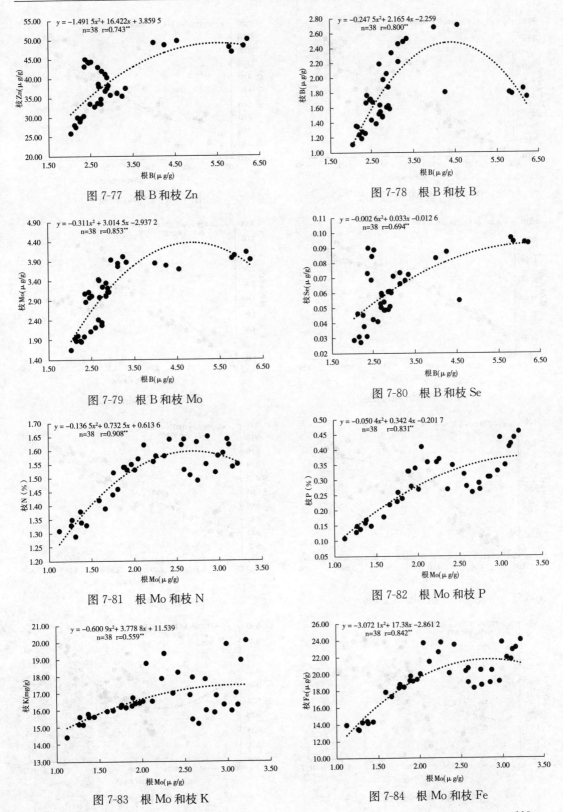

图 7-77　根 B 和枝 Zn

图 7-78　根 B 和枝 B

图 7-79　根 B 和枝 Mo

图 7-80　根 B 和枝 Se

图 7-81　根 Mo 和枝 N

图 7-82　根 Mo 和枝 P

图 7-83　根 Mo 和枝 K

图 7-84　根 Mo 和枝 Fe

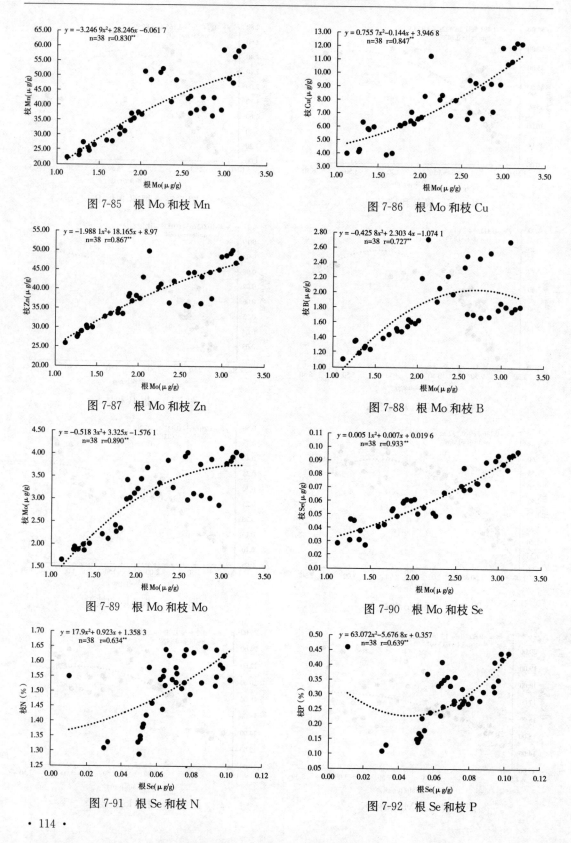

图 7-85　根 Mo 和枝 Mn

图 7-86　根 Mo 和枝 Cu

图 7-87　根 Mo 和枝 Zn

图 7-88　根 Mo 和枝 B

图 7-89　根 Mo 和枝 Mo

图 7-90　根 Mo 和枝 Se

图 7-91　根 Se 和枝 N

图 7-92　根 Se 和枝 P

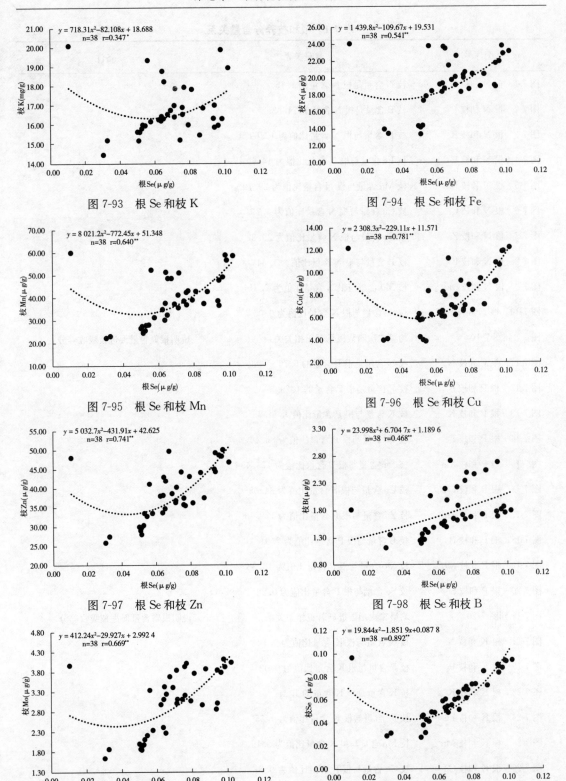

图 7-93　根 Se 和枝 K

图 7-94　根 Se 和枝 Fe

图 7-95　根 Se 和枝 Mn

图 7-96　根 Se 和枝 Cu

图 7-97　根 Se 和枝 Zn

图 7-98　根 Se 和枝 B

图 7-99　根 Se 和枝 Mo

图 7-100　根 Se 和枝 Se

表 7-1　根和枝养分含量关系

图序号	含量关系	备注
图 7-1　根 N 和枝 N	枝 N 含量是根 N 含量的 1.15	
图 7-2　根 N 和枝 P	枝 P 含量是根 N 含量的 21.93	
图 7-3　根 N 和枝 K	枝 K 含量与根 N 含量比值为 12.69	
图 7-4　根 N 和枝 Fe	枝 Fe 含量与根 N 含量比值为 14.60	
图 7-5　根 N 和枝 Mn	枝 Mn 含量与根 N 含量比值为 29.79	
图 7-6　根 N 和枝 Cu	枝 Cu 含量与根 N 含量比值为 5.79	
图 7-7　根 N 和枝 Zn	枝 Zn 含量与根 N 含量比值为 29.32	
图 7-8　根 N 和枝 B	枝 B 含量与根 N 含量比值为 1.34	
图 7-9　根 N 和枝 Mo	枝 Mo 含量与根 N 含量比值为 2.31	
图 7-10　根 N 和枝 Se	枝 Se 含量与根 N 含量比值为 0.05	
图 7-1 到图 7-10	均呈二次函数极显著正相关关系	说明根氮含量促进枝吸收养分
图 7-11　根 P 和枝 N	枝 N 含量是根 P 含量的 6.76	
图 7-12　根 P 和枝 P	枝 P 含量是根 P 含量的 1.29	
图 7-13　根 P 和枝 K	枝 K 含量与根 P 含量比值为 74.75	
图 7-14　根 P 和枝 Fe	枝 Fe 含量与根 P 含量比值为 86.46	
图 7-15　根 P 和枝 Mn	枝 Mn 含量与根 P 含量比值为 175.45	
图 7-16　根 P 和枝 Cu	枝 Cu 含量与根 P 含量比值为 34.08	
图 7-17　根 P 和枝 Zn	枝 Zn 含量与根 P 含量比值为 172.73	
图 7-18　根 P 和枝 B	枝 B 含量与根 P 含量比值为 7.91	
图 7-19　根 P 和枝 Mo	枝 Mo 含量与根 P 含量比值为 13.58	
图 7-20　根 P 和枝 Se	枝 Se 含量与根 P 含量比值为 0.28	
图 7-11 到图 7-20	均呈二次函数极显著正相关关系	说明根磷含量促进枝吸收养分
图 7-21　根 K 和枝 N	枝 N 含量与根 K 含量比值为 0.12	
图 7-22　根 K 和枝 P	枝 P 含量与根 K 含量比值为 0.02	
图 7-23　根 K 和枝 K	枝 K 含量是根 K 含量的 1.34	
图 7-24　根 K 和枝 Fe	枝 Fe 含量与根 K 含量比值为 1.55	
图 7-25　根 K 和枝 Mn	枝 Mn 含量与根 K 含量比值为 3.15	
图 7-26　根 K 和枝 Cu	枝 Cu 含量与根 K 含量比值为 0.61	
图 7-27　根 K 和枝 Zn	枝 Zn 含量与根 K 含量比值为 3.10	

（续）

图序号	含量关系	备注
图 7-28 根 K 和枝 B	枝 B 含量与根 K 含量比值为 0.14	
图 7-29 根 K 和枝 Mo	枝 Mo 含量与根 K 含量比值为 0.24	
图 7-30 根 K 和枝 Se	枝 Se 含量与根 K 含量比值为 0.005	
图 7-21 到图 7-30	均呈二次函数极显著正相关关系	说明根钾含量促进枝吸收养分
图 7-31 根 Fe 和枝 N	枝 N 含量与根 Fe 含量比值为 0.06	
图 7-32 根 Fe 和枝 P	枝 P 含量与根 Fe 含量比值为 0.01	
图 7-33 根 Fe 和枝 K	枝 K 含量与根 Fe 含量比值为 0.64	
图 7-34 根 Fe 和枝 Fe	枝 Fe 含量是根 Fe 含量的 73.66%	
图 7-35 根 Fe 和枝 Mn	枝 Mn 含量是根 Fe 含量的 1.49 倍	
图 7-36 根 Fe 和枝 Cu	枝 Cu 含量是根 Fe 含量的 29.03%	
图 7-37 根 Fe 和枝 Zn	枝 Zn 含量是根 Fe 含量的 1.47 倍	
图 7-38 根 Fe 和枝 B	枝 B 含量是根 Fe 含量的 6.74%	
图 7-39 根 Fe 和枝 Mo	枝 Mo 含量是根 Fe 含量的 11.57%	
图 7-40 根 Fe 和枝 Se	枝 Se 含量是根 Fe 含量的 0.24%	
图 7-31 到图 7-40	均呈二次函数极显著正相关关系	说明根铁含量促进枝吸收养分
图 7-41 根 Mn 和枝 N	枝 N 含量与根 Mn 含量比值为 0.07	
图 7-42 根 Mn 和枝 P	枝 P 含量与根 Mn 含量比值为 0.01	
图 7-43 根 Mn 和枝 K	枝 K 含量与根 Mn 含量比值为 0.79	
图 7-44 根 Mn 和枝 Fe	枝 Fe 含量是根 Mn 含量的 90.97%	
图 7-45 根 Mn 和枝 Mn	枝 Mn 含量是根 Mn 含量的 1.86 倍	
图 7-46 根 Mn 和枝 Cu	枝 Cu 含量是根 Mn 含量的 36.03%	
图 7-47 根 Mn 和枝 Zn	枝 Zn 含量是根 Mn 含量的 1.83 倍	
图 7-48 根 Mn 和枝 B	枝 B 含量是根 Mn 含量的 8.36%	
图 7-49 根 Mn 和枝 Mo	枝 Mo 含量是根 Mn 含量的 14.36%	
图 7-50 根 Mn 和枝 Se	枝 Se 含量是根 Mn 含量的 0.29%	
图 7-41 到图 7-50	均呈二次函数极显著正相关关系	说明根锰含量促进枝吸收养分
图 7-51 根 Cu 和枝 N	枝 N 含量与根 Cu 含量比值为 0.22	
图 7-52 根 Cu 和枝 P	枝 P 含量与根 Cu 含量比值为 0.04	
图 7-53 根 Cu 和枝 K	枝 K 含量与根 Cu 含量比值为 2.48	

（续）

图序号	含量关系	备注
图 7-54　根 Cu 和枝 Fe	枝 Fe 含量是根 Cu 含量的 2.85 倍	
图 7-55　根 Cu 和枝 Mn	枝 Mn 含量是根 Cu 含量的 5.82 倍	
图 7-56　根 Cu 和枝 Cu	枝 Cu 含量是根 Cu 含量的 1.13 倍	
图 7-57　根 Cu 和枝 Zn	枝 Zn 含量是根 Cu 含量的 5.73 倍	
图 7-58　根 Cu 和枝 B	枝 B 含量是根 Cu 含量的 26.25%	
图 7-59　根 Cu 和枝 Mo	枝 Mo 含量是根 Cu 含量的 45.07%	
图 7-60　根 Cu 和枝 Se	枝 Se 含量是根 Cu 含量的 0.92%	
图 7-51 到图 7-60	均呈二次函数极显著正相关关系	说明根铜含量促进枝吸收养分
图 7-61　根 Zn 和枝 N	枝 N 含量与根 Zn 含量比值为 0.07	
图 7-62　根 Zn 和枝 P	枝 P 含量与根 Zn 含量比值为 0.01	
图 7-63　根 Zn 和枝 K	枝 K 含量与根 Zn 含量比值为 0.78	
图 7-64　根 Zn 和枝 Fe	枝 Fe 含量是根 Zn 含量的 90.33%	
图 7-65　根 Zn 和枝 Mn	枝 Mn 含量是根 Zn 含量的 1.83 倍	
图 7-66　根 Zn 和枝 Cu	枝 Cu 含量是根 Zn 含量的 35.60%	
图 7-67　根 Zn 和枝 Zn	枝 Zn 含量是根 Zn 含量的 1.80 倍	
图 7-68　根 Zn 和枝 B	枝 B 含量是根 Zn 含量的 8.27%	
图 7-69　根 Zn 和枝 Mo	枝 Mo 含量是根 Zn 含量的 14.19%	
图 7-70　根 Zn 和枝 Se	枝 Se 含量是根 Zn 含量的 0.29%	
图 7-61 到图 7-70	均呈二次函数极显著正相关关系	说明根锌含量促进枝吸收养分
图 7-71　根 B 和枝 N	枝 N 含量与根 B 含量比值为 0.49	
图 7-72　根 B 和枝 P	枝 P 含量与根 B 含量比值为 0.09	
图 7-73　根 B 和枝 K	枝 K 含量与根 B 含量比值为 5.37	
图 7-74　根 B 和枝 Fe	枝 Fe 含量是根 B 含量的 6.18 倍	
图 7-75　根 B 和枝 Mn	枝 Mn 含量是根 B 含量的 12.61 倍	
图 7-76　根 B 和枝 Cu	枝 Cu 含量是根 B 含量的 2.45 倍	
图 7-77　根 B 和枝 Zn	枝 Zn 含量是根 B 含量的 12.41 倍	
图 7-78　根 B 和枝 B	枝 B 含量是根 B 含量的 56.83%	
图 7-79　根 B 和枝 Mo	枝 Mo 含量是根 B 含量的 97.58%	
图 7-80　根 B 和枝 Se	枝 Se 含量是根 B 含量的 1.99%	
图 7-71 到图 7-80	均呈二次函数极显著正相关关系	说明根硼含量促进枝吸收养分
图 7-81　根 Mo 和枝 N	枝 N 含量与根 Mo 含量比值为 0.68	
图 7-82　根 Mo 和枝 P	枝 P 含量与根 Mo 含量比值为 0.13	

（续）

	图序号	含量关系	备注
图 7-83	根 Mo 和枝 K	枝 K 含量与根 Mo 含量比值为 7.56	
图 7-84	根 Mo 和枝 Fe	枝 Fe 含量是根 Mo 含量的 8.74 倍	
图 7-85	根 Mo 和枝 Mn	枝 Mn 含量是根 Mo 含量的 17.75 倍	
图 7-86	根 Mo 和枝 Cu	枝 Cu 含量是根 Mo 含量的 3.45 倍	
图 7-87	根 Mo 和枝 Zn	枝 Zn 含量是根 Mo 含量的 17.47 倍	
图 7-88	根 Mo 和枝 B	枝 B 含量是根 Mo 含量的 80.01%	
图 7-89	根 Mo 和枝 Mo	枝 Mo 含量是根 Mo 含量的 1.37 倍	
图 7-90	根 Mo 和枝 Se	枝 Se 含量是根 Mo 含量的 2.80%	
图 7-81 到图 7-90		均呈二次函数极显著正相关关系	说明根钼含量促进枝吸收养分
图 7-91	根 Se 和枝 N	枝 N 含量与根 Se 含量比值为 22.13	
图 7-92	根 Se 和枝 P	枝 P 含量与根 Se 含量比值为 4.23	
图 7-93	根 Se 和枝 K	枝 K 含量与根 Se 含量比值为 244.69	
图 7-94	根 Se 和枝 Fe	枝 Fe 含量是根 Se 含量的 283.02 倍	
图 7-95	根 Se 和枝 Mn	枝 Mn 含量是根 Se 含量的 574.34 倍	
图 7-96	根 Se 和枝 Cu	枝 Cu 含量是根 Se 含量的 111.55 倍	
图 7-97	根 Se 和枝 Zn	枝 Zn 含量是根 Se 含量的 565.42 倍	
图 7-98	根 Se 和枝 B	枝 B 含量是根 Se 含量的 25.90 倍	
图 7-99	根 Se 和枝 Mo	枝 Mo 含量是根 Se 含量的 44.46 倍	
图 7-100	根 Se 和枝 Se	枝 Se 含量是根 Se 含量的 90.52%	
图 7-91 到图 7-100		均呈二次函数极显著和显著正相关关系	说明根硒含量促进枝吸收养分

第二节 根 和 叶

图 7-101 到图 7-201 为根和叶养分含量关系，其中主要含量关系见表 7-2。

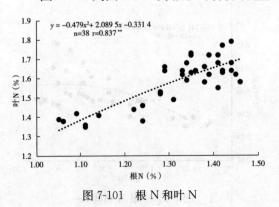

图 7-101 根 N 和叶 N

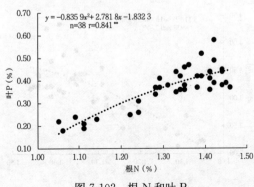

图 7-102 根 N 和叶 P

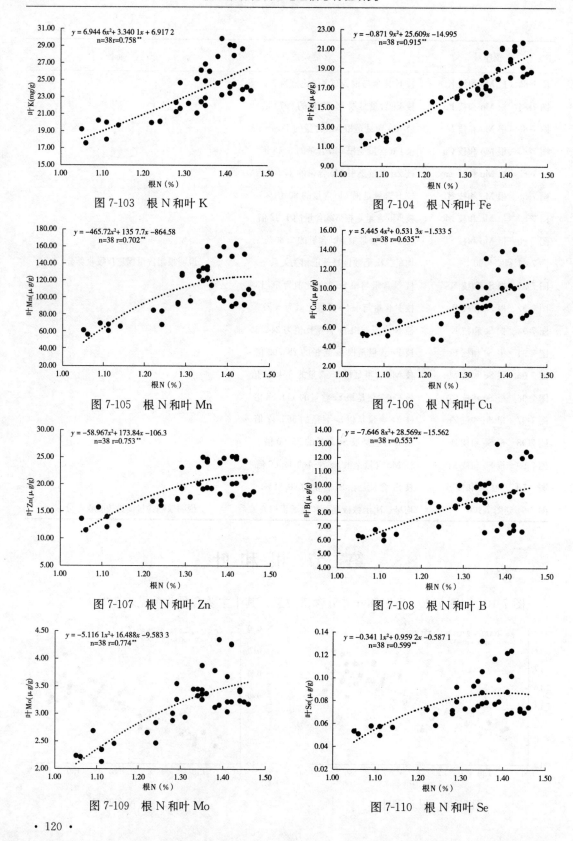

图 7-103　根 N 和叶 K

图 7-104　根 N 和叶 Fe

图 7-105　根 N 和叶 Mn

图 7-106　根 N 和叶 Cu

图 7-107　根 N 和叶 Zn

图 7-108　根 N 和叶 B

图 7-109　根 N 和叶 Mo

图 7-110　根 N 和叶 Se

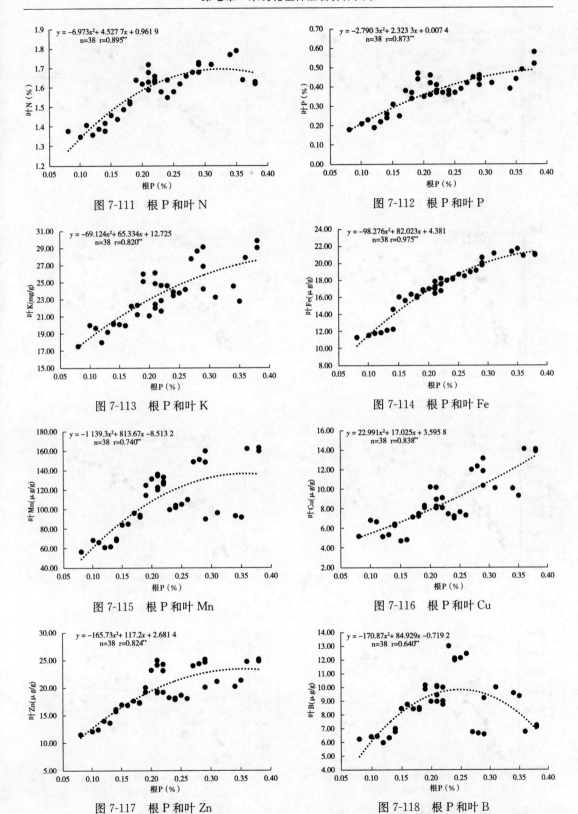

图 7-111 根 P 和叶 N

图 7-112 根 P 和叶 P

图 7-113 根 P 和叶 K

图 7-114 根 P 和叶 Fe

图 7-115 根 P 和叶 Mn

图 7-116 根 P 和叶 Cu

图 7-117 根 P 和叶 Zn

图 7-118 根 P 和叶 B

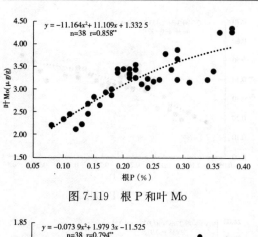

图 7-119　根 P 和叶 Mo

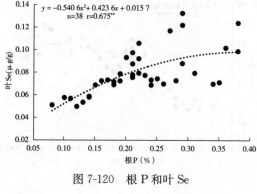

图 7-120　根 P 和叶 Se

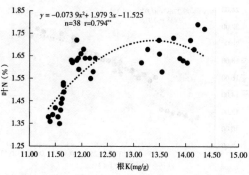

图 7-121　根 K 和叶 N

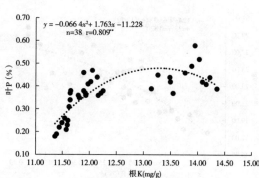

图 7-122　根 K 和叶 P

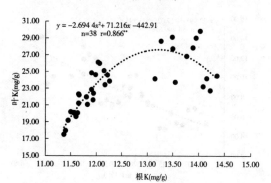

图 7-123　根 K 和叶 K

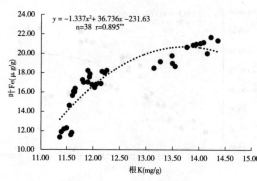
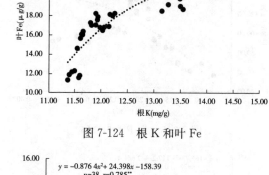

图 7-124　根 K 和叶 Fe

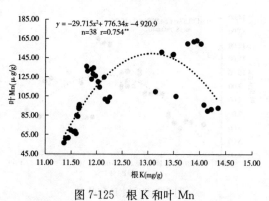

图 7-125　根 K 和叶 Mn

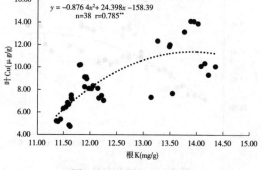

图 7-126　根 K 和叶 Cu

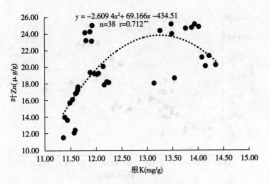

图 7-127　根 K 和叶 Zn

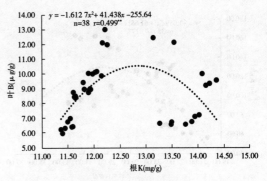

图 7-128　根 K 和叶 B

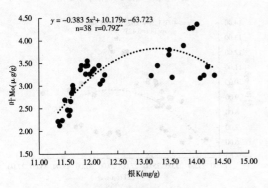

图 7-129　根 K 和叶 Mo

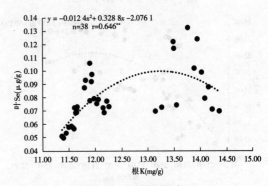

图 7-130　根 K 和叶 Se

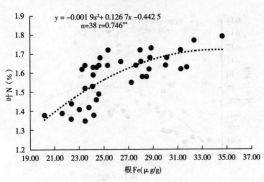

图 7-131　根 Fe 和叶 N

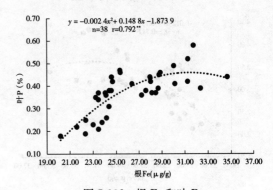

图 7-132　根 Fe 和叶 P

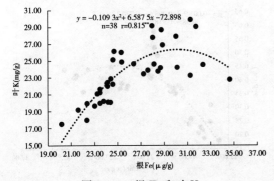

图 7-133　根 Fe 和叶 K

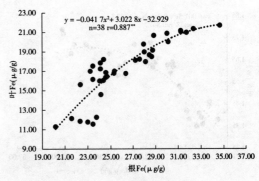

图 7-134　根 Fe 和叶 Fe

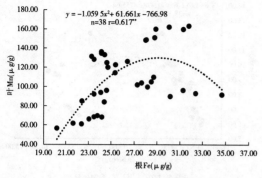

图 7-135　根 Fe 和叶 Mn

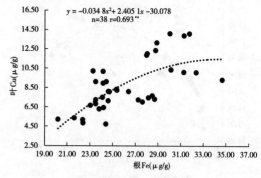

图 7-136　根 Fe 和叶 Cu

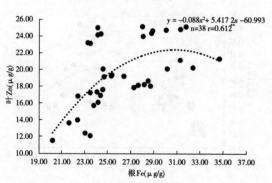

图 7-137　根 Fe 和叶 Zn

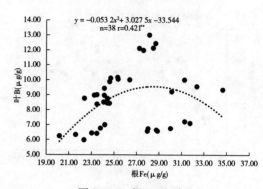

图 7-138　根 Fe 和叶 B

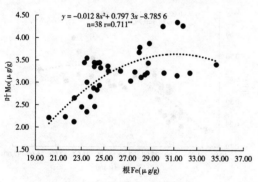

图 7-139　根 Fe 和叶 Mo

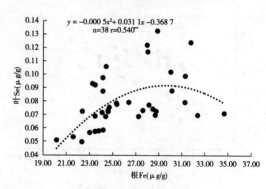

图 7-140　根 Fe 和叶 Se

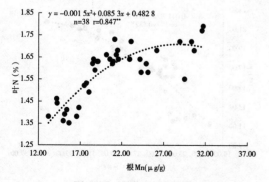

图 7-141　根 Mn 和叶 N

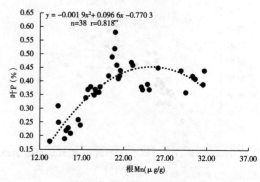

图 7-142　根 Mn 和叶 P

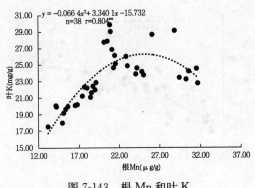

图 7-143　根 Mn 和叶 K

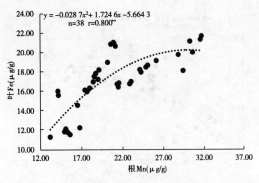

图 7-144　根 Mn 和叶 Fe

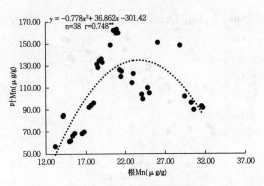

图 7-145　根 Mn 和叶 Mn

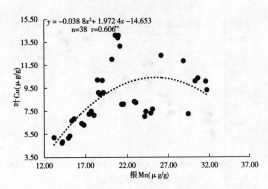

图 7-146　根 Mn 和叶 Cu

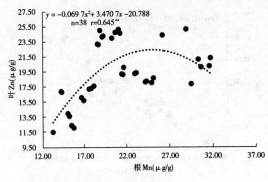

图 7-147　根 Mn 和叶 Zn

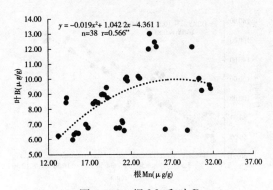

图 7-148　根 Mn 和叶 B

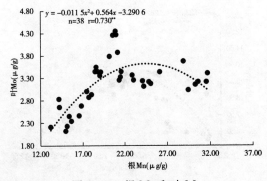

图 7-149　根 Mn 和叶 Mo

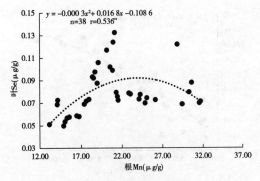

图 7-150　根 Mn 和叶 Se

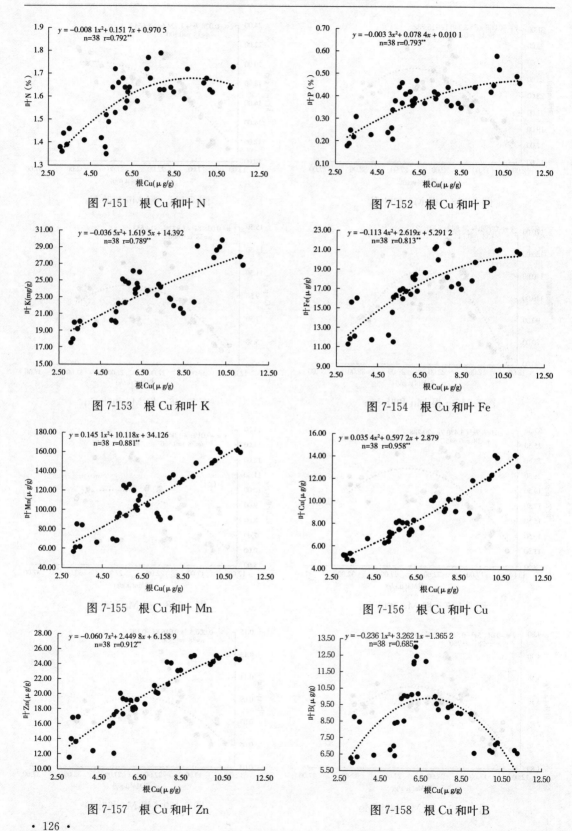

图 7-151　根 Cu 和叶 N

图 7-152　根 Cu 和叶 P

图 7-153　根 Cu 和叶 K

图 7-154　根 Cu 和叶 Fe

图 7-155　根 Cu 和叶 Mn

图 7-156　根 Cu 和叶 Cu

图 7-157　根 Cu 和叶 Zn

图 7-158　根 Cu 和叶 B

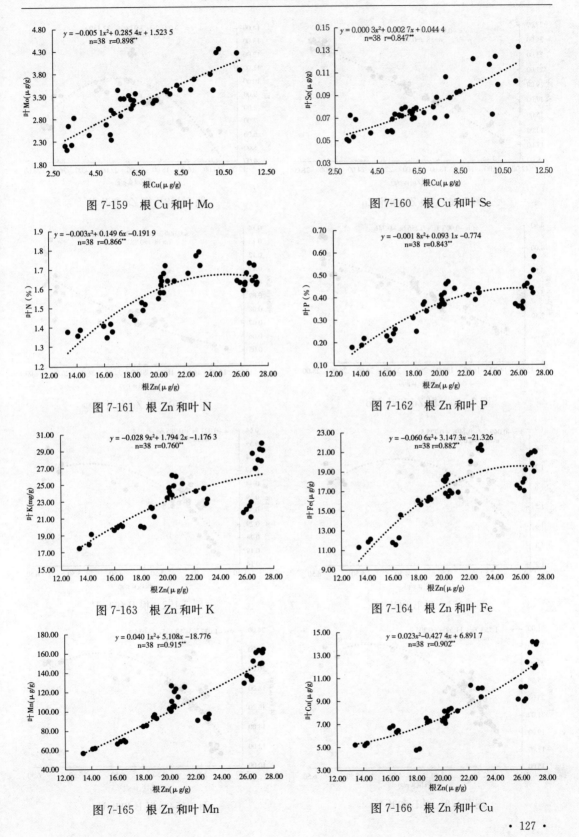

图 7-159　根 Cu 和叶 Mo

图 7-160　根 Cu 和叶 Se

图 7-161　根 Zn 和叶 N

图 7-162　根 Zn 和叶 P

图 7-163　根 Zn 和叶 K

图 7-164　根 Zn 和叶 Fe

图 7-165　根 Zn 和叶 Mn

图 7-166　根 Zn 和叶 Cu

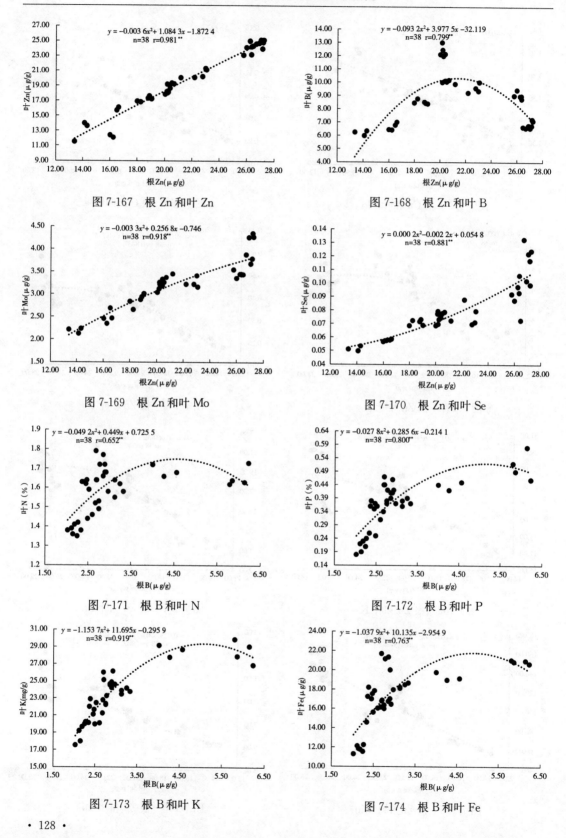

图 7-167　根 Zn 和叶 Zn

图 7-168　根 Zn 和叶 B

图 7-169　根 Zn 和叶 Mo

图 7-170　根 Zn 和叶 Se

图 7-171　根 B 和叶 N

图 7-172　根 B 和叶 P

图 7-173　根 B 和叶 K

图 7-174　根 B 和叶 Fe

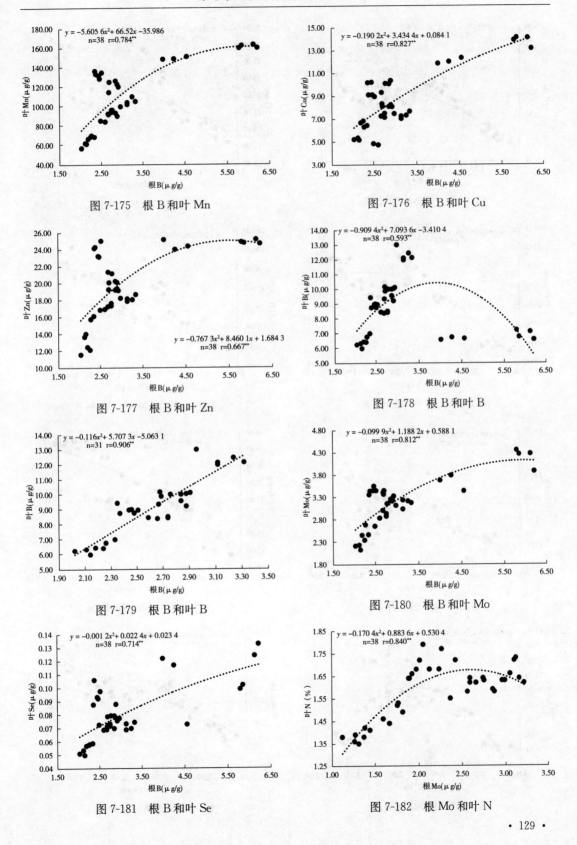

图 7-175　根 B 和叶 Mn

图 7-176　根 B 和叶 Cu

图 7-177　根 B 和叶 Zn

图 7-178　根 B 和叶 B

图 7-179　根 B 和叶 B

图 7-180　根 B 和叶 Mo

图 7-181　根 B 和叶 Se

图 7-182　根 Mo 和叶 N

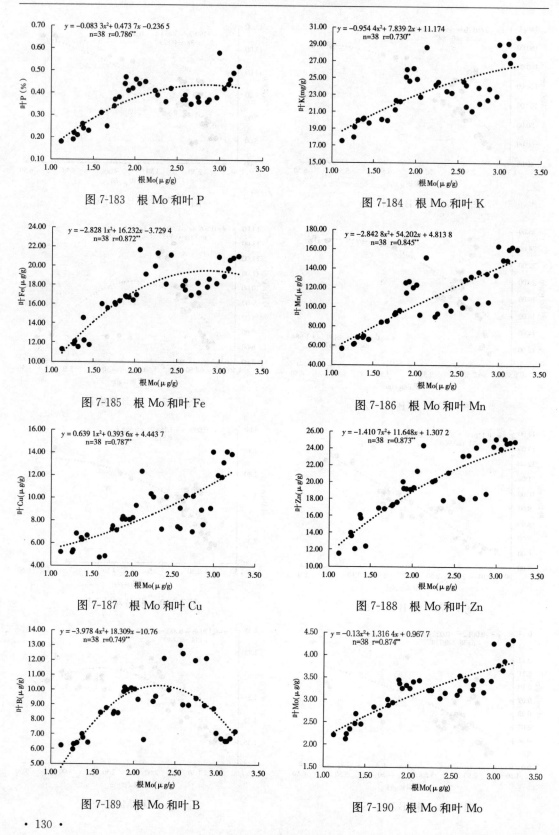

图 7-183　根 Mo 和叶 P

图 7-184　根 Mo 和叶 K

图 7-185　根 Mo 和叶 Fe

图 7-186　根 Mo 和叶 Mn

图 7-187　根 Mo 和叶 Cu

图 7-188　根 Mo 和叶 Zn

图 7-189　根 Mo 和叶 B

图 7-190　根 Mo 和叶 Mo

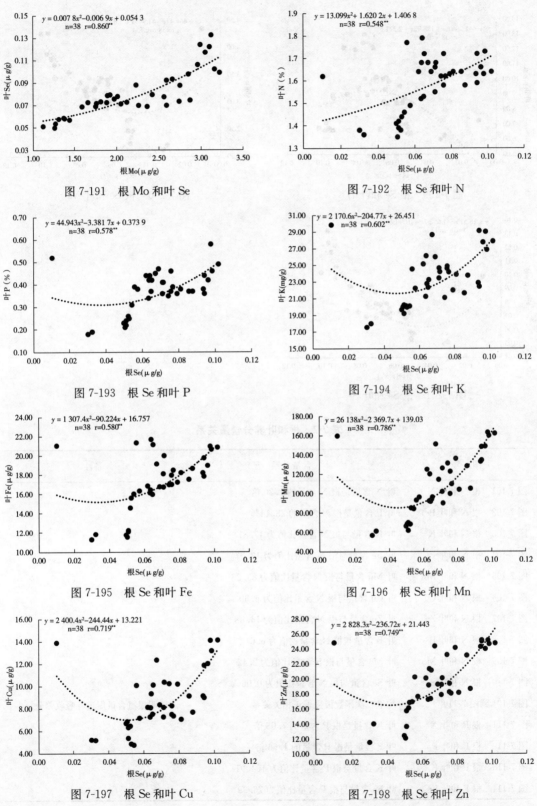

图 7-191　根 Mo 和叶 Se

图 7-192　根 Se 和叶 N

图 7-193　根 Se 和叶 P

图 7-194　根 Se 和叶 K

图 7-195　根 Se 和叶 Fe

图 7-196　根 Se 和叶 Mn

图 7-197　根 Se 和叶 Cu

图 7-198　根 Se 和叶 Zn

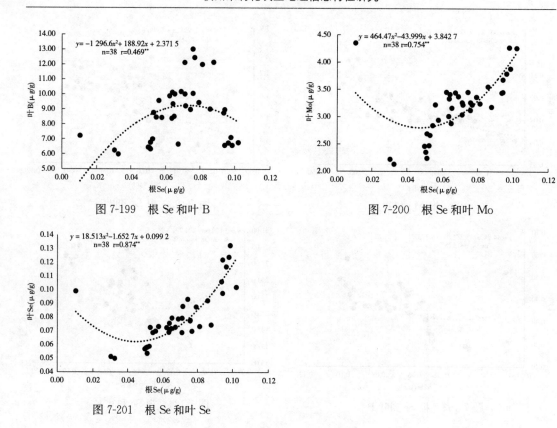

图 7-199　根 Se 和叶 B

图 7-200　根 Se 和叶 Mo

图 7-201　根 Se 和叶 Se

表 7-2　根和叶养分含量关系

图序号	含量关系	备注
图 7-101　根 N 和叶 N	叶 N 含量是根 N 含量的 1.20 倍	
图 7-102　根 N 和叶 P	叶 P 含量是根 N 含量的 28.14%	
图 7-103　根 N 和叶 K	叶 K 含量与根 N 含量比值为 17.81	
图 7-104　根 N 和叶 Fe	叶 Fe 含量与根 N 含量比值为 13.07	
图 7-105　根 N 和叶 Mn	叶 Mn 含量与根 N 含量比值为 83.23	
图 7-106　根 N 和叶 Cu	叶 Cu 含量与根 N 含量比值为 6.60	
图 7-107　根 N 和叶 Zn	叶 Zn 含量与根 N 含量比值为 14.88	
图 7-108　根 N 和叶 B	叶 B 含量与根 N 含量比值为 6.61	
图 7-109　根 N 和叶 Mo	叶 Mo 含量与根 N 含量比值为 2.42	
图 7-110　根 N 和叶 Se	叶 Se 含量与根 N 含量比值为 0.06	
图 7-101 到图 7-110	均呈二次函数极显著正相关关系	说明根氮含量促进叶吸收养分
图 7-111　根 P 和叶 N	叶 N 含量是根 P 含量的 7.08 倍	
图 7-112　根 P 和叶 P	叶 P 含量是根 P 含量的 1.66 倍	
图 7-113　根 P 和叶 K	叶 K 含量与根 P 含量比值为 104.91	
图 7-114　根 P 和叶 Fe	叶 Fe 含量与根 P 含量比值为 76.99	

（续）

图序号	含量关系	备注
图 7-115　根 P 和叶 Mn	叶 Mn 含量与根 P 含量比值为 490. 25	
图 7-116　根 P 和叶 Cu	叶 Cu 含量与根 P 含量比值为 38. 86	
图 7-117　根 P 和叶 Zn	叶 Zn 含量与根 P 含量比值为 87. 68	
图 7-118　根 P 和叶 B	叶 B 含量与根 P 含量比值为 38. 91	
图 7-119　根 P 和叶 Mo	叶 Mo 含量与根 P 含量比值为 14. 27	
图 7-120　根 P 和叶 Se	叶 Se 含量与根 P 含量比值为 0. 36	
图 7-111 到图 7-120	均呈二次函数极显著正相关关系	说明根磷含量促进叶吸收养分
图 7-121　根 K 和叶 N	叶 N 含量与根 K 含量比值为 0. 13	
图 7-122　根 K 和叶 P	叶 P 含量与根 K 含量比值为 0. 03	
图 7-123　根 K 和叶 K	叶 K 含量是根 K 含量的 1. 88 倍	
图 7-124　根 K 和叶 Fe	叶 Fe 含量与根 K 含量比值为 1. 38	
图 7-125　根 K 和叶 Mn	叶 Mn 含量与根 K 含量比值为 8. 79	
图 7-126　根 K 和叶 Cu	叶 Cu 含量与根 K 含量比值为 0. 70	
图 7-127　根 K 和叶 Zn	叶 Zn 含量与根 K 含量比值为 1. 57	
图 7-128　根 K 和叶 B	叶 B 含量与根 K 含量比值为 0. 70	
图 7-129　根 K 和叶 Mo	叶 Mo 含量与根 K 含量比值为 0. 26	
图 7-130　根 K 和叶 Se	叶 Se 含量与根 K 含量比值为 0. 01	
图 7-121 到图 7-130	均呈二次函数极显著正相关关系	说明根钾含量促进叶吸收养分
图 7-131　根 Fe 和叶 N	叶 N 含量与根 Fe 含量比值为 0. 06	
图 7-132　根 Fe 和叶 P	叶 P 含量与根 Fe 含量比值为 0. 01	
图 7-133　根 Fe 和叶 K	叶 K 含量与根 Fe 含量比值为 0. 89	
图 7-134　根 Fe 和叶 Fe	叶 Fe 含量是根 Fe 含量的 65. 60%	
图 7-135　根 Fe 和叶 Mn	叶 Mn 含量是根 Fe 含量的 4. 18 倍	
图 7-136　根 Fe 和叶 Cu	叶 Cu 含量是根 Fe 含量的 33. 11%	
图 7-137　根 Fe 和叶 Zn	叶 Zn 含量是根 Fe 含量的 74. 70%	
图 7-138　根 Fe 和叶 B	叶 B 含量是根 Fe 含量的 33. 15%	
图 7-139　根 Fe 和叶 Mo	叶 Mo 含量是根 Fe 含量的 12. 16%	
图 7-140　根 Fe 和叶 Se	叶 Se 含量是根 Fe 含量的 0. 31%	
图 7-131 到图 7-140	均呈二次函数极显著正相关关系	说明根铁含量促进叶吸收养分
图 7-141　根 Mn 和叶 N	叶 N 含量与根 Mn 含量比值为 0. 07	
图 7-142　根 Mn 和叶 P	叶 P 含量与根 Mn 含量比值为 0. 02	
图 7-143　根 Mn 和叶 K	叶 K 含量与根 Mn 含量比值为 1. 11	
图 7-144　根 Mn 和叶 Fe	叶 Fe 含量是根 Mn 含量的 81. 41%	
图 7-145　根 Mn 和叶 Mn	叶 Mn 含量是根 Mn 含量的 5. 18 倍	

（续）

图序号	含量关系	备注
图 7-146 根 Mn 和叶 Cu	叶 Cu 含量是根 Mn 含量的 41.09%	
图 7-147 根 Mn 和叶 Zn	叶 Zn 含量是根 Mn 含量的 92.71%	
图 7-148 根 Mn 和叶 B	叶 B 含量是根 Mn 含量的 41.15%	
图 7-149 根 Mn 和叶 Mo	叶 Mo 含量是根 Mn 含量的 15.09%	
图 7-150 根 Mn 和叶 Se	叶 Se 含量是根 Mn 含量的 0.38%	
图 7-141 到图 7-150	均呈二次函数极显著正相关关系	说明根锰含量促进叶吸收养分
图 7-151 根 Cu 和叶 N	叶 N 含量与根 Cu 含量比值为 0.23	
图 7-152 根 Cu 和叶 P	叶 P 含量与根 Cu 含量比值为 0.06	
图 7-153 根 Cu 和叶 K	叶 K 含量与根 Cu 含量比值为 3.48	
图 7-154 根 Cu 和叶 Fe	叶 Fe 含量是根 Cu 含量的 2.55 倍	
图 7-155 根 Cu 和叶 Mn	叶 Mn 含量是根 Cu 含量的 16.27 倍	
图 7-156 根 Cu 和叶 Cu	叶 Cu 含量是根 Cu 含量的 1.29 倍	
图 7-157 根 Cu 和叶 Zn	叶 Zn 含量是根 Cu 含量的 2.91 倍	
图 7-158 根 Cu 和叶 B	叶 B 含量是根 Cu 含量的 1.29 倍	
图 7-159 根 Cu 和叶 Mo	叶 Mo 含量是根 Cu 含量的 47.35%	
图 7-160 根 Cu 和叶 Se	叶 Se 含量是根 Cu 含量的 1.19%	
图 7-151 到图 7-160	均呈二次函数极显著正相关关系	说明根铜含量促进叶吸收养分
图 7-161 根 Zn 和叶 N	叶 N 含量与根 Zn 含量比值为 0.07	
图 7-162 根 Zn 和叶 P	叶 P 含量与根 Zn 含量比值为 0.02	
图 7-163 根 Zn 和叶 K	叶 K 含量与根 Zn 含量比值为 1.10	
图 7-164 根 Zn 和叶 Fe	叶 Fe 含量是根 Zn 含量的 80.44%	
图 7-165 根 Zn 和叶 Mn	叶 Mn 含量是根 Zn 含量的 5.12 倍	
图 7-166 根 Zn 和叶 Cu	叶 Cu 含量是根 Zn 含量的 40.60%	
图 7-167 根 Zn 和叶 Zn	叶 Zn 含量是根 Zn 含量的 91.60%	
图 7-168 根 Zn 和叶 B	叶 B 含量是根 Zn 含量的 40.66%	
图 7-169 根 Zn 和叶 Mo	叶 Mo 含量是根 Zn 含量的 14.91%	
图 7-170 根 Zn 和叶 Se	叶 Se 含量是根 Zn 含量的 0.37%	
图 7-161 到图 7-170	均呈二次函数极显著正相关关系	说明根锌含量促进叶吸收养分
图 7-171 根 B 和叶 N	叶 N 含量与根 B 含量比值为 0.51	
图 7-172 根 B 和叶 P	叶 P 含量与根 B 含量比值为 0.12	
图 7-173 根 B 和叶 K	叶 K 含量与根 B 含量比值为 7.54	
图 7-174 根 B 和叶 Fe	叶 Fe 含量是根 B 含量的 5.53 倍	
图 7-175 根 B 和叶 Mn	叶 Mn 含量是根 B 含量的 35.22 倍	

（续）

图序号	含量关系	备注
图 7-176　根 B 和叶 Cu	叶 Cu 含量是根 B 含量的 2.79 倍	
图 7-177　根 B 和叶 Zn	叶 Zn 含量是根 B 含量的 6.30 倍	
图 7-178　根 B 和叶 B	叶 B 含量是根 B 含量的 2.80 倍	
图 7-179　根 B 和叶 B	叶 B 含量是根 B 含量的 3.47 倍	图 7-179 为图 7-178 中根 B≤3.5μg/g 的样本回归方程
图 7-180　根 B 和叶 Mo	叶 Mo 含量是根 B 含量的 1.03 倍	
图 7-181　根 B 和叶 Se	叶 Se 含量是根 B 含量的 2.57%	
图 7-171 到图 7-181	均呈二次函数极显著正相关关系	说明根硼含量促进叶吸收养分
图 7-182　根 Mo 和叶 N	叶 N 含量与根 Mo 含量比值为 0.72	
图 7-183　根 Mo 和叶 P	叶 P 含量与根 Mo 含量比值为 0.17	
图 7-184　根 Mo 和叶 K	叶 K 含量与根 Mo 含量比值为 10.61	
图 7-185　根 Mo 和叶 Fe	叶 Fe 含量是根 Mo 含量的 7.79 倍	
图 7-186　根 Mo 和叶 Mn	叶 Mn 含量是根 Mo 含量的 49.58 倍	
图 7-187　根 Mo 和叶 Cu	叶 Cu 含量是根 Mo 含量的 3.93 倍	
图 7-188　根 Mo 和叶 Zn	叶 Zn 含量是根 Mo 含量的 8.87 倍	
图 7-189　根 Mo 和叶 B	叶 B 含量是根 Mo 含量的 3.94 倍	
图 7-190　根 Mo 和叶 Mo	叶 Mo 含量是根 Mo 含量的 1.44 倍	
图 7-191　根 Mo 和叶 Se	叶 Se 含量是根 Mo 含量的 3.62%	
图 7-182 到图 7-191	均呈二次函数极显著正相关关系	说明根钼含量促进叶吸收养分
图 7-192　根 Se 和叶 N	叶 N 含量与根 Se 含量比值为 23.18	
图 7-193　根 Se 和叶 P	叶 P 含量与根 Se 含量比值为 5.43	
图 7-194　根 Se 和叶 K	叶 K 含量与根 Se 含量比值为 343.42	
图 7-195　根 Se 和叶 Fe	叶 Fe 含量是根 Se 含量的 252.04 倍	
图 7-196　根 Se 和叶 Mn	叶 Mn 含量是根 Se 含量的 1604.84 倍	
图 7-197　根 Se 和叶 Cu	叶 Cu 含量是根 Se 含量的 127.20 倍	
图 7-198　根 Se 和叶 Zn	叶 Zn 含量是根 Se 含量的 287.01 倍	
图 7-199　根 Se 和叶 B	叶 B 含量是根 Se 含量的 127.39 倍	
图 7-200　根 Se 和叶 Mo	叶 Mo 含量是根 Se 含量的 46.71 倍	
图 7-201　根 Se 和叶 Se	叶 Se 含量是根 Se 含量的 1.17 倍	
图 7-192 到图 7-201	均呈二次函数极显著正相关关系	说明根硒含量促进叶吸收养分

第三节　根 和 花

图 7-202 到图 7-302 为根和花养分含量关系，其中主要含量关系见表 7-3。

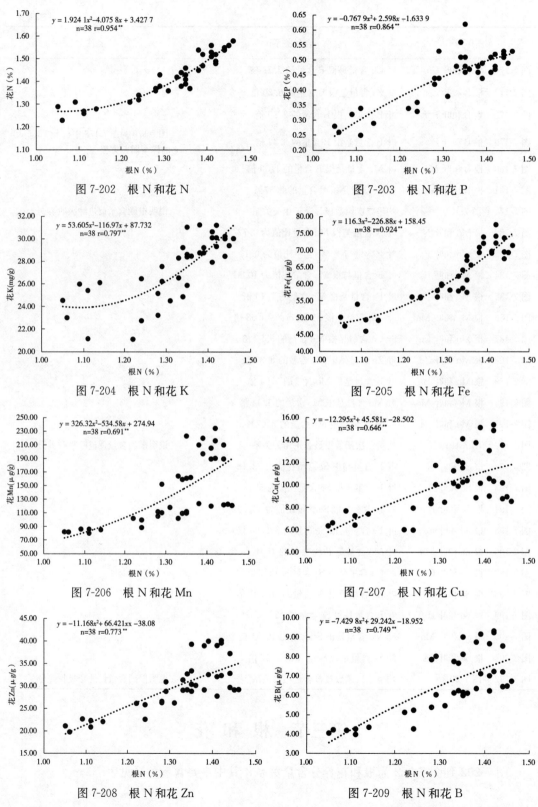

图 7-202　根 N 和花 N

图 7-203　根 N 和花 P

图 7-204　根 N 和花 K

图 7-205　根 N 和花 Fe

图 7-206　根 N 和花 Mn

图 7-207　根 N 和花 Cu

图 7-208　根 N 和花 Zn

图 7-209　根 N 和花 B

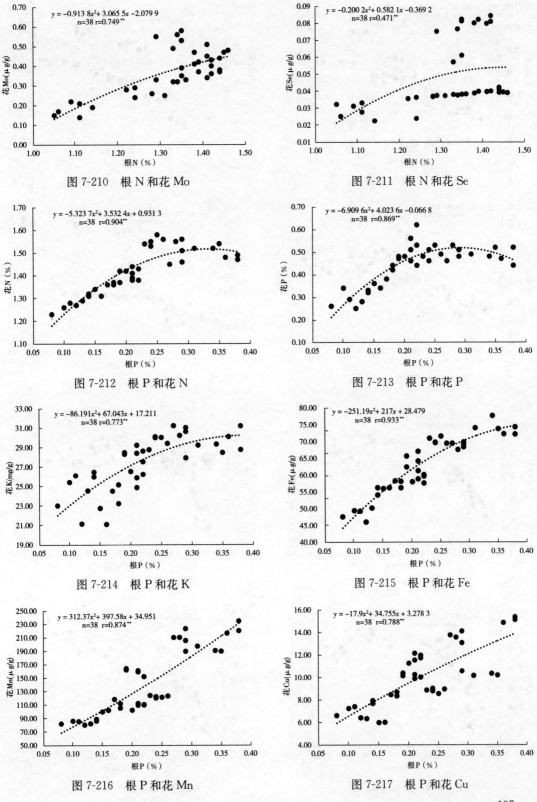

图 7-210　根 N 和花 Mo

图 7-211　根 N 和花 Se

图 7-212　根 P 和花 N

图 7-213　根 P 和花 P

图 7-214　根 P 和花 K

图 7-215　根 P 和花 Fe

图 7-216　根 P 和花 Mn

图 7-217　根 P 和花 Cu

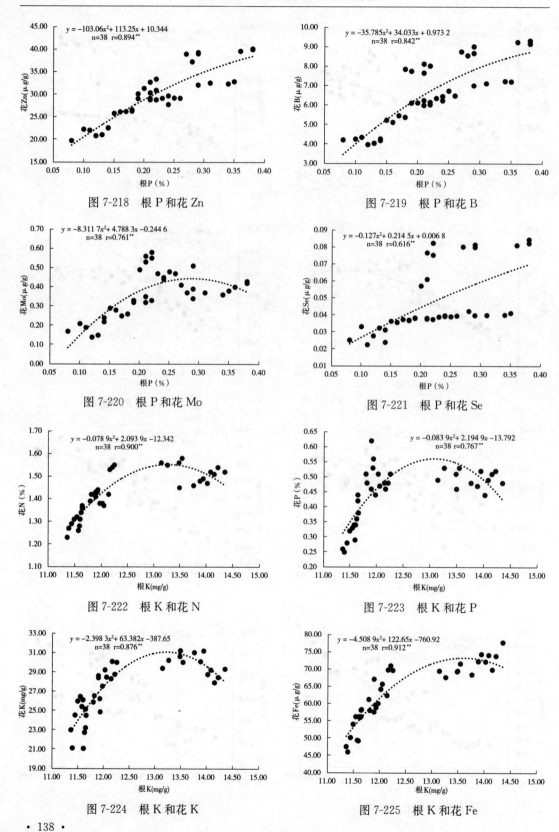

图 7-218　根 P 和花 Zn

图 7-219　根 P 和花 B

图 7-220　根 P 和花 Mo

图 7-221　根 P 和花 Se

图 7-222　根 K 和花 N

图 7-223　根 K 和花 P

图 7-224　根 K 和花 K

图 7-225　根 K 和花 Fe

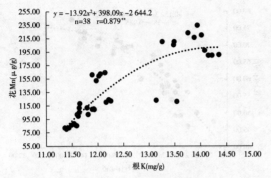

图 7-226　根 K 和花 Mn

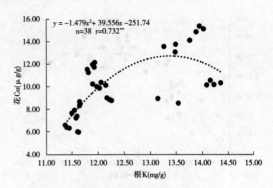

图 7-227　根 K 和花 Cu

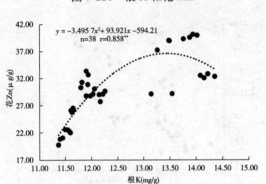

图 7-228　根 K 和花 Zn

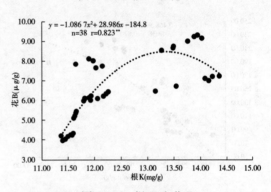

图 7-229　根 K 和花 B

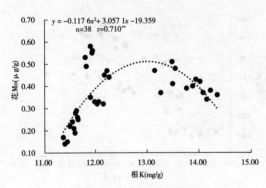

图 7-230　根 K 和花 Mo

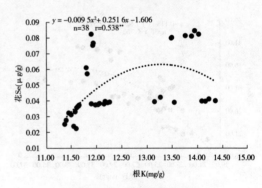

图 7-231　根 K 和花 Se

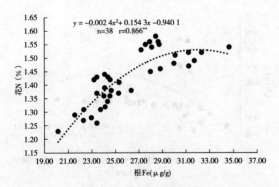

图 7-232　根 Fe 和花 N

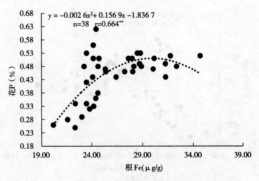

图 7-233　根 Fe 和花 P

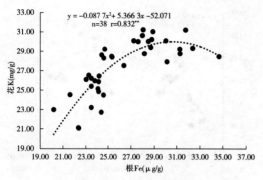

图 7-234　根 Fe 和花 K

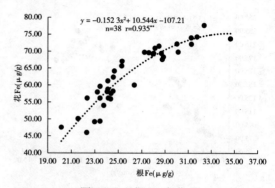

图 7-235　根 Fe 和花 Fe

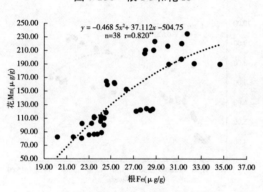

图 7-236　根 Fe 和花 Mn

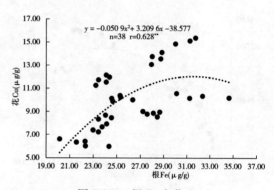

图 7-237　根 Fe 和花 Cu

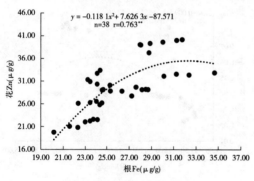

图 7-238　根 Fe 和花 Zn

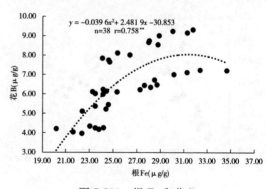

图 7-239　根 Fe 和花 B

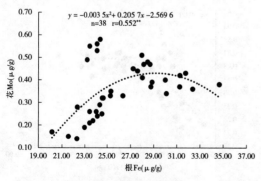

图 7-240　根 Fe 和花 Mo

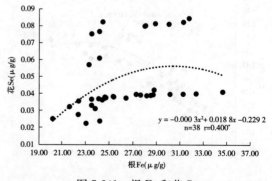

图 7-241　根 Fe 和花 Se

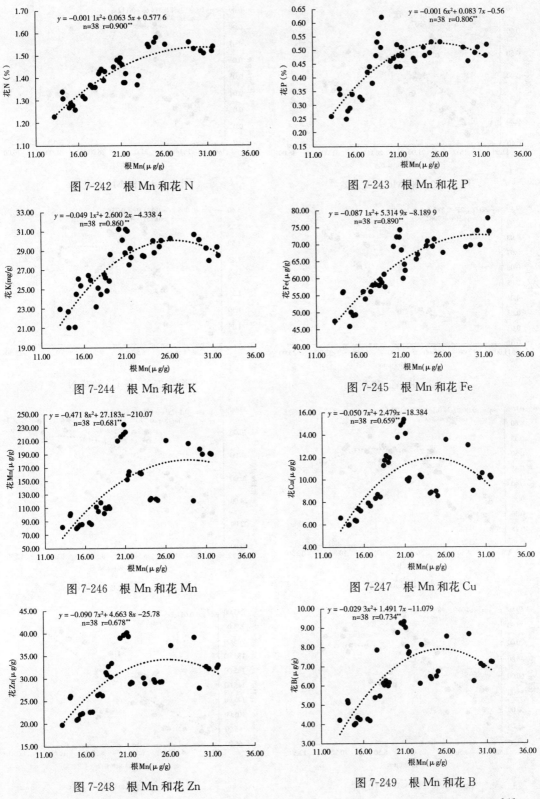

图 7-242　根 Mn 和花 N

图 7-243　根 Mn 和花 P

图 7-244　根 Mn 和花 K

图 7-245　根 Mn 和花 Fe

图 7-246　根 Mn 和花 Mn

图 7-247　根 Mn 和花 Cu

图 7-248　根 Mn 和花 Zn

图 7-249　根 Mn 和花 B

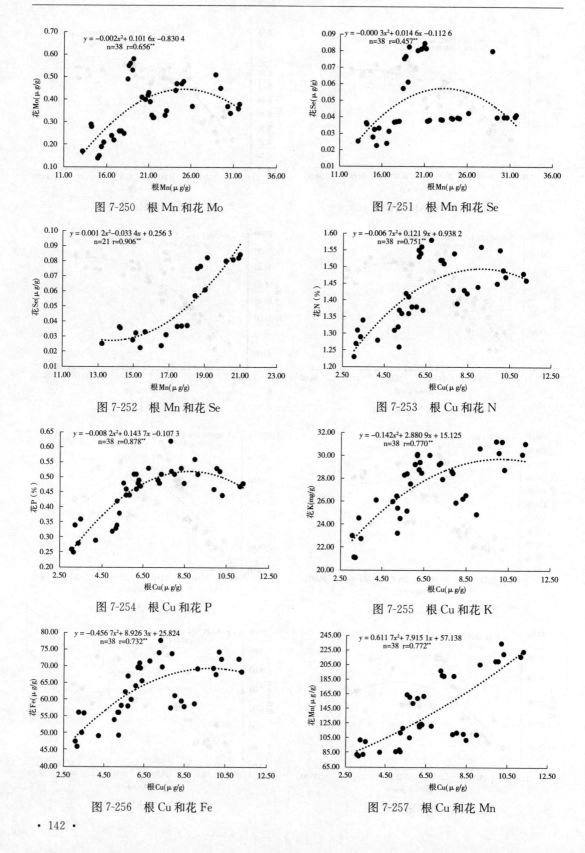

图 7-250 根 Mn 和花 Mo

图 7-251 根 Mn 和花 Se

图 7-252 根 Mn 和花 Se

图 7-253 根 Cu 和花 N

图 7-254 根 Cu 和花 P

图 7-255 根 Cu 和花 K

图 7-256 根 Cu 和花 Fe

图 7-257 根 Cu 和花 Mn

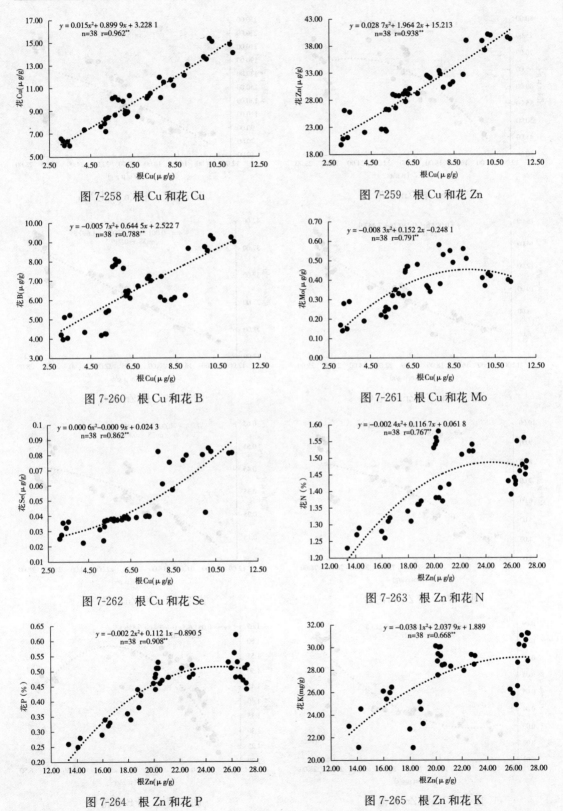

图 7-258　根 Cu 和花 Cu

图 7-259　根 Cu 和花 Zn

图 7-260　根 Cu 和花 B

图 7-261　根 Cu 和花 Mo

图 7-262　根 Cu 和花 Se

图 7-263　根 Zn 和花 N

图 7-264　根 Zn 和花 P

图 7-265　根 Zn 和花 K

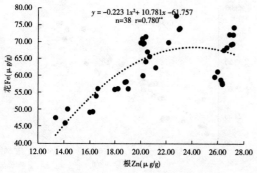

图 7-266　根 Zn 和花 Fe

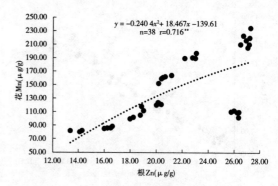

图 7-267　根 Zn 和花 Mn

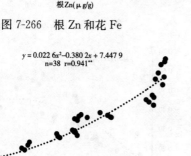

图 7-268　根 Zn 和花 Cu

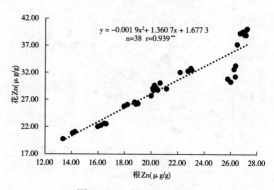

图 7-269　根 Zn 和花 Zn

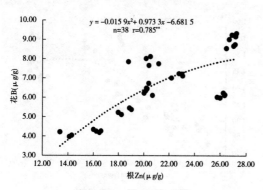

图 7-270　根 Zn 和花 B

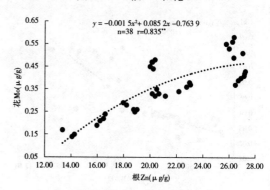

图 7-271　根 Zn 和花 Mo

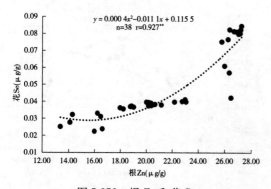

图 7-272　根 Zn 和花 Se

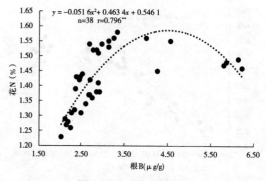

图 7-273　根 B 和花 N

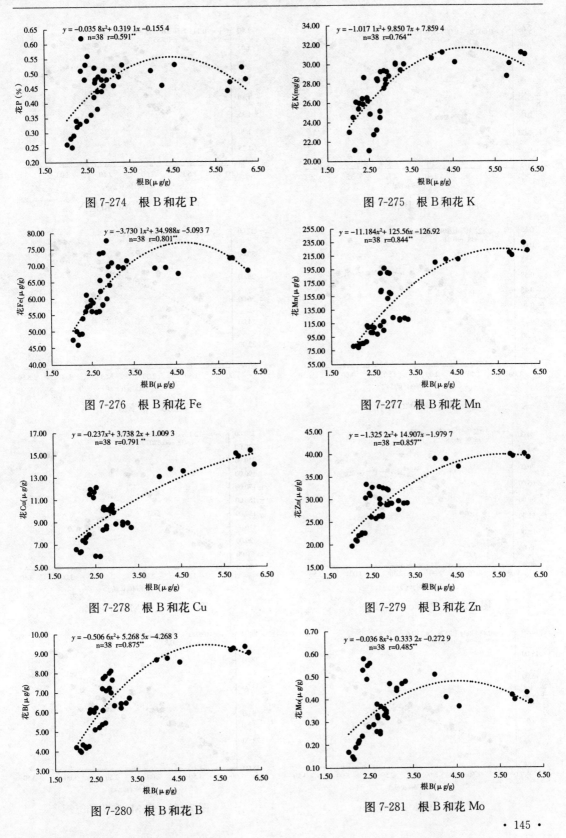

图 7-274　根 B 和花 P

图 7-275　根 B 和花 K

图 7-276　根 B 和花 Fe

图 7-277　根 B 和花 Mn

图 7-278　根 B 和花 Cu

图 7-279　根 B 和花 Zn

图 7-280　根 B 和花 B

图 7-281　根 B 和花 Mo

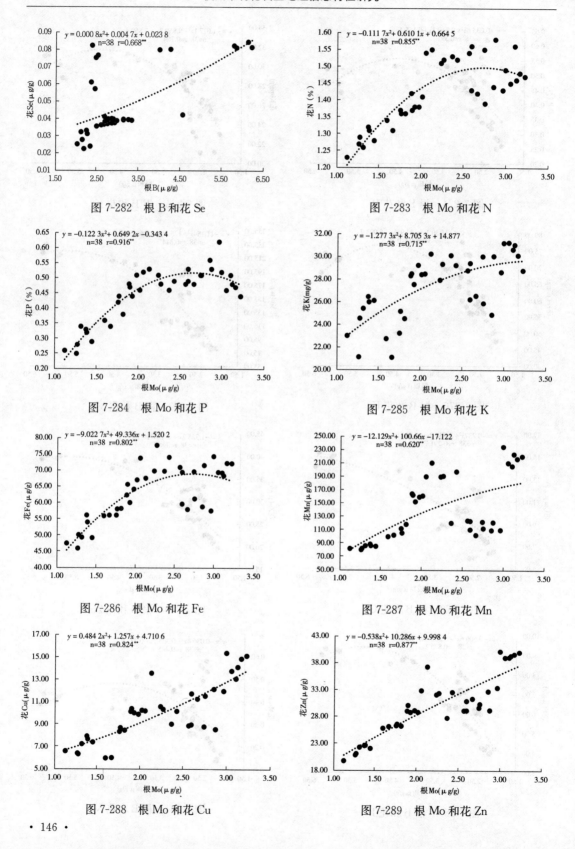

图 7-282　根 B 和花 Se

图 7-283　根 Mo 和花 N

图 7-284　根 Mo 和花 P

图 7-285　根 Mo 和花 K

图 7-286　根 Mo 和花 Fe

图 7-287　根 Mo 和花 Mn

图 7-288　根 Mo 和花 Cu

图 7-289　根 Mo 和花 Zn

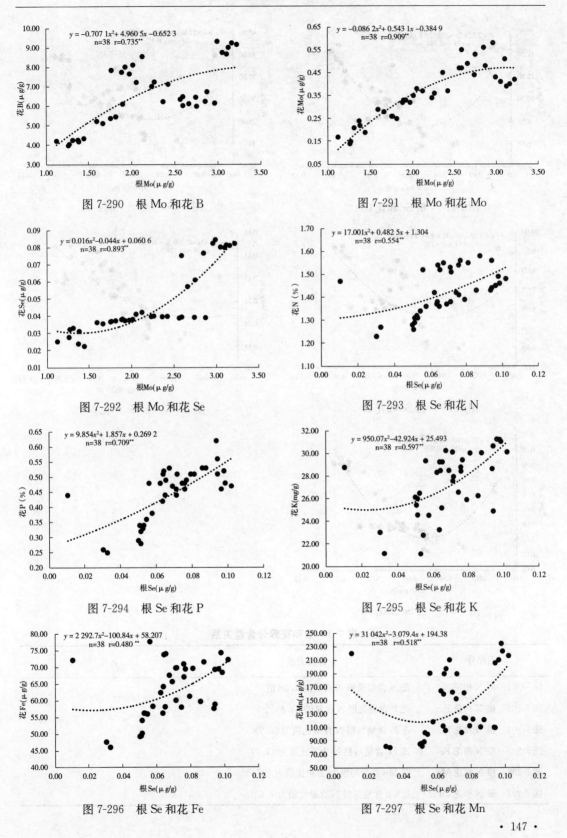

图 7-290 根 Mo 和花 B

图 7-291 根 Mo 和花 Mo

图 7-292 根 Mo 和花 Se

图 7-293 根 Se 和花 N

图 7-294 根 Se 和花 P

图 7-295 根 Se 和花 K

图 7-296 根 Se 和花 Fe

图 7-297 根 Se 和花 Mn

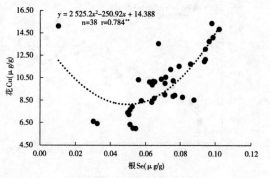

图 7-298　根 Se 和花 Cu

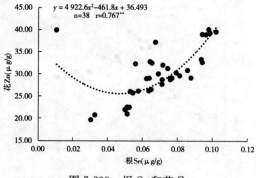

图 7-299　根 Se 和花 Zn

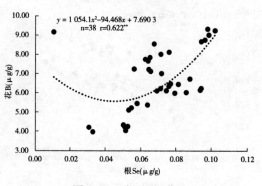

图 7-300　根 Se 和花 B

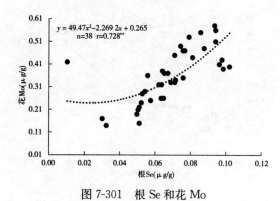

图 7-301　根 Se 和花 Mo

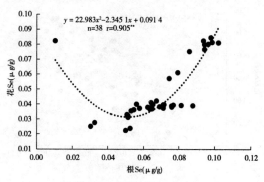

图 7-302　根 Se 和花 Se

表 7-3　根和花养分含量关系

图序号		含量关系	备注
图 7-202	根 N 和花 N	花 N 含量是根 N 含量的 1.08 倍	
图 7-203	根 N 和花 P	花 P 含量是根 N 含量的 33.85%	
图 7-204	根 N 和花 K	花 K 含量与根 N 含量比值为 20.78	
图 7-205	根 N 和花 Fe	花 Fe 含量与根 N 含量比值为 47.77	
图 7-206	根 N 和花 Mn	花 Mn 含量与根 N 含量比值为 107.30	
图 7-207	根 N 和花 Cu	花 Cu 含量与根 N 含量比值为 7.63	

（续）

图序号	含量关系	备注
图 7-208　根 N 和花 Zn	花 Zn 含量与根 N 含量比值为 22.69	
图 7-209　根 N 和花 B	花 B 含量与根 N 含量比值为 4.99	
图 7-210　根 N 和花 Mo	花 Mo 含量与根 N 含量比值为 0.27	
图 7-211　根 N 和花 Se	花 Se 含量与根 N 含量比值为 0.04	
图 7-202 到图 7-211	均呈二次函数极显著正相关关系	说明根氮含量促进花吸收养分
图 7-212　根 P 和花 N	花 N 含量是根 P 含量的 6.36 倍	
图 7-213　根 P 和花 P	花 P 含量是根 P 含量的 1.99 倍	
图 7-214　根 P 和花 K	花 K 含量与根 P 含量比值为 122.40	
图 7-215　根 P 和花 Fe	花 Fe 含量与根 P 含量比值为 281.40	
图 7-216　根 P 和花 Mn	花 Mn 含量与根 P 含量比值为 632.07	
图 7-217　根 P 和花 Cu	花 Cu 含量与根 P 含量比值为 44.93	
图 7-218　根 P 和花 Zn	花 Zn 含量与根 P 含量比值为 133.68	
图 7-219　根 P 和花 B	花 B 含量与根 P 含量比值为 29.42	
图 7-220　根 P 和花 Mo	花 Mo 含量与根 P 含量比值为 1.61	
图 7-221　根 P 和花 Se	花 Se 含量与根 P 含量比值为 0.21	
图 7-212 到图 7-221	均呈二次函数极显著正相关关系	说明根磷含量促进花吸收养分
图 7-222　根 K 和花 N	花 N 含量与根 K 含量比值为 0.11	
图 7-223　根 K 和花 P	花 P 含量与根 K 含量比值为 0.04	
图 7-224　根 K 和花 K	花 K 含量是根 K 含量的 2.20 倍	
图 7-225　根 K 和花 Fe	花 Fe 含量与根 K 含量比值为 5.05	
图 7-226　根 K 和花 Mn	花 Mn 含量与根 K 含量比值为 11.34	
图 7-227　根 K 和花 Cu	花 Cu 含量与根 K 含量比值为 0.81	
图 7-228　根 K 和花 Zn	花 Zn 含量与根 K 含量比值为 2.40	
图 7-229　根 K 和花 B	花 B 含量与根 K 含量比值为 0.53	
图 7-230　根 K 和花 Mo	花 Mo 含量与 K 含量比值为 0.03	
图 7-231　根 K 和花 Se	花 Se 含量与根 K 含量比值为 0.004	
图 7-222 到图 7-231	均呈二次函数极显著正相关关系	说明根钾含量促进花吸收养分
图 7-232　根 Fe 和花 N	花 N 含量与根 Fe 含量比值为 0.05	
图 7-233　根 Fe 和花 P	花 P 含量与根 Fe 含量比值为 0.02	
图 7-234　根 Fe 和花 K	花 K 含量与根 Fe 含量比值为 1.04	
图 7-235　根 Fe 和花 Fe	花 Fe 含量是根 Fe 含量的 2.40 倍	
图 7-236　根 Fe 和花 Mn	花 Mn 含量是根 Fe 含量的 5.39 倍	
图 7-237　根 Fe 和花 Cu	花 Cu 含量是根 Fe 含量的 38.28%	
图 7-238　根 Fe 和花 Zn	花 Zn 含量是根 Fe 含量的 1.14 倍	

（续）

图序号	含量关系	备注
图 7-239　根 Fe 和花 B	花 B 含量是根 Fe 含量的 25.07%	
图 7-240　根 Fe 和花 Mo	花 Mo 含量是根 Fe 含量的 1.37%	
图 7-241　根 Fe 和花 Se	花 Se 含量是根 Fe 含量的 0.18%	
图 7-232 到图 7-241	均呈二次函数极显著和显著正相关关系	说明根铁含量促进花吸收养分
图 7-242　根 Mn 和花 N	花 N 含量与根 Mn 含量比值为 0.07	
图 7-243　根 Mn 和花 P	花 P 含量与根 Mn 含量比值为 0.02	
图 7-244　根 Mn 和花 K	花 K 含量与根 Mn 含量比值为 1.29	
图 7-245　根 Mn 和花 Fe	花 Fe 含量是根 Mn 含量的 2.98 倍	
图 7-246　根 Mn 和花 Mn	花 Mn 含量是根 Mn 含量的 6.68 倍	
图 7-247　根 Mn 和花 Cu	花 Cu 含量是根 Mn 含量的 47.51%	
图 7-248　根 Mn 和花 Zn	花 Zn 含量是根 Mn 含量的 1.41 倍	
图 7-249　根 Mn 和花 B	花 B 含量是根 Mn 含量的 31.11%	
图 7-250　根 Mn 和花 Mo	花 Mo 含量是根 Mn 含量的 1.71%	
图 7-251　根 Mn 和花 Se	花 Se 含量是根 Mn 含量的 0.23%	
图 7-252　根 Mn 和花 Se	花 Se 含量是根 Mn 含量的 0.29%	图 7-252 是图 7-251 中根 Mn $\leqslant$ 21.0μg/g 的样本回归方程
图 7-242 到图 7-252	均呈二次函数极显著正相关关系	说明根锰含量促进花吸收养分
图 7-253　根 Cu 和花 N	花 N 含量与根 Cu 含量比值为 0.21	
图 7-254　根 Cu 和花 P	花 P 含量与根 Cu 含量比值为 0.07	
图 7-255　根 Cu 和花 K	花 K 含量与根 Cu 含量比值为 4.06	
图 7-256　根 Cu 和花 Fe	花 Fe 含量是根 Cu 含量的 9.34 倍	
图 7-257　根 Cu 和花 Mn	花 Mn 含量是根 Cu 含量的 20.97 倍	
图 7-258　根 Cu 和花 Cu	花 Cu 含量是根 Cu 含量的 1.49 倍	
图 7-259　根 Cu 和花 Zn	花 Zn 含量是根 Cu 含量的 4.44 倍	
图 7-260　根 Cu 和花 B	花 B 含量是根 Cu 含量的 97.62%	
图 7-261　根 Cu 和花 Mo	花 Mo 含量是根 Cu 含量的 5.35%	
图 7-262　根 Cu 和花 Se	花 Se 含量是根 Cu 含量的 0.71%	
图 7-253 到图 7-262	均呈二次函数极显著正相关关系	说明根铜含量促进花吸收养分
图 7-263　根 Zn 和花 N	花 N 含量与根 Zn 含量比值为 0.07	
图 7-264　根 Zn 和花 P	花 P 含量与根 Zn 含量比值为 0.02	
图 7-265　根 Zn 和花 K	花 K 含量与根 Zn 含量比值为 1.28	
图 7-266　根 Zn 和花 Fe	花 Fe 含量是根 Zn 含量的 2.94 倍	
图 7-267　根 Zn 和花 Mn	花 Mn 含量是根 Zn 含量的 6.60 倍	
图 7-268　根 Zn 和花 Cu	花 Cu 含量是根 Zn 含量的 46.94%	
图 7-269　根 Zn 和花 Zn	花 Zn 含量是根 Zn 含量的 1.40 倍	

（续）

图序号	含量关系	备注
图 7-270　根 Zn 和花 B	花 B 含量是根 Zn 含量的 30.74%	
图 7-271　根 Zn 和花 Mo	花 Mo 含量是根 Zn 含量的 1.69%	
图 7-272　根 Zn 和花 Se	花 Se 含量是根 Zn 含量的 0.22%	
图 7-263 到图 7-272	均呈二次函数极显著正相关关系	说明根锌含量促进花吸收养分
图 7-273　根 B 和花 N	花 N 含量与根 B 含量比值为 0.46	
图 7-274　根 B 和花 P	花 P 含量与根 B 含量比值为 0.14	
图 7-275　根 B 和花 K	花 K 含量与根 B 含量比值为 8.79	
图 7-276　根 B 和花 Fe	花 Fe 含量是根 B 含量的 20.22 倍	
图 7-277　根 B 和花 Mn	花 Mn 含量是根 B 含量的 45.41 倍	
图 7-278　根 B 和花 Cu	花 Cu 含量是根 B 含量的 3.23 倍	
图 7-279　根 B 和花 Zn	花 Zn 含量是根 B 含量的 9.60 倍	
图 7-280　根 B 和花 B	花 B 含量是根 B 含量的 2.11 倍	
图 7-281　根 B 和花 Mo	花 Mo 含量是根 B 含量的 11.59%	
图 7-282　根 B 和花 Se	花 Se 含量是根 B 含量的 1.53%	
图 7-273 到图 7-282	均呈二次函数极显著正相关关系	说明根硼含量促进花吸收养分
图 7-283　根 Mo 和花 N	花 N 含量与根 Mo 含量比值为 0.64	
图 7-284　根 Mo 和花 P	花 P 含量与根 Mo 含量比值为 0.20	
图 7-285　根 Mo 和花 K	花 K 含量与根 Mo 含量比值为 12.38	
图 7-286　根 Mo 和花 Fe	花 Fe 含量是根 Mo 含量的 28.46 倍	
图 7-287　根 Mo 和花 Mn	花 Mn 含量是根 Mo 含量的 63.93 倍	
图 7-288　根 Mo 和花 Cu	花 Cu 含量是根 Mo 含量的 4.54 倍	
图 7-289　根 Mo 和花 Zn	花 Zn 含量是根 Mo 含量的 13.52 倍	
图 7-290　根 Mo 和花 B	花 B 含量是根 Mo 含量的 2.98 倍	
图 7-291　根 Mo 和花 Mo	花 Mo 含量是根 Mo 含量的 16.31%	
图 7-292　根 Mo 和花 Se	花 Se 含量是根 Mo 含量的 2.16	
图 7-283 到图 7-292	均呈二次函数极显著正相关关系	说明根钼含量促进花吸收养分
图 7-293　根 Se 和花 N	花 N 含量与根 Se 含量比值为 20.83	
图 7-294　根 Se 和花 P	花 P 含量与根 Se 含量比值为 6.53	
图 7-295　根 Se 和花 K	花 K 含量与根 Se 含量比值为 400.67	
图 7-296　根 Se 和花 Fe	花 Fe 含量是根 Se 含量的 921.16	
图 7-297　根 Se 和花 Mn	花 Mn 含量是根 Se 含量的 2069.10	
图 7-298　根 Se 和花 Cu	花 Cu 含量是根 Se 含量的 147.07	
图 7-299　根 Se 和花 Zn	花 Zn 含量是根 Se 含量的 437.61	
图 7-300　根 Se 和花 B	花 B 含量是根 Se 含量的 96.31	
图 7-301　根 Se 和花 Mo	花 Mo 含量是根 Se 含量的 5.28	

（续）

图序号	含量关系	备注
图 7-302　根 Se 和花 Se	花 Se 含量是根 Se 含量的 69.78	
图 7-293 到图 7-302	均呈二次函数极显著正相关关系	说明根硒含量促进花吸收养分

第四节　枝 和 叶

图 7-303 到图 7-407 为枝和叶养分含量关系，其中主要含量关系见表 7-4。

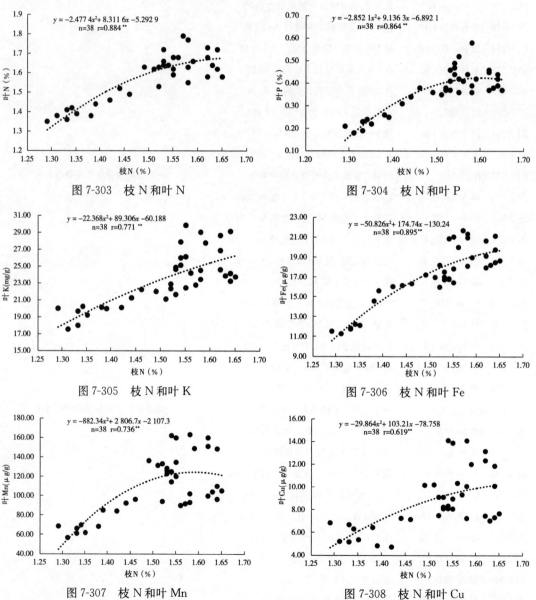

图 7-303　枝 N 和叶 N

图 7-304　枝 N 和叶 P

图 7-305　枝 N 和叶 K

图 7-306　枝 N 和叶 Fe

图 7-307　枝 N 和叶 Mn

图 7-308　枝 N 和叶 Cu

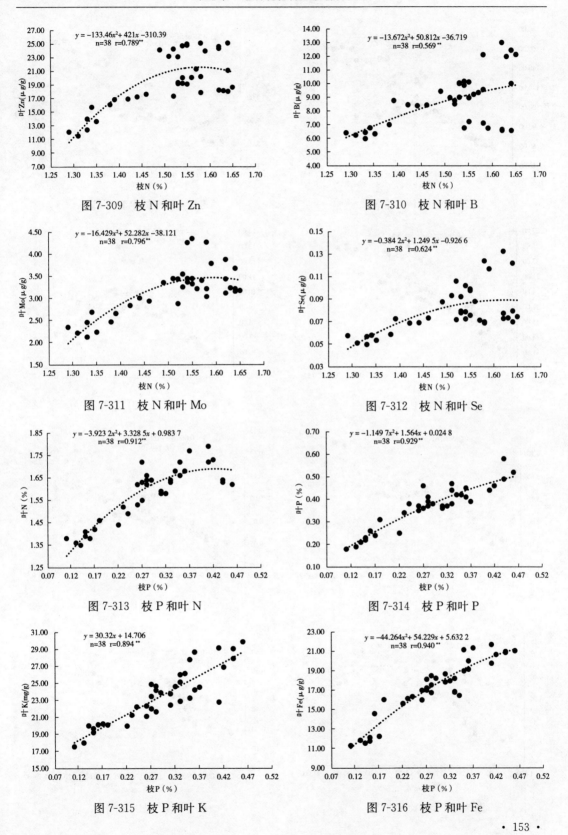

图 7-309　枝 N 和叶 Zn

图 7-310　枝 N 和叶 B

图 7-311　枝 N 和叶 Mo

图 7-312　枝 N 和叶 Se

图 7-313　枝 P 和叶 N

图 7-314　枝 P 和叶 P

图 7-315　枝 P 和叶 K

图 7-316　枝 P 和叶 Fe

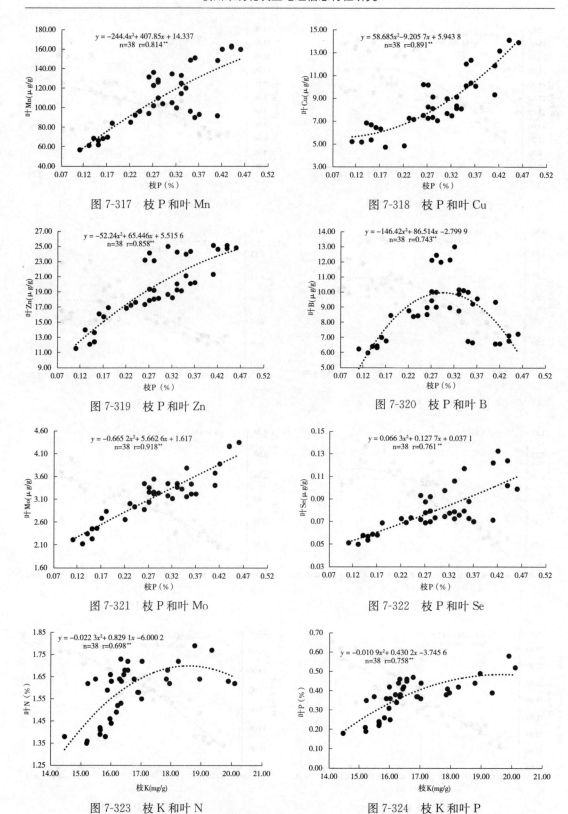

图 7-317　枝 P 和叶 Mn

图 7-318　枝 P 和叶 Cu

图 7-319　枝 P 和叶 Zn

图 7-320　枝 P 和叶 B

图 7-321　枝 P 和叶 Mo

图 7-322　枝 P 和叶 Se

图 7-323　枝 K 和叶 N

图 7-324　枝 K 和叶 P

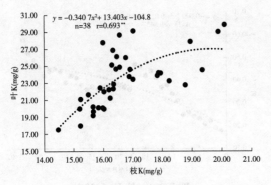

图 7-325 枝 K 和叶 K

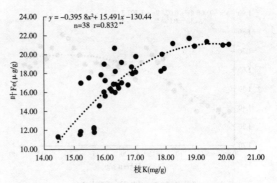

图 7-326 枝 K 和叶 Fe

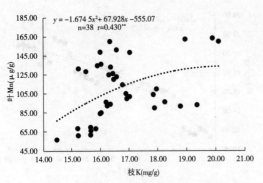

图 7-327 枝 K 和叶 Mn

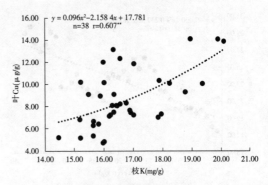

图 7-328 枝 K 和叶 Cu

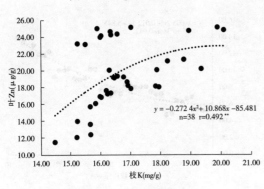

图 7-329 枝 K 和叶 Zn

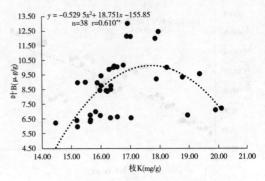

图 7-330 枝 K 和叶 B

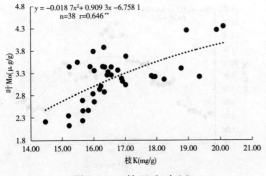

图 7-331 枝 K 和叶 Mo

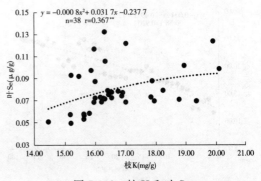

图 7-332 枝 K 和叶 Se

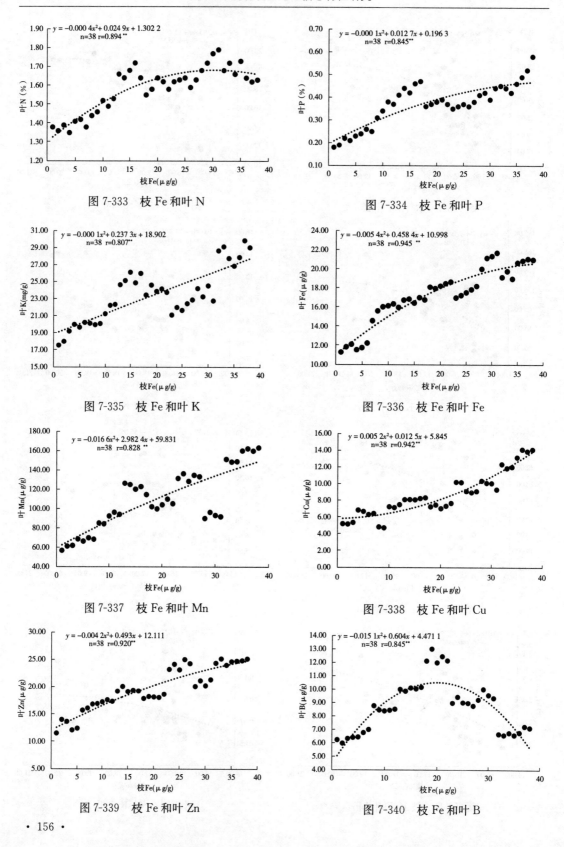

$y = -0.000\ 4x^2 + 0.024\ 9x + 1.302\ 2$
n=38 r=0.894**

图 7-333 枝 Fe 和叶 N

$y = -0.000\ 1x^2 + 0.012\ 7x + 0.196\ 3$
n=38 r=0.845**

图 7-334 枝 Fe 和叶 P

$y = -0.000\ 1x^2 + 0.237\ 3x + 18.902$
n=38 r=0.807**

图 7-335 枝 Fe 和叶 K

$y = -0.005\ 4x^2 + 0.458\ 4x + 10.998$
n=38 r=0.945**

图 7-336 枝 Fe 和叶 Fe

$y = -0.016\ 6x^2 + 2.982\ 4x + 59.831$
n=38 r=0.828**

图 7-337 枝 Fe 和叶 Mn

$y = 0.005\ 2x^2 + 0.012\ 5x + 5.845$
n=38 r=0.942**

图 7-338 枝 Fe 和叶 Cu

$y = -0.004\ 2x^2 + 0.493x + 12.111$
n=38 r=0.920**

图 7-339 枝 Fe 和叶 Zn

$y = -0.015\ 1x^2 + 0.604x + 4.471\ 1$
n=38 r=0.845**

图 7-340 枝 Fe 和叶 B

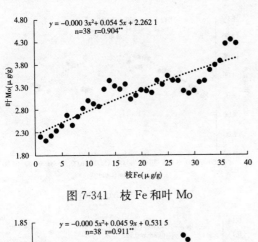

图 7-341 枝 Fe 和叶 Mo

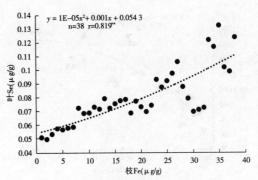

图 7-342 枝 Fe 和叶 Se

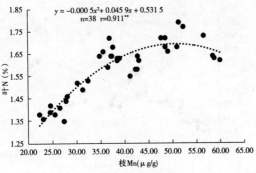

图 7-343 枝 Mn 和叶 N

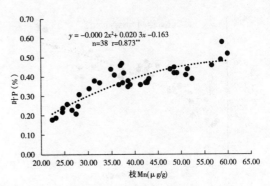

图 7-344 枝 Mn 和叶 P

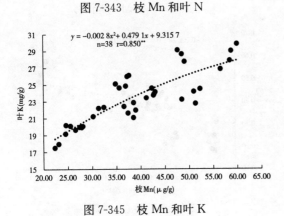

图 7-345 枝 Mn 和叶 K

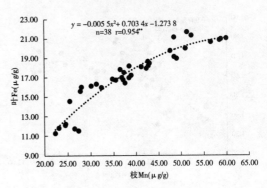

图 7-346 枝 Mn 和叶 Fe

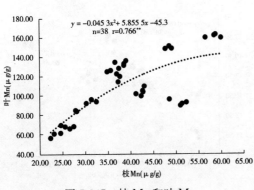
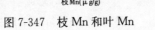

图 7-347 枝 Mn 和叶 Mn

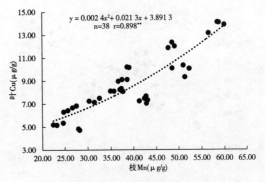

图 7-348 枝 Mn 和叶 Cu

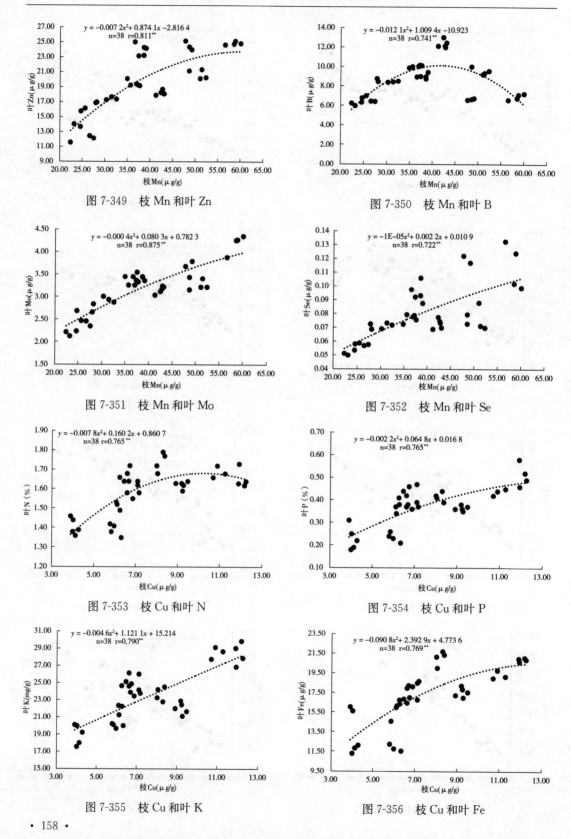

图 7-349　枝 Mn 和叶 Zn

图 7-350　枝 Mn 和叶 B

图 7-351　枝 Mn 和叶 Mo

图 7-352　枝 Mn 和叶 Se

图 7-353　枝 Cu 和叶 N

图 7-354　枝 Cu 和叶 P

图 7-355　枝 Cu 和叶 K

图 7-356　枝 Cu 和叶 Fe

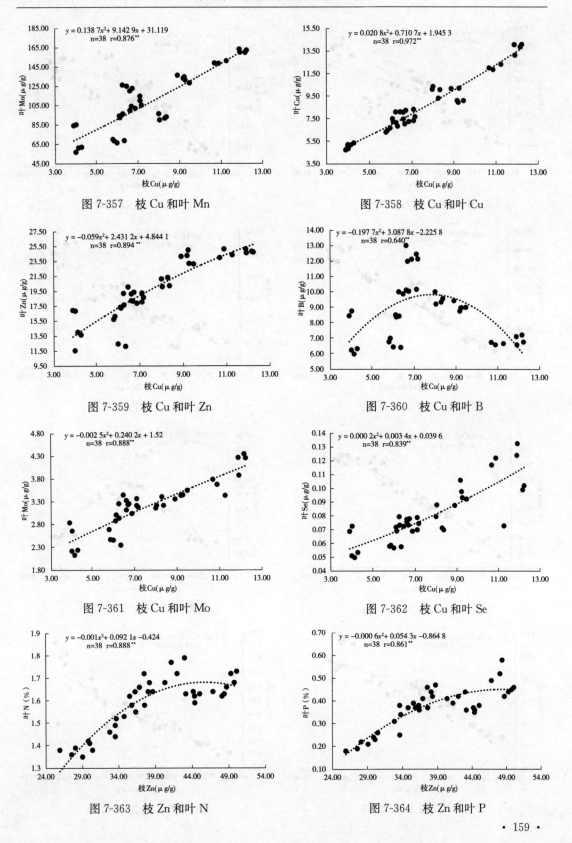

$y = 0.138\,7x^2 + 9.142\,9x + 31.119$
n=38 r=0.876**

图 7-357　枝 Cu 和叶 Mn

$y = 0.020\,8x^2 + 0.710\,7x + 1.945\,3$
n=38 r=0.972**

图 7-358　枝 Cu 和叶 Cu

$y = -0.059x^2 + 2.431\,2x + 4.844\,1$
n=38 r=0.894**

图 7-359　枝 Cu 和叶 Zn

$y = -0.197\,7x^2 + 3.087\,8x - 2.225\,8$
n=38 r=0.640**

图 7-360　枝 Cu 和叶 B

$y = -0.002\,5x^2 + 0.240\,2x + 1.52$
n=38 r=0.888**

图 7-361　枝 Cu 和叶 Mo

$y = 0.000\,2x^2 + 0.003\,4x + 0.039\,6$
n=38 r=0.839**

图 7-362　枝 Cu 和叶 Se

$y = -0.001x^2 + 0.092\,1x - 0.424$
n=38 r=0.888**

图 7-363　枝 Zn 和叶 N

$y = -0.000\,6x^2 + 0.054\,3x - 0.864\,8$
n=38 r=0.861**

图 7-364　枝 Zn 和叶 P

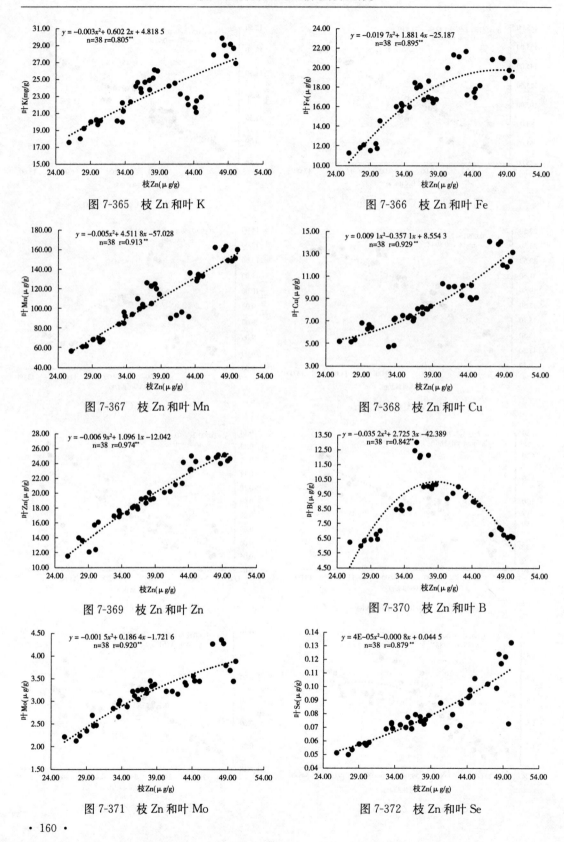

图 7-365　枝 Zn 和叶 K

图 7-366　枝 Zn 和叶 Fe

图 7-367　枝 Zn 和叶 Mn

图 7-368　枝 Zn 和叶 Cu

图 7-369　枝 Zn 和叶 Zn

图 7-370　枝 Zn 和叶 B

图 7-371　枝 Zn 和叶 Mo

图 7-372　枝 Zn 和叶 Se

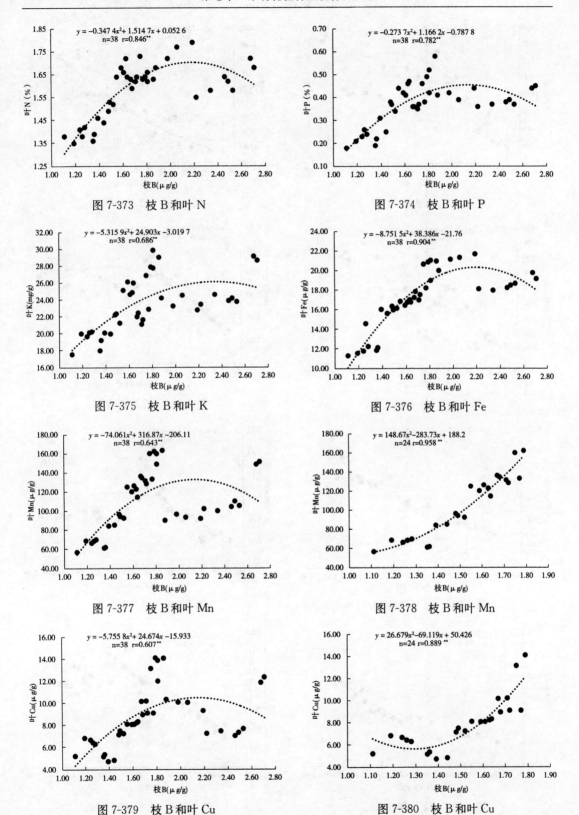

图 7-373　枝 B 和叶 N

图 7-374　枝 B 和叶 P

图 7-375　枝 B 和叶 K

图 7-376　枝 B 和叶 Fe

图 7-377　枝 B 和叶 Mn

图 7-378　枝 B 和叶 Mn

图 7-379　枝 B 和叶 Cu

图 7-380　枝 B 和叶 Cu

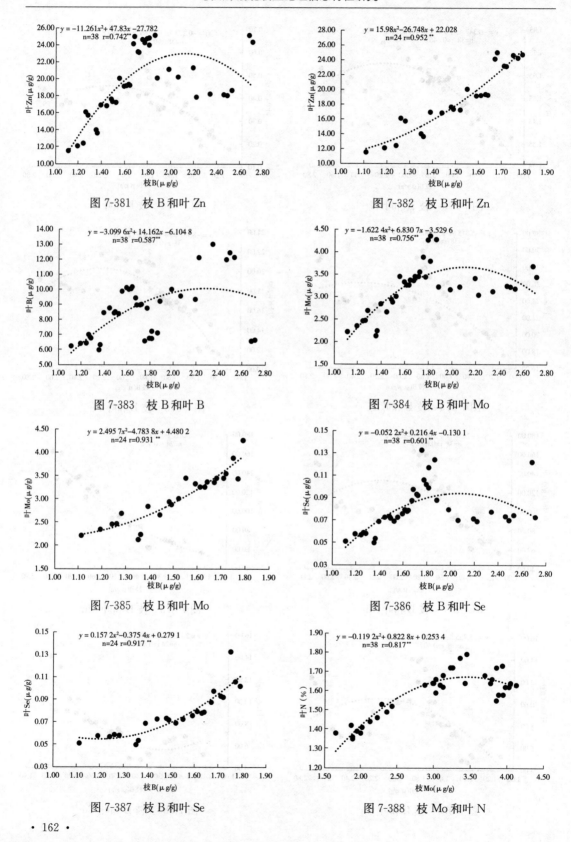

图 7-381　枝 B 和叶 Zn

图 7-382　枝 B 和叶 Zn

图 7-383　枝 B 和叶 B

图 7-384　枝 B 和叶 Mo

图 7-385　枝 B 和叶 Mo

图 7-386　枝 B 和叶 Se

图 7-387　枝 B 和叶 Se

图 7-388　枝 Mo 和叶 N

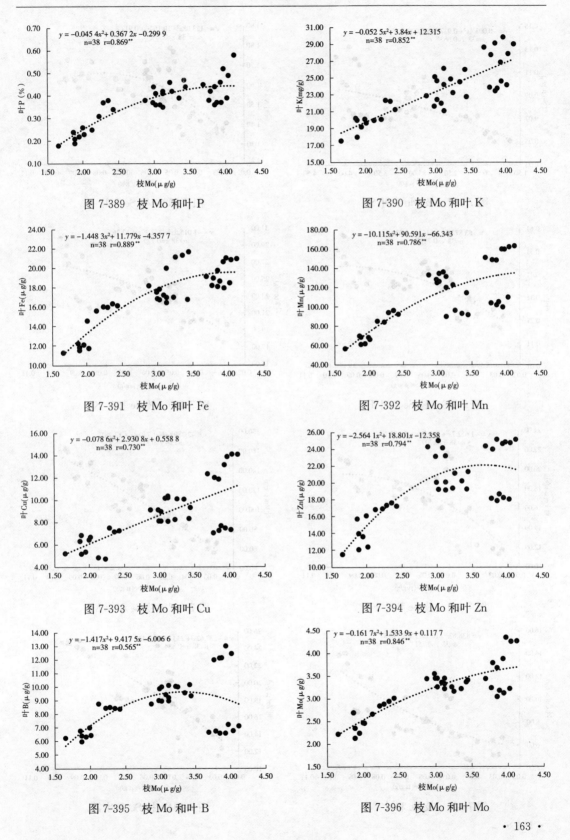

图 7-389 枝 Mo 和叶 P

图 7-390 枝 Mo 和叶 K

图 7-391 枝 Mo 和叶 Fe

图 7-392 枝 Mo 和叶 Mn

图 7-393 枝 Mo 和叶 Cu

图 7-394 枝 Mo 和叶 Zn

图 7-395 枝 Mo 和叶 B

图 7-396 枝 Mo 和叶 Mo

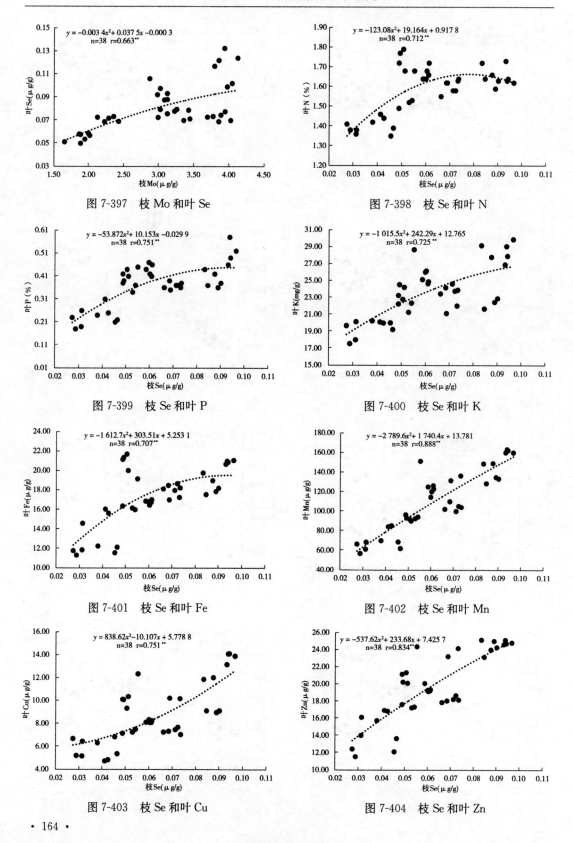

图 7-397　枝 Mo 和叶 Se

图 7-398　枝 Se 和叶 N

图 7-399　枝 Se 和叶 P

图 7-400　枝 Se 和叶 K

图 7-401　枝 Se 和叶 Fe

图 7-402　枝 Se 和叶 Mn

图 7-403　枝 Se 和叶 Cu

图 7-404　枝 Se 和叶 Zn

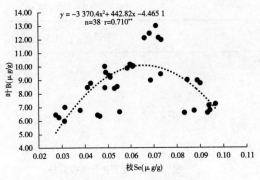

图 7-405 枝 Se 和叶 B

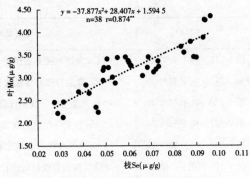

图 7-406 枝 Se 和叶 Mo

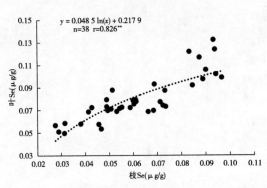

图 7-407 枝 Se 和叶 Se

表 7-4 枝和叶养分含量关系

图序号	含量关系	备注
图 7-303 枝 N 和叶 N	叶 N 含量是枝 N 含量的 1.05 倍	
图 7-304 枝 N 和叶 P	叶 P 含量是枝 N 含量的 24.52%	
图 7-305 枝 N 和叶 K	叶 K 含量与枝 N 含量比值为 15.52	
图 7-306 枝 N 和叶 Fe	叶 Fe 含量与枝 N 含量比值为 11.39	
图 7-307 枝 N 和叶 Mn	叶 Mn 含量与枝 N 含量比值为 72.52	
图 7-308 枝 N 和叶 Cu	叶 Cu 含量与枝 N 含量比值为 5.75	
图 7-309 枝 N 和叶 Zn	叶 Zn 含量与枝 N 含量比值为 12.97	
图 7-310 枝 N 和叶 B	叶 B 含量与枝 N 含量比值为 5.76	
图 7-311 枝 N 和叶 Mo	叶 Mo 含量与枝 N 含量比值为 2.11	
图 7-312 枝 N 和叶 Se	叶 Se 含量与枝 N 含量比值为 0.05	
图 7-303 到图 7-312	均呈二次函数极显著正相关关系	说明枝氮含量促进叶吸收养分
图 7-313 枝 P 和叶 N	叶 N 含量是枝 P 含量的 5.48 倍	
图 7-314 枝 P 和叶 P	叶 P 含量是枝 P 含量的 1.28 倍	
图 7-315 枝 P 和叶 K	叶 K 含量与枝 P 含量比值为 81.21	
图 7-316 枝 P 和叶 Fe	叶 Fe 含量与枝 P 含量比值为 59.60	
图 7-317 枝 P 和叶 Mn	叶 Mn 含量与枝 P 含量比值为 379.52	

（续）

图序号	含量关系	备注
图 7-318　枝 P 和叶 Cu	叶 Cu 含量与枝 P 含量比值为 30.08	
图 7-319　枝 P 和叶 Zn	叶 Zn 含量与枝 P 含量比值为 67.87	
图 7-320　枝 P 和叶 B	叶 B 含量与枝 P 含量比值为 30.13	
图 7-321　枝 P 和叶 Mo	叶 Mo 含量与枝 P 含量比值为 11.05	
图 7-322　枝 P 和叶 Se	叶 Se 含量与枝 P 含量比值为 0.28	
图 7-313 到图 7-322	均呈二次函数极显著正相关关系	说明枝磷含量促进叶吸收养分
图 7-323　枝 K 和叶 N	叶 N 含量与枝 K 含量比值为 0.09	
图 7-324　枝 K 和叶 P	叶 P 含量与枝 K 含量比值为 0.02	
图 7-325　枝 K 和叶 K	叶 K 含量是枝 K 含量的 1.40 倍	
图 7-326　枝 K 和叶 Fe	叶 Fe 含量与枝 K 含量比值为 1.03	
图 7-327　枝 K 和叶 Mn	叶 Mn 含量与枝 K 含量比值为 6.56	
图 7-328　枝 K 和叶 Cu	叶 Cu 含量与枝 K 含量比值为 0.52	
图 7-329　枝 K 和叶 Zn	叶 Zn 含量与枝 K 含量比值为 1.17	
图 7-330　枝 K 和叶 B	叶 B 含量与枝 K 含量比值为 0.52	
图 7-331　枝 K 和叶 Mo	叶 Mo 含量与枝 K 含量比值为 0.19	
图 7-332　枝 K 和叶 Se	叶 Se 含量与枝 K 含量比值为 0.005	
图 7-323 到图 7-332	均呈二次函数极显著正相关关系	说明枝钾含量促进叶吸收养分
图 7-333　枝 Fe 和叶 N	叶 N 含量与枝 Fe 含量比值为 0.08	
图 7-334　枝 Fe 和叶 P	叶 P 含量与枝 Fe 含量比值为 0.02	
图 7-335　枝 Fe 和叶 K	叶 K 含量与枝 Fe 含量比值为 1.22	
图 7-336　枝 Fe 和叶 Fe	叶 Fe 含量是枝 Fe 含量的 89.50%	
图 7-337　枝 Fe 和叶 Mn	叶 Mn 含量是枝 Fe 含量的 5.70 倍	
图 7-338　枝 Fe 和叶 Cu	叶 Cu 含量是枝 Fe 含量的 45.17%	
图 7-339　枝 Fe 和叶 Zn	叶 Zn 含量是枝 Fe 含量的 1.02 倍	
图 7-340　枝 Fe 和叶 B	叶 B 含量是枝 Fe 含量的 45.23%	
图 7-341　枝 Fe 和叶 Mo	叶 Mo 含量是枝 Fe 含量的 16.59%	
图 7-342　枝 Fe 和叶 Se	叶 Se 含量是枝 Fe 含量的 0.42%	
图 7-333 到图 7-342	均呈二次函数极显著正相关关系	说明枝铁含量促进叶吸收养分
图 7-343　枝 Mn 和叶 N	叶 N 含量与枝 Mn 含量比值为 0.04	
图 7-344　枝 Mn 和叶 P	叶 P 含量与枝 Mn 含量比值为 0.01	
图 7-345　枝 Mn 和叶 K	叶 K 含量与枝 Mn 含量比值为 0.60	
图 7-346　枝 Mn 和叶 Fe	叶 Fe 含量是枝 Mn 含量的 43.88%	
图 7-347　枝 Mn 和叶 Mn	叶 Mn 含量是枝 Mn 含量的 2.79 倍	
图 7-348　枝 Mn 和叶 Cu	叶 Cu 含量是枝 Mn 含量的 22.15%	

（续）

图序号	含量关系	备注
图 7-349　枝 Mn 和叶 Zn	叶 Zn 含量是枝 Mn 含量的 49.97%	
图 7-350　枝 Mn 和叶 B	叶 B 含量是枝 Mn 含量的 22.18%	
图 7-351　枝 Mn 和叶 Mo	叶 Mo 含量是枝 Mn 含量的 8.13%	
图 7-352　枝 Mn 和叶 Se	叶 Se 含量是枝 Mn 含量的 0.20%	
图 7-343 到图 7-352	均呈二次函数极显著正相关关系	说明枝锰含量促进叶吸收养分
图 7-353　枝 Cu 和叶 N	叶 N 含量与枝 Cu 含量比值为 0.21	
图 7-354　枝 Cu 和叶 P	叶 P 含量与枝 Cu 含量比值为 0.05	
图 7-355　枝 Cu 和叶 K	叶 K 含量与枝 Cu 含量比值为 3.08	
图 7-356　枝 Cu 和叶 Fe	叶 Fe 含量是枝 Cu 含量的 2.26 倍	
图 7-357　枝 Cu 和叶 Mn	叶 Mn 含量是枝 Cu 含量的 14.39 倍	
图 7-358　枝 Cu 和叶 Cu	叶 Cu 含量是枝 Cu 含量的 1.14 倍	
图 7-359　枝 Cu 和叶 Zn	叶 Zn 含量是枝 Cu 含量的 2.57 倍	
图 7-360　枝 Cu 和叶 B	叶 B 含量是枝 Cu 含量的 1.14 倍	
图 7-361　枝 Cu 和叶 Mo	叶 Mo 含量是枝 Cu 含量的 41.87%	
图 7-362　枝 Cu 和叶 Se	叶 Se 含量是枝 Cu 含量的 1.05%	
图 7-353 到图 7-362	均呈二次函数极显著正相关关系	说明枝铜含量促进叶吸收养分
图 7-363　枝 Zn 和叶 N	叶 N 含量与枝 Zn 含量比值为 0.04	
图 7-364　枝 Zn 和叶 P	叶 P 含量与枝 Zn 含量比值为 0.01	
图 7-365　枝 Zn 和叶 K	叶 K 含量与枝 Zn 含量比值为 0.61	
图 7-366　枝 Zn 和叶 Fe	叶 Fe 含量是枝 Zn 含量的 44.58%	
图 7-367　枝 Zn 和叶 Mn	叶 Mn 含量是枝 Zn 含量的 2.84 倍	
图 7-368　枝 Zn 和叶 Cu	叶 Cu 含量是枝 Zn 含量的 22.50%	
图 7-369　枝 Zn 和叶 Zn	叶 Zn 含量是枝 Zn 含量的 50.76%	
图 7-370　枝 Zn 和叶 B	叶 B 含量是枝 Zn 含量的 22.53%	
图 7-371　枝 Zn 和叶 Mo	叶 Mo 含量是枝 Zn 含量的 8.26%	
图 7-372　枝 Zn 和叶 Se	叶 Se 含量是枝 Zn 含量的 0.21%	
图 7-363 到图 7-372	均呈二次函数极显著正相关关系	说明枝锌含量促进叶吸收养分
图 7-373　枝 B 和叶 N	叶 N 含量与枝 B 含量比值为 0.90	
图 7-374　枝 B 和叶 P	叶 P 含量与枝 B 含量比值为 0.21	
图 7-375　枝 B 和叶 K	叶 K 含量与枝 B 含量比值为 13.26	
图 7-376　枝 B 和叶 Fe	叶 Fe 含量是枝 B 含量的 9.73 倍	
图 7-377　枝 B 和叶 Mn	叶 Mn 含量是枝 B 含量的 61.97 倍	
图 7-378　枝 B 和叶 Mn	叶 Mn 含量是枝 B 含量的 69.08 倍	图 7-378 为图 7-377 中枝 B≤1.8 μg/g 的样本回归方程
图 7-379　枝 B 和叶 Cu	叶 Cu 含量是枝 B 含量的 4.91 倍	

（续）

图序号	含量关系	备注
图 7-380 枝 B 和叶 Cu	叶 Cu 含量是枝 B 含量的 5.23 倍	图 7-380 为图 7-379 中枝 B≤1.8 μg/g 的样本回归方程
图 7-381 枝 B 和叶 Zn	叶 Zn 含量是枝 B 含量的 11.08 倍	
图 7-382 枝 B 和叶 Zn	叶 Zn 含量是枝 B 含量的 12.37 倍	图 7-382 为图 7-381 中枝 B≤1.8 μg/g 的样本回归方程
图 7-383 枝 B 和叶 B	叶 B 含量是枝 B 含量的 4.92 倍	
图 7-384 枝 B 和叶 Mo	叶 Mo 含量是枝 B 含量的 1.80 倍	
图 7-385 枝 B 和叶 Mo	叶 Mo 含量是枝 B 含量的 2.01 倍	图 7-385 为图 7-384 中枝 B≤1.8 μg/g 的样本回归方程
图 7-386 枝 B 和叶 Se	叶 Se 含量是枝 B 含量的 4.53%	
图 7-387 枝 B 和叶 Se	叶 Se 含量是枝 B 含量的 5.07%	图 7-387 为图 7-386 中枝 B≤1.8 μg/g 的样本回归方程
图 7-373 到图 7-387	均呈二次函数极显著正相关关系	说明枝硼含量促进叶吸收养分
图 7-388 枝 Mo 和叶 N	叶 N 含量与枝 Mo 含量比值为 0.52	
图 7-389 枝 Mo 和叶 P	叶 P 含量与枝 Mo 含量比值为 0.12	
图 7-390 枝 Mo 和叶 K	叶 K 含量与枝 Mo 含量比值为 7.72	
图 7-391 枝 Mo 和叶 Fe	叶 Fe 含量是枝 Mo 含量的 5.67 倍	
图 7-392 枝 Mo 和叶 Mn	叶 Mn 含量是枝 Mo 含量的 36.09 倍	
图 7-393 枝 Mo 和叶 Cu	叶 Cu 含量是枝 Mo 含量的 2.86 倍	
图 7-394 枝 Mo 和叶 Zn	叶 Zn 含量是枝 Mo 含量的 6.46 倍	
图 7-395 枝 Mo 和叶 B	叶 B 含量是枝 Mo 含量的 2.87 倍	
图 7-396 枝 Mo 和叶 Mo	叶 Mo 含量是枝 Mo 含量的 1.05 倍	
图 7-397 枝 Mo 和叶 Se	叶 Se 含量是枝 Mo 含量的 2.64%	
图 7-388 到图 7-397	均呈二次函数极显著正相关关系	说明枝钼含量促进叶吸收养分
图 7-398 枝 Se 和叶 N	叶 N 含量与枝 Se 含量比值为 25.61	
图 7-399 枝 Se 和叶 P	叶 P 含量与枝 Se 含量比值为 5.99	
图 7-400 枝 Se 和叶 K	叶 K 含量与枝 Se 含量比值为 379.37	
图 7-401 枝 Se 和叶 Fe	叶 Fe 含量是枝 Se 含量的 278.43 倍	
图 7-402 枝 Se 和叶 Mn	叶 Mn 含量是枝 Se 含量的 1772.87 倍	
图 7-403 枝 Se 和叶 Cu	叶 Cu 含量是枝 Se 含量的 140.52 倍	
图 7-404 枝 Se 和叶 Zn	叶 Zn 含量是枝 Se 含量的 317.06 倍	
图 7-405 枝 Se 和叶 B	叶 B 含量是枝 Se 含量的 140.73 倍	
图 7-406 枝 Se 和叶 Mo	叶 Mo 含量是枝 Se 含量的 51.60 倍	
图 7-407 枝 Se 和叶 Se	叶 Se 含量是枝 Se 含量的 1.30 倍	
图 7-398 到图 7-407	均呈二次函数极显著正相关关系	说明枝硒含量促进叶吸收养分

第五节 枝 和 花

图 7-408 到图 7-509 为枝和花养分含量关系，其中主要含量关系见表 7-5。

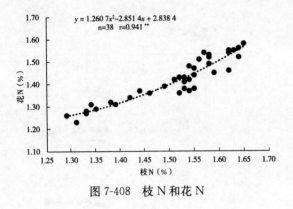

图 7-408 枝 N 和花 N

图 7-409 枝 N 和花 P

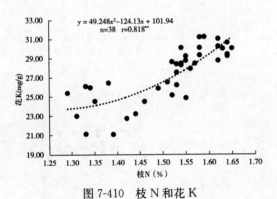

图 7-410 枝 N 和花 K

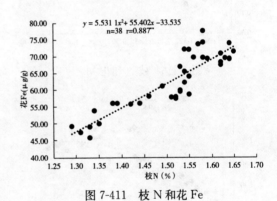

图 7-411 枝 N 和花 Fe

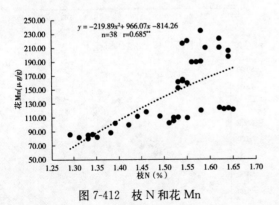

图 7-412 枝 N 和花 Mn

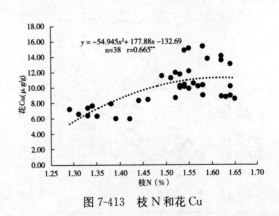

图 7-413 枝 N 和花 Cu

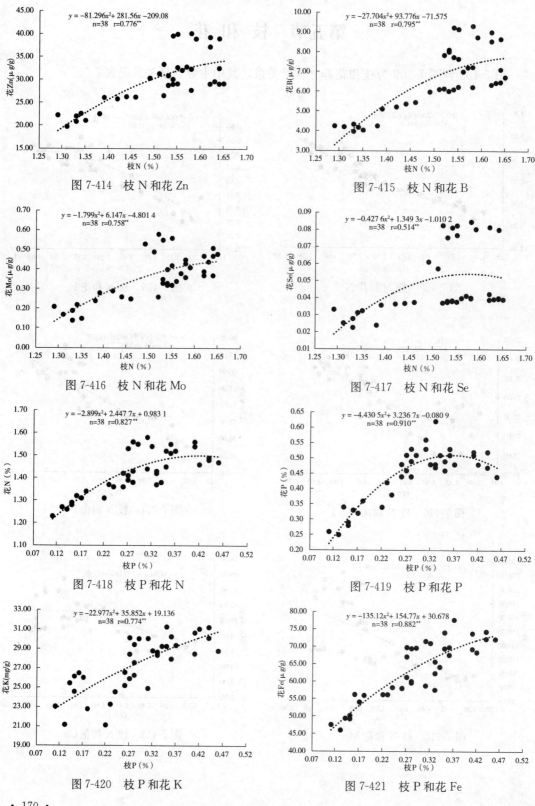

图 7-414　枝 N 和花 Zn

图 7-415　枝 N 和花 B

图 7-416　枝 N 和花 Mo

图 7-417　枝 N 和花 Se

图 7-418　枝 P 和花 N

图 7-419　枝 P 和花 P

图 7-420　枝 P 和花 K

图 7-421　枝 P 和花 Fe

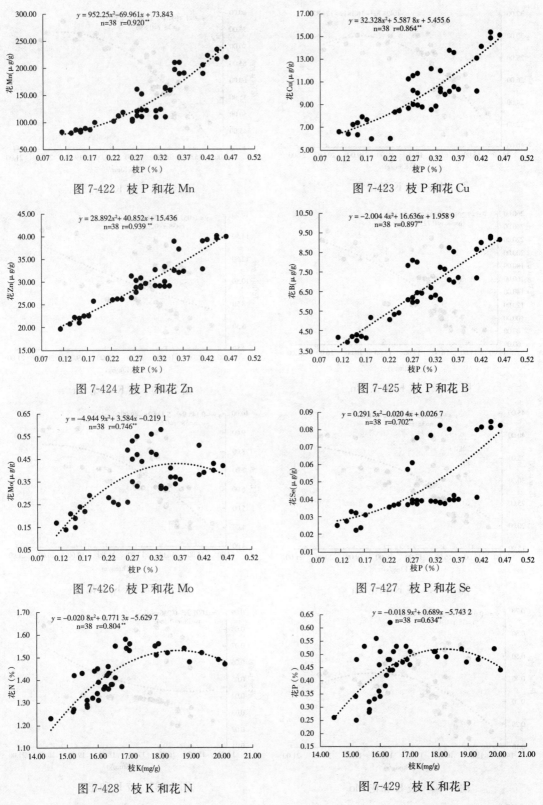

图 7-422 枝 P 和花 Mn

图 7-423 枝 P 和花 Cu

图 7-424 枝 P 和花 Zn

图 7-425 枝 P 和花 B

图 7-426 枝 P 和花 Mo

图 7-427 枝 P 和花 Se

图 7-428 枝 K 和花 N

图 7-429 枝 K 和花 P

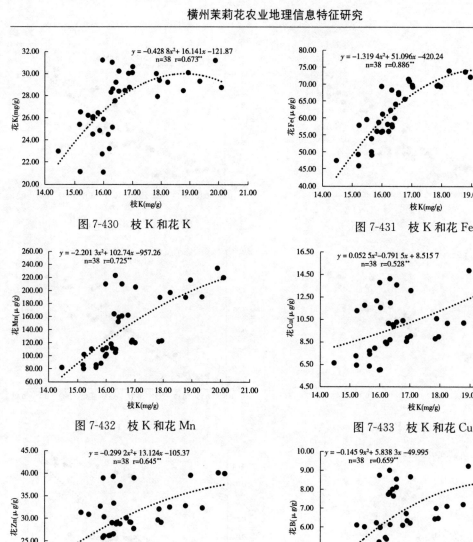

图 7-430　枝 K 和花 K

图 7-431　枝 K 和花 Fe

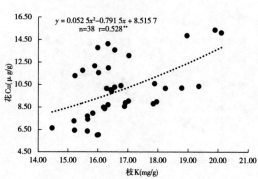

图 7-432　枝 K 和花 Mn

图 7-433　枝 K 和花 Cu

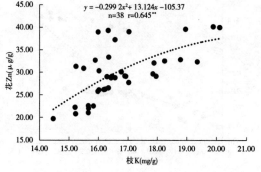
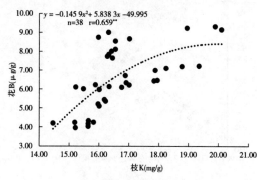

图 7-434　枝 K 和花 Zn

图 7-435　枝 K 和花 B

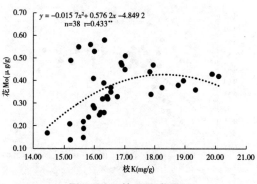
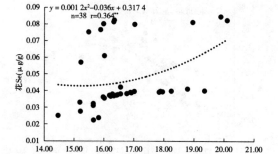

图 7-436　枝 K 和花 Mo

图 7-437　枝 K 和花 Se

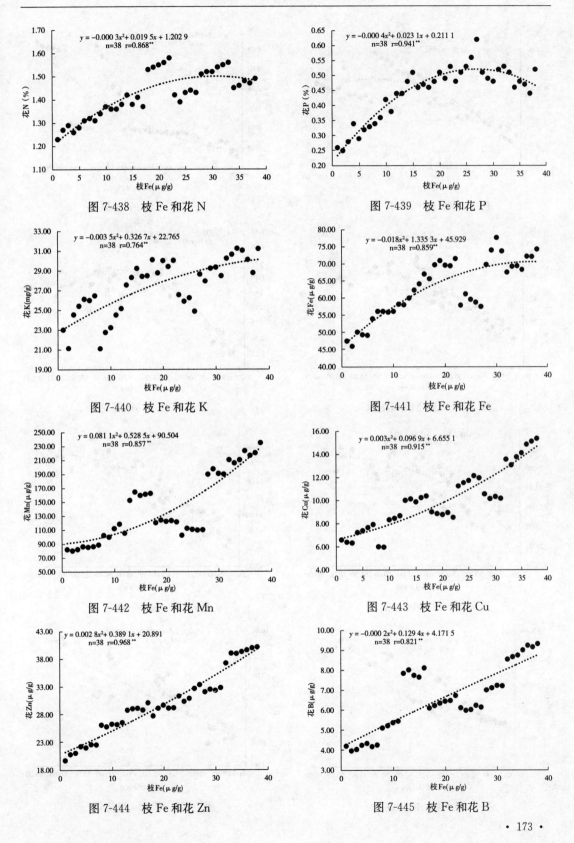

图 7-438　枝 Fe 和花 N

图 7-439　枝 Fe 和花 P

图 7-440　枝 Fe 和花 K

图 7-441　枝 Fe 和花 Fe

图 7-442　枝 Fe 和花 Mn

图 7-443　枝 Fe 和花 Cu

图 7-444　枝 Fe 和花 Zn

图 7-445　枝 Fe 和花 B

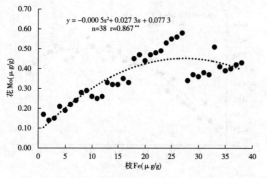

图 7-446　枝 Fe 和花 Mo

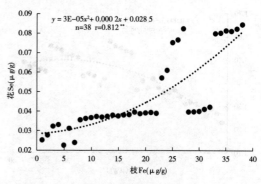

图 7-447　枝 Fe 和花 Se

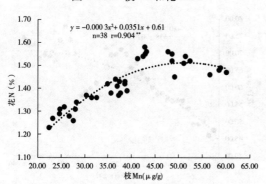

图 7-448　枝 Mn 和花 N

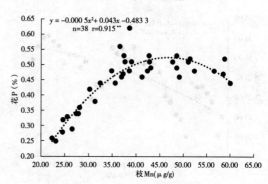

图 7-449　枝 Mn 和花 P

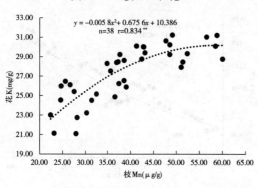

图 7-450　枝 Mn 和花 K

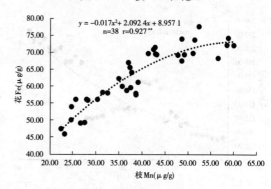

图 7-451　枝 Mn 和花 Fe

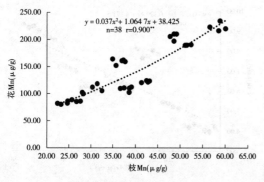

图 7-452　枝 Mn 和花 Mn

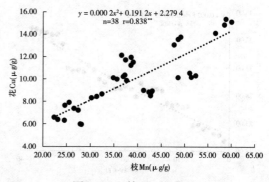

图 7-453　枝 Mn 和花 Cu

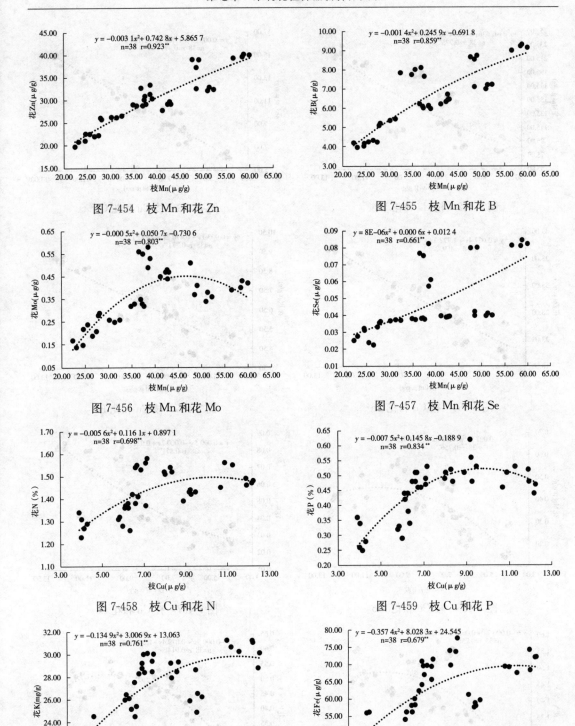

图 7-454 枝 Mn 和花 Zn

图 7-455 枝 Mn 和花 B

图 7-456 枝 Mn 和花 Mo

图 7-457 枝 Mn 和花 Se

图 7-458 枝 Cu 和花 N

图 7-459 枝 Cu 和花 P

图 7-460 枝 Cu 和花 K

图 7-461 枝 Cu 和花 Fe

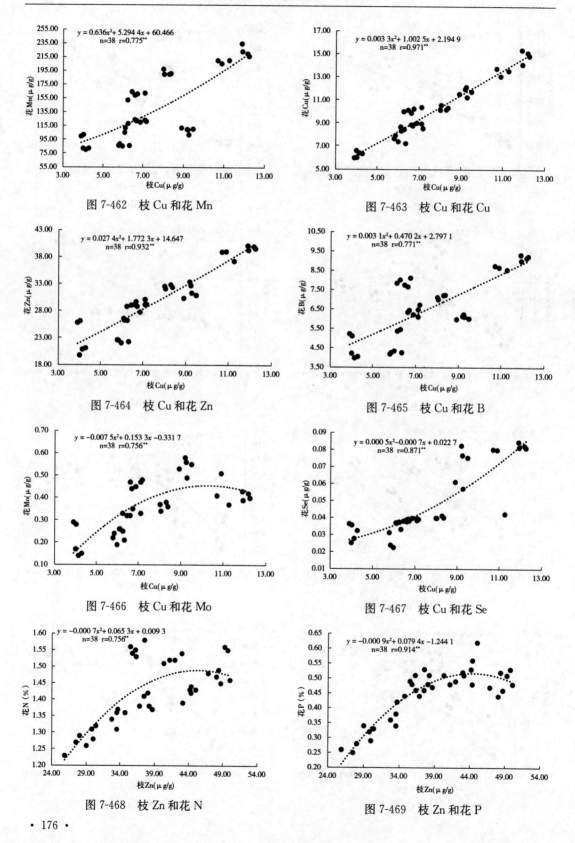

图 7-462　枝 Cu 和花 Mn

图 7-463　枝 Cu 和花 Cu

图 7-464　枝 Cu 和花 Zn

图 7-465　枝 Cu 和花 B

图 7-466　枝 Cu 和花 Mo

图 7-467　枝 Cu 和花 Se

图 7-468　枝 Zn 和花 N

图 7-469　枝 Zn 和花 P

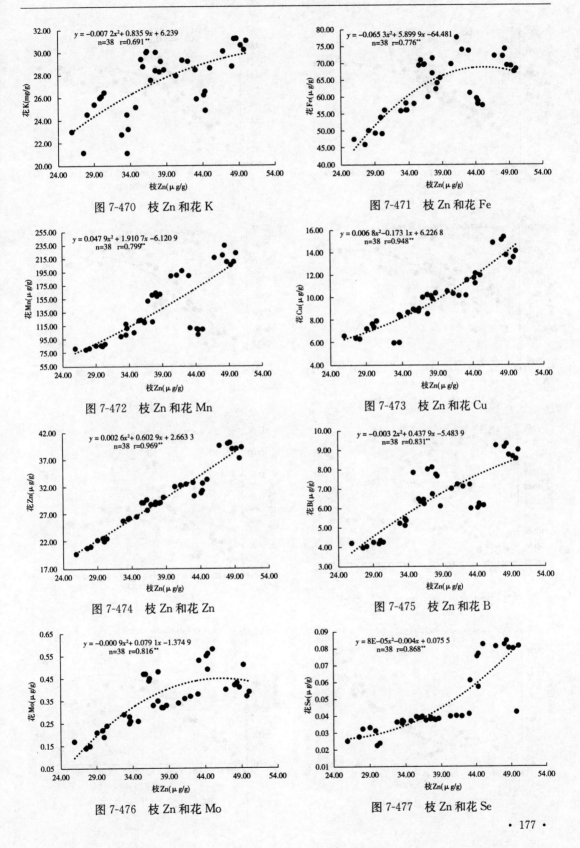

图 7-470　枝 Zn 和花 K

图 7-471　枝 Zn 和花 Fe

图 7-472　枝 Zn 和花 Mn

图 7-473　枝 Zn 和花 Cu

图 7-474　枝 Zn 和花 Zn

图 7-475　枝 Zn 和花 B

图 7-476　枝 Zn 和花 Mo

图 7-477　枝 Zn 和花 Se

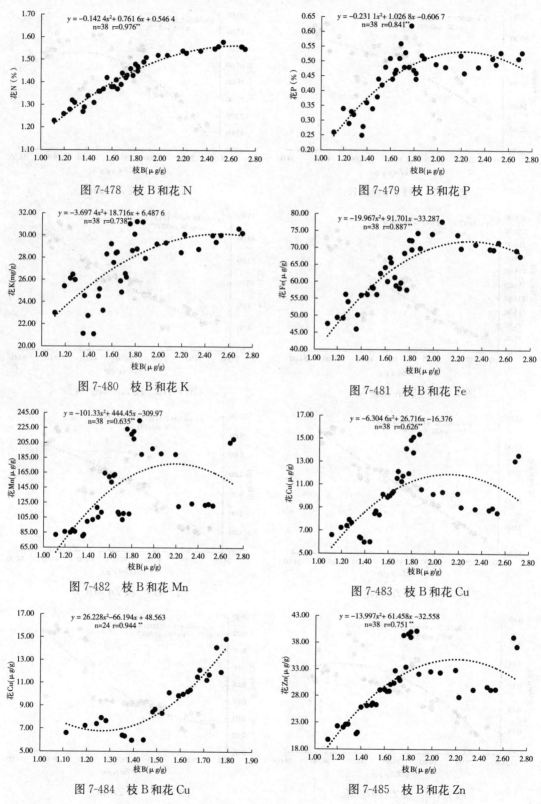

图 7-478　枝 B 和花 N

图 7-479　枝 B 和花 P

图 7-480　枝 B 和花 K

图 7-481　枝 B 和花 Fe

图 7-482　枝 B 和花 Mn

图 7-483　枝 B 和花 Cu

图 7-484　枝 B 和花 Cu

图 7-485　枝 B 和花 Zn

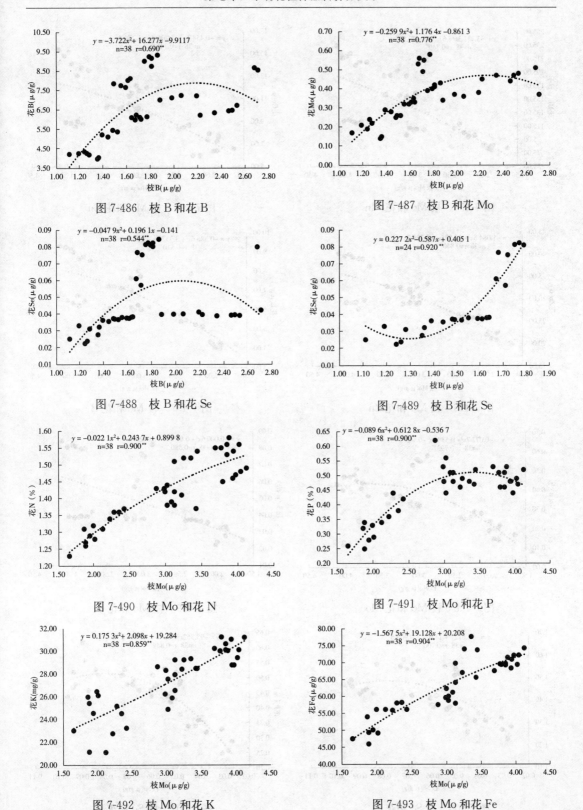

图 7-486 枝 B 和花 B

图 7-487 枝 B 和花 Mo

图 7-488 枝 B 和花 Se

图 7-489 枝 B 和花 Se

图 7-490 枝 Mo 和花 N

图 7-491 枝 Mo 和花 P

图 7-492 枝 Mo 和花 K

图 7-493 枝 Mo 和花 Fe

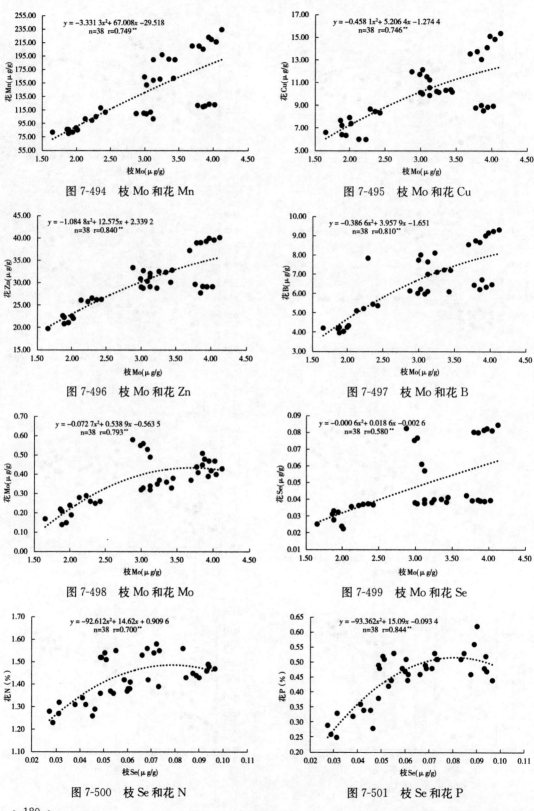

图 7-494　枝 Mo 和花 Mn

图 7-495　枝 Mo 和花 Cu

图 7-496　枝 Mo 和花 Zn

图 7-497　枝 Mo 和花 B

图 7-498　枝 Mo 和花 Mo

图 7-499　枝 Mo 和花 Se

图 7-500　枝 Se 和花 N

图 7-501　枝 Se 和花 P

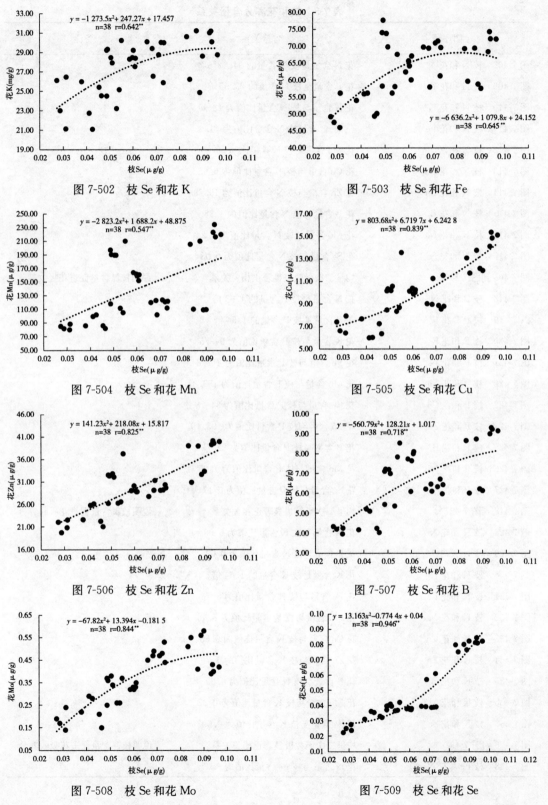

图 7-502　枝 Se 和花 K

图 7-503　枝 Se 和花 Fe

图 7-504　枝 Se 和花 Mn

图 7-505　枝 Se 和花 Cu

图 7-506　枝 Se 和花 Zn

图 7-507　枝 Se 和花 B

图 7-508　枝 Se 和花 Mo

图 7-509　枝 Se 和花 Se

表 7-5　枝和花养分含量关系

图序号	含量关系	备注
图 7-408　枝 N 和花 N	花 N 含量是枝 N 含量的 94.12%	
图 7-409　枝 N 和花 P	花 P 含量是枝 N 含量的 29.50%	
图 7-410　枝 N 和花 K	花 K 含量与枝 N 含量比值为 18.11	
图 7-411　枝 N 和花 Fe	花 Fe 含量与枝 N 含量比值为 41.63	
图 7-412　枝 N 和花 Mn	花 Mn 含量与枝 N 含量比 0.50	
图 7-413　枝 N 和花 Cu	花 Cu 含量与枝 N 含量比值为 6.65	
图 7-414　枝 N 和花 Zn	花 Zn 含量与枝 N 含量比值为 19.78	
图 7-415　枝 N 和花 B	花 B 含量与枝 N 含量比值为 4.35	
图 7-416　枝 N 和花 Mo	花 Mo 含量与枝 N 含量比值为 0.24	
图 7-417　枝 N 和花 Se	花 Se 含量与枝 N 含量比值为 0.03	
图 7-408 到图 7-417	均呈二次函数极显著正相关关系	说明枝氮含量促进花吸收养分
图 7-418　枝 P 和花 N	花 N 含量是枝 P 含量的 4.93 倍	
图 7-419　枝 P 和花 P	花 P 含量是枝 P 含量的 1.54 倍	
图 7-420　枝 P 和花 K	花 K 含量与枝 P 含量比值为 94.75	
图 7-421　枝 P 和花 Fe	花 Fe 含量与枝 P 含量比值为 217.84	
图 7-422　枝 P 和花 Mn	花 Mn 含量与枝 P 含量比值为 489.31	
图 7-423　枝 P 和花 Cu	花 Cu 含量与枝 P 含量比值为 34.78	
图 7-424　枝 P 和花 Zn	花 Zn 含量与枝 P 含量比值为 103.49	
图 7-425　枝 P 和花 B	花 B 含量与枝 P 含量比值为 22.78	
图 7-426　枝 P 和花 Mo	花 Mo 含量与枝 P 含量比值为 1.25	
图 7-427　枝 P 和花 Se	花 Se 含量与枝 P 含量比值为 0.17	
图 7-418 到图 7-427	均呈二次函数极显著正相关关系	说明枝磷含量促进花吸收养分
图 7-428　枝 K 和花 N	花 N 含量与枝 K 含量比值为 0.09	
图 7-429　枝 K 和花 P	花 P 含量与枝 K 含量比值为 0.03	
图 7-430　枝 K 和花 K	花 K 含量是枝 K 含量的 1.64 倍	
图 7-431　枝 K 和花 Fe	花 Fe 含量与枝 K 含量比值为 3.76	
图 7-432　枝 K 和花 Mn	花 Mn 含量与枝 K 含量比值为 8.46	
图 7-433　枝 K 和花 Cu	花 Cu 含量与枝 K 含量比值为 0.60	
图 7-434　枝 K 和花 Zn	花 Zn 含量与枝 K 含量比值为 1.79	
图 7-435　枝 K 和花 B	花 B 含量与枝 K 含量比值为 0.39	
图 7-436　枝 K 和花 Mo	花 Mo 含量与枝 K 含量比值为 0.02	
图 7-437　枝 K 和花 Se	花 Se 含量与枝 K 含量比值为 0.003	
图 7-428 到图 7-437	均呈二次函数极显著正相关关系	说明枝钾含量促进花吸收养分
图 7-438　枝 Fe 和花 N	花 N 含量与枝 Fe 含量比值为 0.07	

（续）

图序号	含量关系	备注
图 7-439 枝 Fe 和花 P	花 P 含量与枝 Fe 含量比值为 0.02	
图 7-440 枝 Fe 和花 K	花 K 含量与枝 Fe 含量比值为 1.42	
图 7-441 枝 Fe 和花 Fe	花 Fe 含量是枝 Fe 含量的 3.27 倍	
图 7-442 枝 Fe 和花 Mn	花 Mn 含量是枝 Fe 含量的 7.35 倍	
图 7-443 枝 Fe 和花 Cu	花 Cu 含量是枝 Fe 含量的 52.22%	
图 7-444 枝 Fe 和花 Zn	花 Zn 含量是枝 Fe 含量的 1.55 倍	
图 7-445 枝 Fe 和花 B	花 B 含量是枝 Fe 含量的 34.20%	
图 7-446 枝 Fe 和花 Mo	花 Mo 含量是枝 Fe 含量的 1.87%	
图 7-447 枝 Fe 和花 Se	花 Se 含量是枝 Fe 含量的 0.25%	
图 7-438 到图 7-447	均呈二次函数极显著正相关关系	说明枝铁含量促进花吸收养分
图 7-448 枝 Mn 和花 N	花 N 含量与枝 Mn 含量比值为 0.04	
图 7-449 枝 Mn 和花 P	花 P 含量与枝 Mn 含量比值为 0.01	
图 7-450 枝 Mn 和花 K	花 K 含量与枝 Mn 含量比值为 0.70	
图 7-451 枝 Mn 和花 Fe	花 Fe 含量是枝 Mn 含量的 1.60 倍	
图 7-452 枝 Mn 和花 Mn	花 Mn 含量是枝 Mn 含量的 3.60 倍	
图 7-453 枝 Mn 和花 Cu	花 Cu 含量是枝 Mn 含量的 25.61%	
图 7-454 枝 Mn 和花 Zn	花 Zn 含量是枝 Mn 含量的 76.19%	
图 7-455 枝 Mn 和花 B	花 B 含量是枝 Mn 含量的 16.77%	
图 7-456 枝 Mn 和花 Mo	花 Mo 含量是枝 Mn 含量的 0.92%	
图 7-457 枝 Mn 和花 Se	花 Se 含量是枝 Mn 含量的 0.12%	
图 7-448 到图 7-457	均呈二次函数极显著正相关关系	说明枝锰含量促进花吸收养分
图 7-458 枝 Cu 和花 N	花 N 含量与枝 Cu 含量比值为 0.19	
图 7-459 枝 Cu 和花 P	花 P 含量与枝 Cu 含量比值为 0.06	
图 7-460 枝 Cu 和花 K	花 K 含量与枝 Cu 含量比值为 3.59	
图 7-461 枝 Cu 和花 Fe	花 Fe 含量是枝 Cu 含量的 8.26 倍	
图 7-462 枝 Cu 和花 Mn	花 Mn 含量是枝 Cu 含量的 18.55 倍	
图 7-463 枝 Cu 和花 Cu	花 Cu 含量是枝 Cu 含量的 1.32 倍	
图 7-464 枝 Cu 和花 Zn	花 Zn 含量是枝 Cu 含量的 3.92 倍	
图 7-465 枝 Cu 和花 B	花 B 含量是枝 Cu 含量的 86.33%	
图 7-466 枝 Cu 和花 Mo	花 Mo 含量是枝 Cu 含量的 4.73%	
图 7-467 枝 Cu 和花 Se	花 Se 含量是枝 Cu 含量的 0.63%	
图 7-458 到图 7-467	均呈二次函数极显著正相关关系	说明枝铜含量促进花吸收养分
图 7-468 枝 Zn 和花 N	花 N 含量与枝 Zn 含量比值为 0.04	
图 7-469 枝 Zn 和花 P	花 P 含量与枝 Zn 含量比值为 0.01	
图 7-470 枝 Zn 和花 K	花 K 含量与枝 Zn 含量比值为 0.71	

（续）

图序号	含量关系	备注
图 7-471 枝 Zn 和花 Fe	花 Fe 含量是枝 Zn 含量的 1.63 倍	
图 7-472 枝 Zn 和花 Mn	花 Mn 含量是枝 Zn 含量的 3.66 倍	
图 7-473 枝 Zn 和花 Cu	花 Cu 含量是枝 Zn 含量的 26.01%	
图 7-474 枝 Zn 和花 Zn	花 Zn 含量是枝 Zn 含量的 77.40%	
图 7-475 枝 Zn 和花 B	花 B 含量是枝 Zn 含量的 17.03%	
图 7-476 枝 Zn 和花 Mo	花 Mo 含量是枝 Zn 含量的 0.93%	
图 7-477 枝 Zn 和花 Se	花 Se 含量是枝 Zn 含量的 0.12%	
图 7-468 到图 7-477	均呈二次函数极显著正相关关系	说明枝锌含量促进花吸收养分
图 7-478 枝 B 和花 N	花 N 含量与枝 B 含量比值为 0.80	
图 7-479 枝 B 和花 P	花 P 含量与枝 B 含量比值为 0.25	
图 7-480 枝 B 和花 K	花 K 含量与枝 B 含量比值为 15.47	
图 7-481 枝 B 和花 Fe	花 Fe 含量是枝 B 含量的 35.57 倍	
图 7-482 枝 B 和花 Mn	花 Mn 含量是枝 B 含量的 79.90 倍	
图 7-483 枝 B 和花 Cu	花 Cu 含量是枝 B 含量的 5.68 倍	
图 7-484 枝 B 和花 Cu	花 Cu 含量是枝 B 含量的 6.23 倍	图 7-484 为图 7-483 中枝 B≤1.8μg/g 的样本回归方程
图 7-485 枝 B 和花 Zn	花 Zn 含量是枝 B 含量的 16.90 倍	
图 7-486 枝 B 和花 B	花 B 含量是枝 B 含量的 3.72 倍	
图 7-487 枝 B 和花 Mo	花 Mo 含量是枝 B 含量的 20.39%	
图 7-488 枝 B 和花 Se	花 Se 含量是枝 B 含量的 2.69%	
图 7-489 枝 B 和花 Se	花 Se 含量是枝 B 含量的 3%	图 7-489 为图 7-488 中枝 B≤1.8μg/g 的样本回归方程
图 7-478 到图 7-489	均呈二次函数极显著正相关关系	说明枝硼含量促进花吸收养分
图 7-490 枝 Mo 和花 N	花 N 含量与枝 Mo 含量比值为 0.47	
图 7-491 枝 Mo 和花 P	花 P 含量与枝 Mo 含量比值为 0.15	
图 7-492 枝 Mo 和花 K	花 K 含量与枝 Mo 含量比值为 9.01	
图 7-493 枝 Mo 和花 Fe	花 Fe 含量是枝 Mo 含量的 20.72 倍	
图 7-494 枝 Mo 和花 Mn	花 Mn 含量是枝 Mo 含量的 46.54 倍	
图 7-495 枝 Mo 和花 Cu	花 Cu 含量是枝 Mo 含量的 3.31 倍	
图 7-496 枝 Mo 和花 Zn	花 Zn 含量是枝 Mo 含量的 9.84 倍	
图 7-497 枝 Mo 和花 B	花 B 含量是枝 Mo 含量的 2.17 倍	
图 7-498 枝 Mo 和花 Mo	花 Mo 含量是枝 Mo 含量的 11.88%	
图 7-499 枝 Mo 和花 Se	花 Se 含量是枝 Mo 含量的 1.57%	
图 7-490 到图 7-499	均呈二次函数极显著正相关关系	说明枝钼含量促进花吸收养分

（续）

图序号		含量关系	备注
图 7-500	枝 Se 和花 N	花 N 含量与枝 Se 含量比值为 23.01	
图 7-501	枝 Se 和花 P	花 P 含量与枝 Se 含量比值为 7.21	
图 7-502	枝 Se 和花 K	花 K 含量与枝 Se 含量比值为 442.62	
图 7-503	枝 Se 和花 Fe	花 Fe 含量是枝 Se 含量的 1017.61 倍	
图 7-504	枝 Se 和花 Mn	花 Mn 含量是枝 Se 含量的 2 285.74 倍	
图 7-505	枝 Se 和花 Cu	花 Cu 含量是枝 Se 含量的 162.47 倍	
图 7-506	枝 Se 和花 Zn	花 Zn 含量是枝 Se 含量的 483.43 倍	
图 7-507	枝 Se 和花 B	花 B 含量是枝 Se 含量的 106.39 倍	
图 7-508	枝 Se 和花 Mo	花 Mo 含量是枝 Se 含量的 5.83 倍	
图 7-509	枝 Se 和花 Se	花 Se 含量是枝 Se 含量的 77.08%	
图 7-500 到图 7-509		均呈二次函数极显著正相关关系	说明枝硒含量促进花吸收养分

第六节　叶　与　花

图 7-510 到图 7-609 为叶和花养分含量关系，其中主要含量关系见表 7-6。

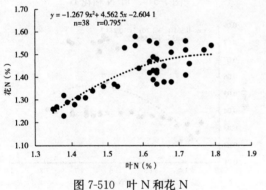

图 7-510　叶 N 和花 N

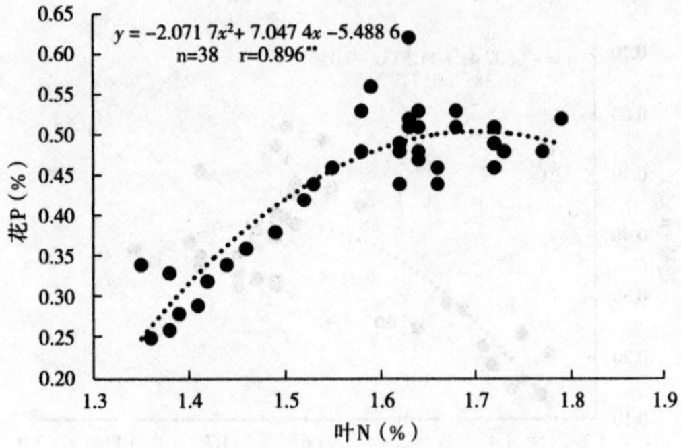

图 7-511　叶 N 和花 P

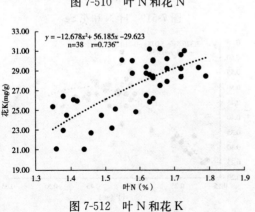

图 7-512　叶 N 和花 K

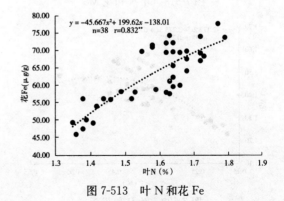

图 7-513　叶 N 和花 Fe

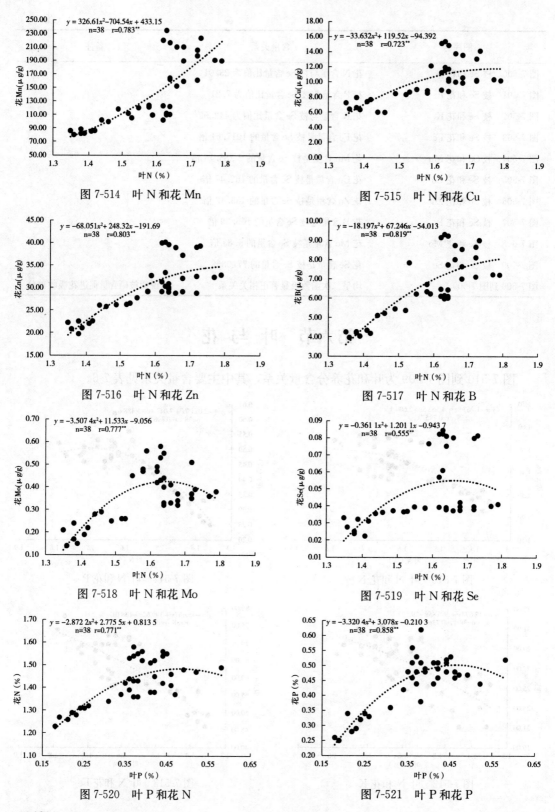

图 7-514　叶 N 和花 Mn

图 7-515　叶 N 和花 Cu

图 7-516　叶 N 和花 Zn

图 7-517　叶 N 和花 B

图 7-518　叶 N 和花 Mo

图 7-519　叶 N 和花 Se

图 7-520　叶 P 和花 N

图 7-521　叶 P 和花 P

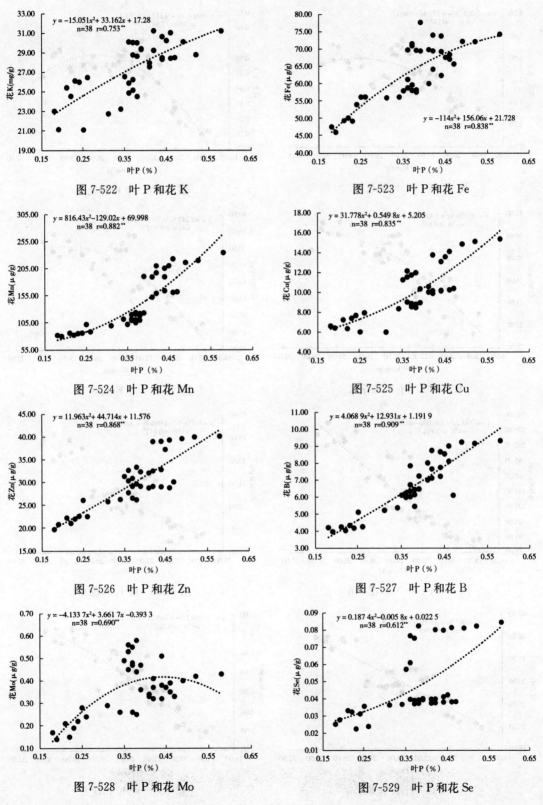

图 7-522　叶 P 和花 K

图 7-523　叶 P 和花 Fe

图 7-524　叶 P 和花 Mn

图 7-525　叶 P 和花 Cu

图 7-526　叶 P 和花 Zn

图 7-527　叶 P 和花 B

图 7-528　叶 P 和花 Mo

图 7-529　叶 P 和花 Se

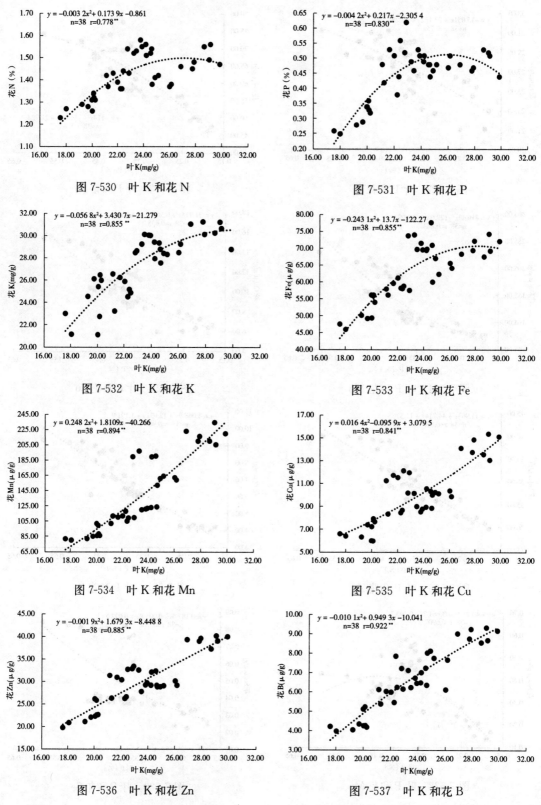

图 7-530 叶 K 和花 N

图 7-531 叶 K 和花 P

图 7-532 叶 K 和花 K

图 7-533 叶 K 和花 Fe

图 7-534 叶 K 和花 Mn

图 7-535 叶 K 和花 Cu

图 7-536 叶 K 和花 Zn

图 7-537 叶 K 和花 B

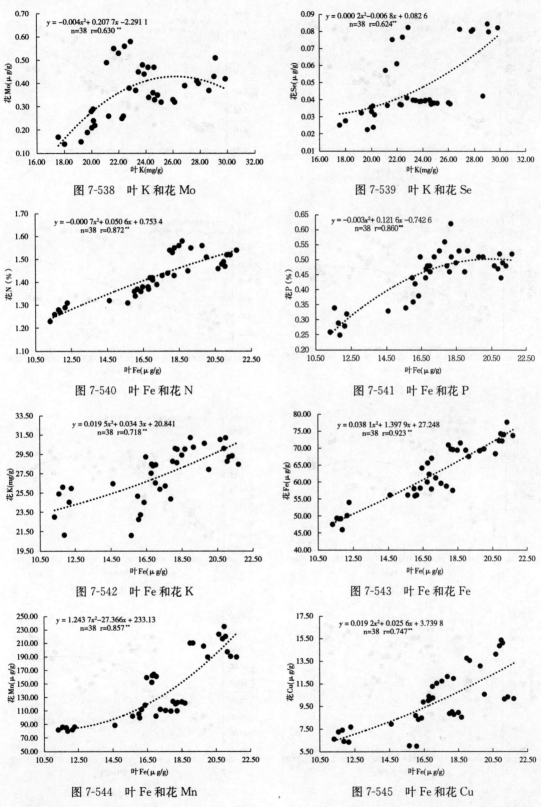

$y = -0.004x^2 + 0.207\,7x - 2.291\,1$
n=38 r=0.630**

图 7-538 叶 K 和花 Mo

$y = 0.000\,2x^2 - 0.006\,8x + 0.082\,6$
n=38 r=0.624**

图 7-539 叶 K 和花 Se

$y = -0.000\,7x^2 + 0.050\,6x + 0.753\,4$
n=38 r=0.872**

图 7-540 叶 Fe 和花 N

$y = -0.003x^2 + 0.121\,6x - 0.742\,6$
n=38 r=0.860**

图 7-541 叶 Fe 和花 P

$y = 0.019\,5x^2 + 0.034\,3x + 20.841$
n=38 r=0.718**

图 7-542 叶 Fe 和花 K

$y = 0.038\,1x^2 + 1.397\,9x + 27.248$
n=38 r=0.923**

图 7-543 叶 Fe 和花 Fe

$y = 1.243\,7x^2 - 27.366x + 233.13$
n=38 r=0.857**

图 7-544 叶 Fe 和花 Mn

$y = 0.019\,2x^2 + 0.025\,6x + 3.739\,8$
n=38 r=0.747**

图 7-545 叶 Fe 和花 Cu

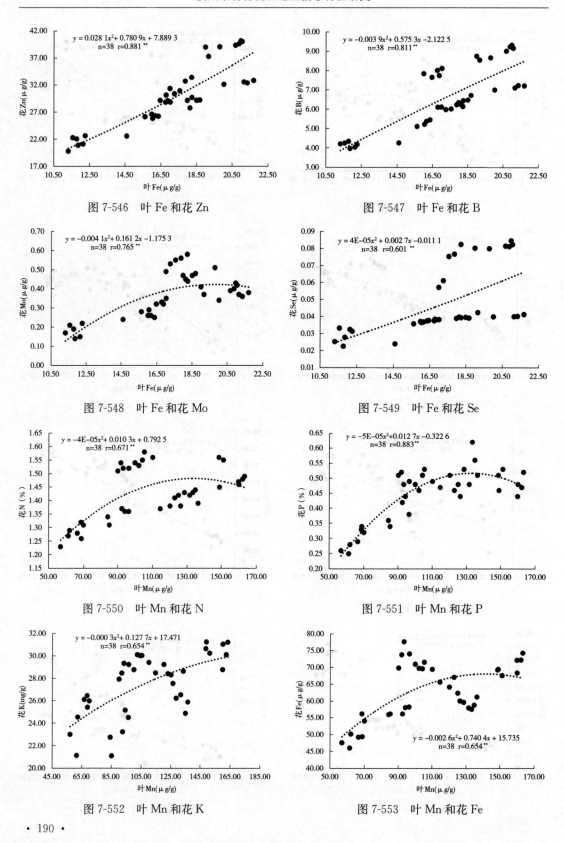

图 7-546　叶 Fe 和花 Zn

图 7-547　叶 Fe 和花 B

图 7-548　叶 Fe 和花 Mo

图 7-549　叶 Fe 和花 Se

图 7-550　叶 Mn 和花 N

图 7-551　叶 Mn 和花 P

图 7-552　叶 Mn 和花 K

图 7-553　叶 Mn 和花 Fe

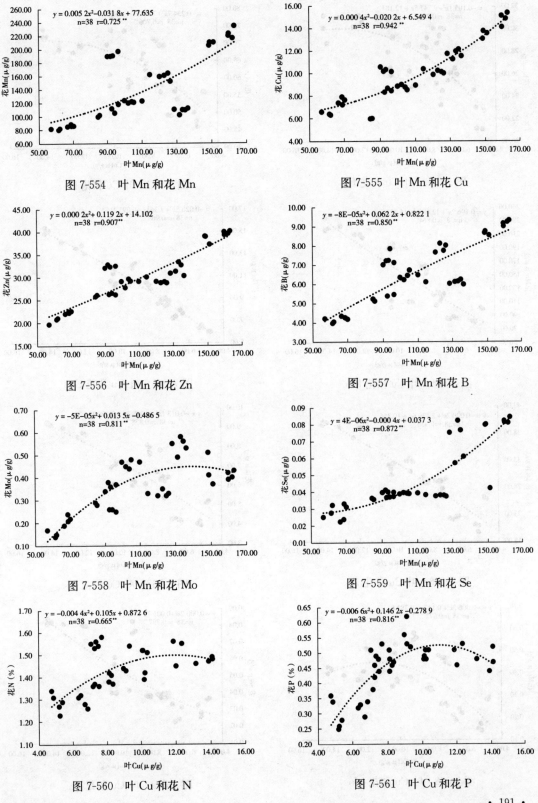

图 7-554 叶 Mn 和花 Mn

图 7-555 叶 Mn 和花 Cu

图 7-556 叶 Mn 和花 Zn

图 7-557 叶 Mn 和花 B

图 7-558 叶 Mn 和花 Mo

图 7-559 叶 Mn 和花 Se

图 7-560 叶 Cu 和花 N

图 7-561 叶 Cu 和花 P

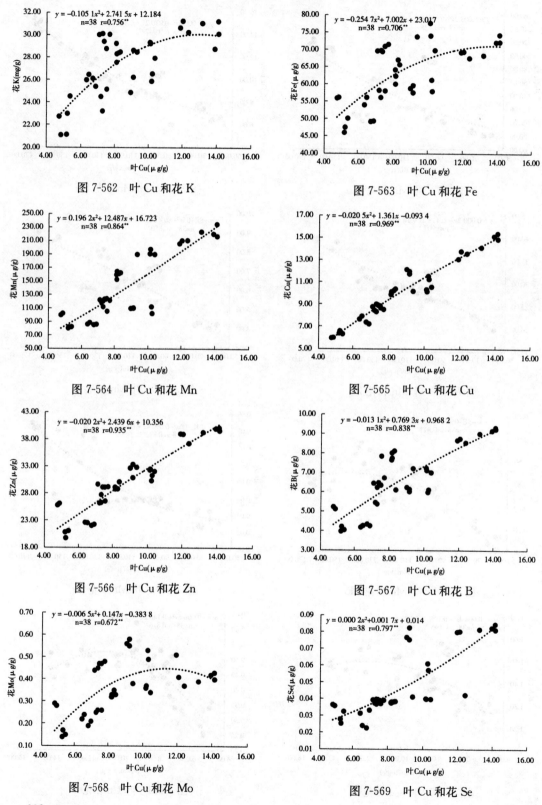

图 7-562　叶 Cu 和花 K

图 7-563　叶 Cu 和花 Fe

图 7-564　叶 Cu 和花 Mn

图 7-565　叶 Cu 和花 Cu

图 7-566　叶 Cu 和花 Zn

图 7-567　叶 Cu 和花 B

图 7-568　叶 Cu 和花 Mo

图 7-569　叶 Cu 和花 Se

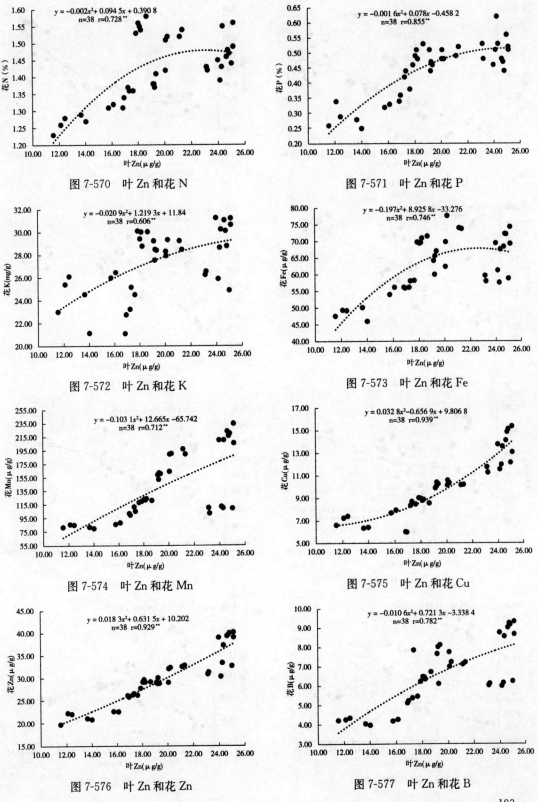

图 7-570　叶 Zn 和花 N

图 7-571　叶 Zn 和花 P

图 7-572　叶 Zn 和花 K

图 7-573　叶 Zn 和花 Fe

图 7-574　叶 Zn 和花 Mn

图 7-575　叶 Zn 和花 Cu

图 7-576　叶 Zn 和花 Zn

图 7-577　叶 Zn 和花 B

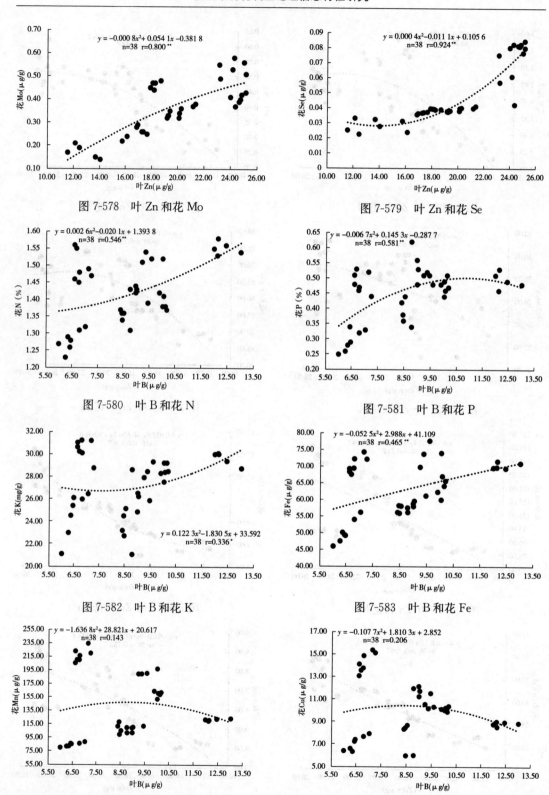

图 7-578　叶 Zn 和花 Mo

图 7-579　叶 Zn 和花 Se

图 7-580　叶 B 和花 N

图 7-581　叶 B 和花 P

图 7-582　叶 B 和花 K

图 7-583　叶 B 和花 Fe

图 7-584　叶 B 和花 Mn

图 7-585　叶 B 和花 Cu

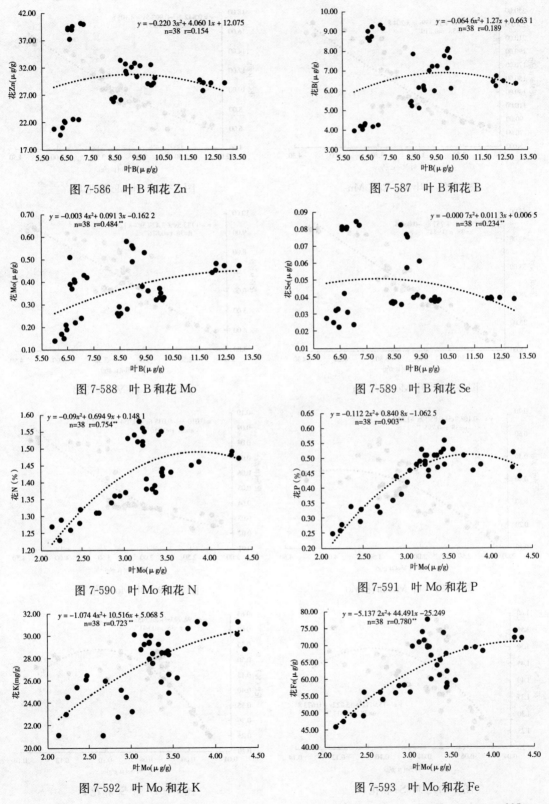

图 7-586 叶 B 和花 Zn

图 7-587 叶 B 和花 B

图 7-588 叶 B 和花 Mo

图 7-589 叶 B 和花 Se

图 7-590 叶 Mo 和花 N

图 7-591 叶 Mo 和花 P

图 7-592 叶 Mo 和花 K

图 7-593 叶 Mo 和花 Fe

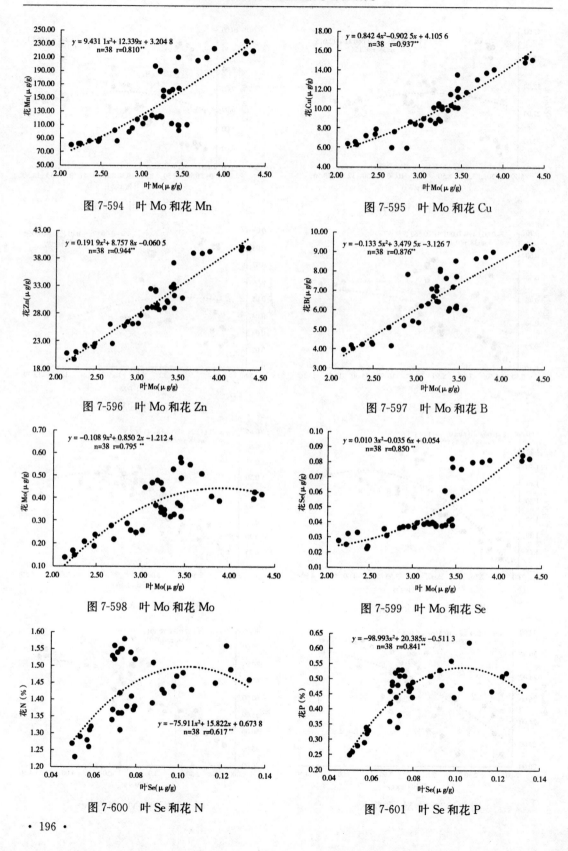

图 7-594　叶 Mo 和花 Mn

图 7-595　叶 Mo 和花 Cu

图 7-596　叶 Mo 和花 Zn

图 7-597　叶 Mo 和花 B

图 7-598　叶 Mo 和花 Mo

图 7-599　叶 Mo 和花 Se

图 7-600　叶 Se 和花 N

图 7-601　叶 Se 和花 P

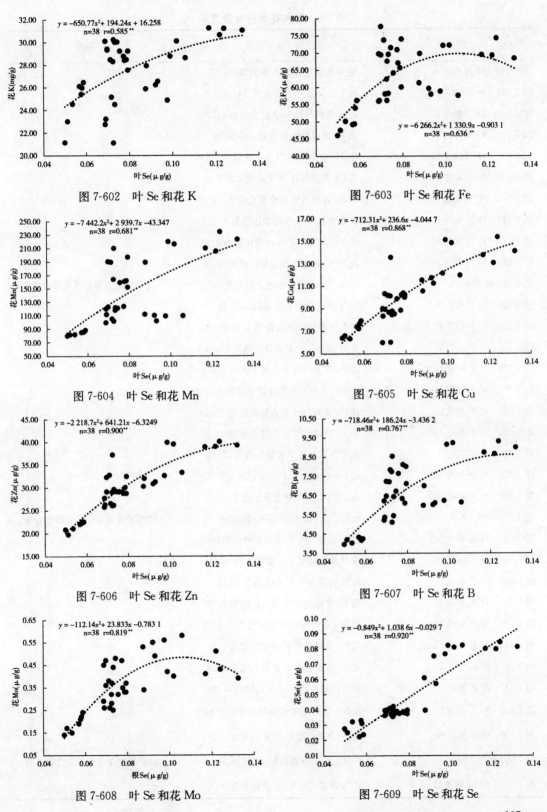

图 7-602　叶 Se 和花 K

图 7-603　叶 Se 和花 Fe

图 7-604　叶 Se 和花 Mn

图 7-605　叶 Se 和花 Cu

图 7-606　叶 Se 和花 Zn

图 7-607　叶 Se 和花 B

图 7-608　叶 Se 和花 Mo

图 7-609　叶 Se 和花 Se

表 7-6　叶和花养分含量关系

图序号	含量关系	备注
图 7-510　叶 N 和花 N	花 N 含量是叶 N 含量的 89.85%	
图 7-511　叶 N 和花 P	花 P 含量是叶 N 含量的 28.16%	
图 7-512　叶 N 和花 K	花 K 含量与叶 N 含量比值为 17.28	
图 7-513　叶 N 和花 Fe	花 Fe 含量与叶 N 含量比值为 39.74	
图 7-514　叶 N 和花 Mn	花 Mn 含量与叶 N 含量比值为 89.26	
图 7-515　叶 N 和花 Cu	花 Cu 含量与叶 N 含量比值为 6.34	
图 7-516　叶 N 和花 Zn	花 Zn 含量与叶 N 含量比值为 18.88	
图 7-517　叶 N 和花 B	花 B 含量与叶 N 含量比值为 4.15	
图 7-518　叶 N 和花 Mo	花 Mo 含量与叶 N 含量比值为 0.23	
图 7-519　叶 N 和花 Se	花 Se 含量与叶 N 含量比值为 0.03	
图 7-510 到图 7-519	均呈二次函数极显著正相关关系	说明叶氮含量促进花吸收养分
图 7-520　叶 P 和花 N	花 N 含量是叶 P 含量的 3.84 倍	
图 7-521　叶 P 和花 P	花 P 含量是叶 P 含量的 1.20 倍	
图 7-522　叶 P 和花 K	花 K 含量与叶 P 含量比值为 73.84	
图 7-523　叶 P 和花 Fe	花 Fe 含量与叶 P 含量比值为 169.76	
图 7-524　叶 P 和花 Mn	花 Mn 含量与叶 P 含量比值为 381.31	
图 7-525　叶 P 和花 Cu	花 Cu 含量与叶 P 含量比值为 27.10	
图 7-526　叶 P 和花 Zn	花 Zn 含量与叶 P 含量比值为 80.65	
图 7-527　叶 P 和花 B	花 B 含量与叶 P 含量比值为 17.75	
图 7-528　叶 P 和花 Mo	花 Mo 含量与叶 P 含量比值为 0.97	
图 7-529　叶 P 和花 Se	花 Se 含量与叶 P 含量比值为 0.13	
图 7-520 到图 7-529	均呈二次函数极显著正相关关系	说明叶磷含量促进花吸收养分
图 7-530　叶 K 和花 N	花 N 含量与叶 K 含量比值为 0.06	
图 7-531　叶 K 和花 P	花 P 含量与叶 K 含量比值为 0.02	
图 7-532　叶 K 和花 K	花 K 含量是叶 K 含量的 1.17 倍	
图 7-533　叶 K 和花 Fe	花 Fe 含量与叶 K 含量比值为 2.68	
图 7-534　叶 K 和花 Mn	花 Mn 含量与叶 K 含量比值为 6.03	
图 7-535　叶 K 和花 Cu	花 Cu 含量与叶 K 含量比值为 0.43	
图 7-536　叶 K 和花 Zn	花 Zn 含量与叶 K 含量比值为 1.27	
图 7-537　叶 K 和花 B	花 B 含量与叶 K 含量比值为 0.28	
图 7-538　叶 K 和花 Mo	花 Mo 含量与叶 K 含量比值为 0.02	
图 7-539　叶 K 和花 Se	花 Se 含量与叶 K 含量比值为 0.002	
图 7-530 到图 7-539	均呈二次函数极显著正相关关系	说明叶钾含量促进花吸收养分
图 7-540　叶 Fe 和花 N	花 N 含量与叶 Fe 含量比值为 0.08	

（续）

图序号	含量关系	备注
图 7-541　叶 Fe 和花 P	花 P 含量与叶 Fe 含量比值为 0.03	
图 7-542　叶 Fe 和花 K	花 K 含量与叶 Fe 含量比值为 1.59	
图 7-543　叶 Fe 和花 Fe	花 Fe 含量是叶 Fe 含量的 3.65 倍	
图 7-544　叶 Fe 和花 Mn	花 Mn 含量是叶 Fe 含量的 8.21 倍	
图 7-545　叶 Fe 和花 Cu	花 Cu 含量是叶 Fe 含量的 58.35%	
图 7-546　叶 Fe 和花 Zn	花 Zn 含量是叶 Fe 含量的 1.74 倍	
图 7-547　叶 Fe 和花 B	花 B 含量是叶 Fe 含量的 38.21%	
图 7-548　叶 Fe 和花 Mo	花 Mo 含量是叶 Fe 含量的 2.09%	
图 7-549　叶 Fe 和花 Se	花 Se 含量是叶 Fe 含量的 0.28%	
图 7-540 到图 7-549	均呈二次函数极显著正相关关系	说明叶铁含量促进花吸收养分
图 7-550　叶 Mn 和花 N	花 N 含量与叶 Mn 含量比值为 0.01	
图 7-551　叶 Mn 和花 P	花 P 含量与叶 Mn 含量比值为 0.04	
图 7-552　叶 Mn 和花 K	花 K 含量与叶 Mn 含量比值为 0.25	
图 7-553　叶 Mn 和花 Fe	花 Fe 含量是叶 Mn 含量的 57.40%	
图 7-554　叶 Mn 和花 Mn	花 Mn 含量是叶 Mn 含量的 1.29 倍	
图 7-555　叶 Mn 和花 Cu	花 Cu 含量是叶 Mn 含量的 9.16%	
图 7-556　叶 Mn 和花 Zn	花 Zn 含量是叶 Mn 含量的 27.27%	
图 7-557　叶 Mn 和花 B	花 B 含量是叶 Mn 含量的 6%	
图 7-558　叶 Mn 和花 Mo	花 Mo 含量是叶 Mn 含量的 0.33%	
图 7-559　叶 Mn 和花 Se	花 Se 含量是叶 Mn 含量的 0.04%	
图 7-550 到图 7-559	均呈二次函数极显著正相关关系	说明叶锰含量促进花吸收养分
图 7-560　叶 Cu 和花 N	花 N 含量与叶 Cu 含量比值为 0.16	
图 7-561　叶 Cu 和花 P	花 P 含量与叶 Cu 含量比值为 0.05	
图 7-562　叶 Cu 和花 K	花 K 含量与叶 Cu 含量比值为 3.15	
图 7-563　叶 Cu 和花 Fe	花 Fe 含量是叶 Cu 含量的 7.24 倍	
图 7-564　叶 Cu 和花 Mn	花 Mn 含量是叶 Cu 含量的 16.27 倍	
图 7-565　叶 Cu 和花 Cu	花 Cu 含量是叶 Cu 含量的 1.16 倍	
图 7-566　叶 Cu 和花 Zn	花 Zn 含量是叶 Cu 含量的 3.44 倍	
图 7-567　叶 Cu 和花 B	花 B 含量是叶 Cu 含量的 75.71%	
图 7-568　叶 Cu 和花 Mo	花 Mo 含量是叶 Cu 含量的 4.15%	
图 7-569　叶 Cu 和花 Se	花 Se 含量是叶 Cu 含量的 0.55%	
图 7-560 到图 7-569	均呈二次函数极显著正相关关系	说明叶铜含量促进花吸收养分
图 7-570　叶 Zn 和花 N	花 N 含量与叶 Zn 含量比值为 0.07	
图 7-571　叶 Zn 和花 P	花 P 含量与叶 Zn 含量比值为 0.02	
图 7-572　叶 Zn 和花 K	花 K 含量与叶 Zn 含量比值为 1.40	

(续)

图序号	含量关系	备注
图 7-573　叶 Zn 和花 Fe	花 Fe 含量是叶 Zn 含量的 3.21 倍	
图 7-574　叶 Zn 和花 Mn	花 Mn 含量是叶 Zn 含量的 7.21 倍	
图 7-575　叶 Zn 和花 Cu	花 Cu 含量是叶 Zn 含量的 51.24%	
图 7-576　叶 Zn 和花 Zn	花 Zn 含量是叶 Zn 含量的 1.52 倍	
图 7-577　叶 Zn 和花 B	花 B 含量是叶 Zn 含量的 33.56%	
图 7-578　叶 Zn 和花 Mo	花 Mo 含量是叶 Zn 含量的 1.84%	
图 7-579　叶 Zn 和花 Se	花 Se 含量是叶 Zn 含量的 0.24%	
图 7-570 到图 7-579	均呈二次函数极显著正相关关系	说明叶锌含量促进花吸收养分
图 7-580　叶 B 和花 N	花 N 含量与叶 B 含量比值为 0.16	
图 7-581　叶 B 和花 P	花 P 含量与叶 B 含量比值为 0.05	
图 7-582　叶 B 和花 K	花 K 含量与叶 B 含量比值为 3.15	
图 7-583　叶 B 和花 Fe	花 Fe 含量是叶 B 含量的 7.23 倍	
图 7-584　叶 B 和花 Mn	花 Mn 含量是叶 B 含量的 16.24 倍	不相关
图 7-585　叶 B 和花 Cu	花 Cu 含量是叶 B 含量的 1.15 倍	不相关
图 7-586　叶 B 和花 Zn	花 Zn 含量是叶 B 含量的 3.44 倍	不相关
图 7-587　叶 B 和花 B	花 B 含量是叶 B 含量的 75.60%	不相关
图 7-588　叶 B 和花 Mo	花 Mo 含量是叶 B 含量的 4.14%	
图 7-589　叶 B 和花 Se	花 Se 含量是叶 B 含量的 0.55%	
图 7-580 到图 7-589	均呈二次函数极显著正相关关系	说明叶硼含量促进花吸收养分
图 7-590　叶 Mo 和花 N	花 N 含量与叶 Mo 含量比值为 0.45	
图 7-591　叶 Mo 和花 P	花 P 含量与叶 Mo 含量比值为 0.14	
图 7-592　叶 Mo 和花 K	花 K 含量与叶 Mo 含量比值为 8.58	
图 7-593　叶 Mo 和花 Fe	花 Fe 含量是叶 Mo 含量的 19.72 倍	
图 7-594　叶 Mo 和花 Mn	花 Mn 含量是叶 Mo 含量的 44.30 倍	
图 7-595　叶 Mo 和花 Cu	花 Cu 含量是叶 Mo 含量的 3.15 倍	
图 7-596　叶 Mo 和花 Zn	花 Zn 含量是叶 Mo 含量的 9.37 倍	
图 7-597　叶 Mo 和花 B	花 B 含量是叶 Mo 含量的 2.06 倍	
图 7-598　叶 Mo 和花 Mo	花 Mo 含量是叶 Mo 含量的 11.30%	
图 7-599　叶 Mo 和花 Se	花 Se 含量是叶 Mo 含量的 1.49%	
图 7-590 到图 7-599	均呈二次函数极显著正相关关系	说明叶钼含量促进花吸收养分
图 7-600　叶 Se 和花 N	花 N 含量与叶 Se 含量比值为 17.76	
图 7-601　叶 Se 和花 P	花 P 含量与叶 Se 含量比值为 5.57	
图 7-602　叶 Se 和花 K	花 K 含量与叶 Se 含量比值为 341.68	
图 7-603　叶 Se 和花 Fe	花 Fe 含量是叶 Se 含量的 785.54 倍	
图 7-604　叶 Se 和花 Mn	花 Mn 含量是叶 Se 含量的 1 764.47 倍	

（续）

图序号	含量关系	备注
图 7-605　叶 Se 和花 Cu	花 Cu 含量是叶 Se 含量的 125.42 倍	
图 7-606　叶 Se 和花 Zn	花 Zn 含量是叶 Se 含量的 373.18 倍	
图 7-607　叶 Se 和花 B	花 B 含量是叶 Se 含量的 82.13 倍	
图 7-608　叶 Se 和花 Mo	花 Mo 含量是叶 Se 含量的 4.50 倍	
图 7-609　叶 Se 和花 Se	花 Se 含量是叶 Se 含量的 59.50%	
图 7-600 到图 7-609	均呈二次函数极显著正相关关系	说明叶硒含量促进花吸收养分

第八章 茉莉花区划

第一节 数据来源

地形地貌数据以来自地理空间数据云平台的横州市空间分辨率为 30m 的 GDEMv3 数据为基础，分析提取高程数据。

土壤数据集来源于国家青藏高原科学数据中心的中国土壤特征数据集[131]，包括 pH、全氮、全磷、全钾、水解性氮、有效磷和速效钾 7 个土壤养分指标。

第二节 研究方法

（1）使用 101 个实地采样点数据分别与高程以及土壤 0～10cm 的 pH、全氮、全磷、全钾、水解性氮、有效磷和速效钾 8 个区划因子进行叠加分析，得到茉莉花土地适宜性评价的基本条件。

（2）以茉莉花土地适宜性评价的基本条件为基础，分别将高程、土壤 pH、全氮、全磷、全钾、水解性氮、有效磷和速效钾 8 个区划指标分别聚类成 3 个等级，构建不同区划指标组合的指标体系，即可得到组合的栅格数据，并将其进行 3 级和 5 级综合区划。

（3）使用（2）中得到的区划结果和地形数据，根据高程和土壤元素在空间上的分布，探讨不同区划的合理性，将最终获取最优区划的结果作为茉莉花土地适宜性区划成果。

第三节 不同产量等级影响因素

茉莉花喜肥，古有"清兰花，浊茉莉"之说。茉莉花在生长过程中需要充足的养分，为枝叶、花蕾的生长和发育提供条件，特别是氮、磷、钾，其直接影响作物的产量与品质。当茉莉花植株缺少氮、磷、钾等营养时，光合作用减弱，碳水化合物合成减少，花量显著减产；当某些营养元素过剩时，影响茉莉花植株的花芽分化和叶片生长，进而导致茉莉花减产。可见，营养元素缺少或过剩时都会导致产量降低。

统计茉莉花不同产量等级的影响因素，结果见表 8-1。茉莉花高产等级的影响因素范围是高产地块的必要不充分条件，即高产地块的影响因素范围为一个合理区间；反之，影响因素在合理范围的地块不一定为高产地块。

表 8-1 横州茉莉花不同产量等级的影响因素

影响因素	高产等级（12）	中产等级（56）	低产等级（33）
高程（m）	50～65	44～107	42～107
土壤 pH	5.5～7.0	3.4～8.3	4.3～8.2
土壤全氮（g/kg）	1.65～2.45	0.73～2.76	0.65～2.55
土壤全磷（g/kg）	0.062～0.149	0.041～0.375	0.039～0.222
土壤全钾（g/kg）	4.5～12.5	0.8～14.2	1.5～21.5
土壤水解性氮（mg/kg）	51.20～124.19	20.00～222.00	35.50～238.00
土壤有效磷（mg/kg）	4.8～90.0	4.3～599.4	4.7～320.6
土壤速效钾（mg/kg）	20～280	21～787	26～394

备注：括号中的数字为样本数。

第四节 生长适宜等级划分

本研究在横州市校椅镇、横州镇、云表镇、马岭镇、莲塘镇、那阳镇和百合镇设置101 个采样点，实测获得每个采样点的纬度、经度和高程，并于 2018 年 8 月盛花期采集 0～10cm 土样，测定土壤 pH、全氮、全磷、水解性氮、有效磷、速效钾。通过调查采样时茉莉花亩产和对地块近年亩产的咨询，将地块亩产划分为高产、中产、低产 3 个产量等级，记做 Y，实现对地块亩产的等级划分。利用亩产等级与立地条件因子的散点图，结合茉莉花种植园的实测数据，确定各立地条件因子的分级界限值，将各立地条件因子分为适宜、次适宜、不适宜 3 个等级。量化得出的茉莉花生长适宜等级结果如表8-2所示。

表 8-2 横州茉莉花生长适宜等级

评价因子	非常适宜（Ⅰ）	适宜（Ⅱ）	不适宜（Ⅲ）
高程（m）	50～65	<50	>65
土壤 pH	5.5～7.0	<5.5	>7.0
土壤全氮（g/kg）	1.0～2.0	>2.0	<1.0
土壤全磷（g/kg）	0.05～0.15	>0.15	<0.05
土壤水解性氮（mg/kg）	50～150	>150	<50
土壤有效磷（mg/kg）	5～100	>100	<5
土壤速效钾（mg/kg）	20～280	>280	<20

第五节 土壤养分及高程的描述性

土壤养分及高程的描述性统计结果如表 8-3 所示。高程值在 −16.5～1 057.99m 之间，表明横州市地形起伏大。土壤 pH、全氮和全磷的含量分别在 4.73～7.99g/kg、0.08～0.20g/kg 和 0.04～0.07g/kg 范围内，能满足茉莉花发育和生长的营养需求。土壤水解性氮和有效磷是作物可以吸收的土壤氮、磷的主要形态[132~133]。横州市土壤有效磷含量整体较低，其值范围在 1.79～11.09mg/kg 之间，表明横州市土壤磷素的矿化率低。与有效磷相比，土壤全氮的矿化率较高，因此土壤中水解性氮含量较高，其值范围介于 62.11～138.24mg/kg 之间。横州市经矿化后土壤养分含量从高到低表现为：水解性氮＞速效钾＞有效磷。

结合茉莉花生长适宜等级（表 8-2）及分析：横州市土壤全氮、水解性氮和速效钾只能够聚成一类，其中，全氮仅能聚类为等级 3，水解性氮和速效钾仅能聚类为等级 1。由于这 3 个土壤属性对于横州市各乡镇的贡献率相同，因此，本研究未将其作为茉莉花适应性区划的评价指标。由此得到横州市茉莉花土地适宜性区划指标分别为高程、pH、全磷和有效磷。

表 8-3　横州土壤养分及高程的描述性统计

	高程（m）	pH	全氮 （g/kg）	全磷 （g/kg）	水解性氮 （mg/kg）	有效磷 （mg/kg）	速效钾 （mg/kg）
最小值	−16.50	4.73	0.08	0.04	62.11	1.79	36.00
最大值	1 057.99	7.99	0.20	0.07	138.24	11.09	132.43
平均值	116.45	5.56	0.12	0.05	93.62	3.51	93.54

第六节　单因子区划结果

从高程分布状况看，灵竹镇、六景镇、峦城镇、平朗乡、飞龙乡、板路乡、莲塘镇、横州镇、云表镇和百合镇的部分地区，高程值在 50～60m 之间，为茉莉花种植的高程非常适宜区；横州镇及云表镇和百合镇的部分地区，高程值小于 50m，为高程适宜区；其余地区高程值大于 65m，为高程不适宜区。

从 pH 分布状况看，横州镇及云表镇和那阳镇的部分地区，pH 大于等于 7.0，为茉莉花种植的 pH 不适宜区；横州镇及马岭镇、灵竹镇、云表镇、飞龙乡和平朗乡的大部分地区，六景镇、平马镇和莲塘镇 9 个乡镇的零散区域，pH 在 5.5～7.0，为 pH 非常适宜区；其余地区 pH 小于 5.5，为 pH 适宜区。

从全磷分布状况看，横州市的全磷含量仅能聚类成 2 类。其中，灵竹镇、六景镇、那阳镇、板路乡、横州镇，马岭镇、校椅镇和百合镇的部分地区，全磷含量在 0.05～0.15g/kg 之间，为茉莉花种植的全磷非常适宜区；其余地区全磷含量小于 0.05g/kg，为全磷的不适宜区。

从有效磷分布状况看，横州市有效磷含量仅能聚类成 2 类。除横州镇及马岭镇、校椅镇和云表镇的部分地区外，有效磷的非常适宜区零散分布于各乡镇，有效磷含量在 5～100mg/kg 之间；其余地区有效磷含量小于 5mg/kg，为有效磷的不适宜区。

第七节　适宜性区划方法

高程代表水分和肥力状况，pH代表土壤化学属性，磷代表土壤养分状况，包含全磷和有效磷，均影响茉莉花生长和发育。本文采用高程＋pH＋全磷、高程＋pH＋有效磷和高程＋pH＋全磷＋有效磷3种指标体系进行3级和5级两种级别的综合区划。把对应组合方案的区划指标按重要性进行排列组合，获得不同土壤元素的组合栅格数据。将组合栅格数据每个像元值进行求和运算，栅格值越高表明土壤理化性质提供的茉莉花生长条件越低。比较3种指标体系和两种分级方式，基于实地验证及前人研究结果，最终确定以高程＋pH＋全磷的5级综合适宜性区划更为合理，作为本研究的最终茉莉花适宜性区划成果（表8-4）。

表8-4　横州综合区划判别规则

	非常适宜	组合中有3个或2个等级1的指标
3级综合适宜区划	适宜	组合中含有1个等级1的指标
	不适宜	组合中没有等级1的指标
	非常适宜	组合栅格单个像元值和为3～4
	比较适宜	组合栅格单个像元值和为5
5级综合适宜区划	适宜	组合栅格单个像元值和为6
	基本不适宜	组合栅格单个像元值和为7
	不适宜	组合栅格单个像元值和为8～9

第八节　综合适宜性区划分析

非常适宜区：主要分布于横州市东南部的云表镇、横州镇和百合镇的大部分区域，零散分布于西北部的六景镇、灵竹镇及中部的莲塘镇部分区域。该区域面积占横州市面积的11.29%，高程值在50～65m之间，地形较为平缓，有利于茉莉花的大规模种植。pH在5.5～7.0之间，全磷含量在0.05～0.15g/kg，土壤养分充足，能够满足茉莉花整个生育期间对土壤养分的需求，并且生产出的茉莉花品质较高。

比较适宜区：主要分布于横州市东南部的云表镇、横州镇、百合镇、校椅镇和北部的灵竹镇、陶圩镇的部分区域，零散分布于西北部的六景镇、峦城镇、灵竹镇，西部的平朗乡、飞龙乡，南部的板路乡及中部的莲塘镇和平马镇的部分区域。该区域面积占横州市面积的15.70%，高程值大于65m，pH介于5.5～7.0之间，全磷含量在0.05～0.15g/kg范围内，其地势起伏度略大于非常适宜区，但仍能满足茉莉花生长对pH和全磷含量的要求。

适宜区：主要分布于横州市南部那阳镇、板路乡及西北部的六景镇的部分区域，零散分布于西部峦城镇、平朗乡、飞龙乡和中部莲塘镇的部分区域。该区域面积占横州市面积的14.59%，高程值在50～65m之间，pH小于5.5，全磷含量小于0.15g/kg，土壤呈酸性，但仍能满足茉莉花生长对地势和全磷含量的要求。

基本不适宜区：主要分布于横州市西部平朗乡和飞龙乡，零散分布于六景镇、峦城镇、灵竹镇、校椅镇、陶圩镇、平马镇、云表镇和马山乡的部分区域。该区域面积占横州市面积的 18.46%，高程值大于 65m，pH 介于 5.5~7.0 之间，全磷含量小于 0.05g/kg，地形起伏较大，土壤全磷含量低，土壤条件不能满足植株生长的需求。

不适宜区：分布面积广，主要位于云表镇、六景镇、平马镇、峦城镇、板路乡、莲塘镇、陶圩镇、镇龙乡和马山乡。该区域面积占横州市面积的 39.95%，高程值大于 65m，pH 小于 5.5，全磷含量小于 0.05g/kg，土壤呈酸性，不利于茉莉花植株的正常发育，同时，土壤肥力的降低易造成茉莉花的减产。因此，此地类不适宜茉莉花的生长。

第九节　区划结果验证

赵银军等[20]研究表明：横州市茉莉花适宜区包括横州镇、百合镇、峦城镇、石塘镇、陶圩镇、云表镇、马岭镇和平朗乡大部分区域，不适宜区包括镇龙镇、马山乡、那阳镇和六景镇的部分区域。本文的研究结果与以上研究的结论基本一致，但本文的适宜区范围有所缩减，这可能与指标体系的构建和区划模型的影响相关。

2007 年，横州市政府在校椅镇石井村建设 2 000 亩的茉莉花种植示范基地；2017 年，横州市在横州镇、马岭镇、校椅镇、云表镇、那阳镇、莲塘镇、百合镇 7 个茉莉花主产区乡镇，建设面积约为 2 000 亩的茉莉花标准化生产基地。这些地方政策表明，横州镇、马岭镇、校椅镇、云表镇、那阳镇、莲塘镇、百合镇均为茉莉花生长适宜区。从侧面验证本研究结果的正确性与合理性。

第十节　讨　　论

影响茉莉花产量和品质的因素复杂多样，主要归结为气候因素、土壤自身的理化性质（成土母质、地形地貌、海拔等）、人为因素（如农业技术、耕作制度、施肥情况、秸秆还田）等。茉莉花是喜热喜湿的热带作物，其生长过程需要足够的光照和水分，过剩或过少的光照和水分，都会引起茉莉花品质和产量的下降。降水和温度的分布受高程调控，从而影响茉莉花的分布和生长状况。其次，高程变化引起水热资源在空间分布上存在差异，影响土壤养分的矿化、降解、迁移和累积，进而导致不同高程下土壤养分含量在低海拔区域不断富集。因此，低海拔区域因其充足的水热条件和土壤养分，有利于茉莉花的种植。pH 也是影响茉莉花生长的重要元素。pH 影响土壤元素的有效性，引起土壤养分出现较为明显的空间异质性，进而影响茉莉花种植空间的分布。杨进[134]研究发现：pH<7.0 时土壤呈酸性状态，土壤中的铁、硼和锰等微量元素有效性高，保障了茉莉花根、茎、叶的健康发育。李春牛等[135]表明：土壤 pH 是影响茉莉花产量的最主要因素，pH 和茉莉花产量成正相关关系，其产量随着 pH 的升高而增加。因此，对于云表镇和横州镇等区域，可施用石膏中和土壤酸碱度，改善土壤理化性质，以期达到提高茉莉花产量和品质的目的[136]。茉莉花喜大肥大水，植株生长需要大量元素。氮、磷、钾多元复合肥能使茉莉花

产量增加[137]。周瑾等[79]研究发现：茉莉花产量与氮肥用量成负相关，与磷、钾肥用量成正相关，氮、磷、钾肥对产量的贡献率是钾＞磷＞氮。由此可见，磷元素能提高横州市茉莉花产量和品质。

第十一节　结　　论

在对横州茉莉花主产区立地条件进行分析的基础上，结合茉莉花的生长习性，选取高程、pH和全磷作为茉莉花适宜性区划指标，通过对区划指标的聚类和组合，实现以乡镇空间尺度对横州市茉莉花开展土地适宜性精细化区划研究。非常适宜区、比较适宜区和适宜区主要分布在横州市东南部的云表镇、横州镇、马岭镇和百合镇，板路乡郁江沿岸，以及西北部的六景镇和灵竹镇。横州市基本不适宜区和不适宜区分布面积广，该区域面积占横州市面积的58.42%。这部分区域很大程度上是由于土壤理化性质和土壤肥力状况不能满足茉莉花生长的适宜条件。如能通过增施有机肥和增加节水灌溉设施，提高土壤肥力，改善土壤理化性质，也可创造茉莉花适宜的土壤条件。

研究结论：①横州现有茉莉花田提高产量的关键措施是增施有机肥和磷肥，碱性土壤施用生理酸性肥料，酸性土壤施用生理碱性肥料，增加灌溉设施；②横州水改田需要降低小区域地下水位；③横州新垦茉莉花田优先选择土壤 pH5.5～7.0、坡度不大的有灌溉条件的地块。

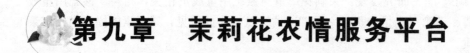

第九章 茉莉花农情服务平台

第一节 每日气象数据查询平台

气象指标影响着茉莉花的各个生产环节，建立完整、有效的气象数据查询平台，不仅可以对茉莉花整个生产环节有整体的掌控，还可以通过对气象数据整体趋势的预测进行茉莉花种植环境的人为干预，降低不利条件影响，从而提高产量。

建立多年的每日气象数据查询平台，再结合相应年度的茉莉花长势数据，可以很好地进行茉莉花气象条件和产量关系的研究，对指导茉莉花高产有较高的科学意义。

从功能上进行划分，平台可以分为前端的气象数据查询和后端的数据管理。前端主要供茉莉花种植者和科研用户进行气象数据查询，后端则由平台管理人员进行数据的维护管理。

平台采用 B/S 结构，打开浏览器，输入正确的网络地址，即可进行相应的访问。

为了保证数据的安全和准确，用户使用平台需要登录验证，如果没有登录平台，无论操作哪个页面都会自动跳转到登录页面，如图 9-1 所示。

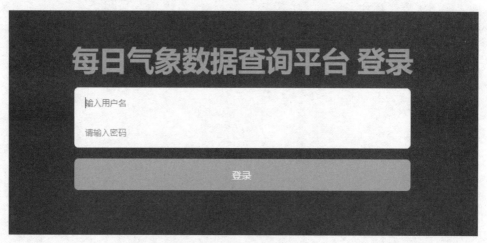

图 9-1 平台登录

输入正确的用户名和密码即可进入平台的首页，平台首页有重要数据的统计图表，便于使用者快速浏览数据趋势，如图 9-2 所示。

点击左侧菜单的"数据查询"功能，进入子功能"按年查询"，如图 9-3 所示。

根据需要选择监测年，点击"确定提交"按钮，即可实现数据的查询，如图 9-4 所示。

图 9-2　平台首页

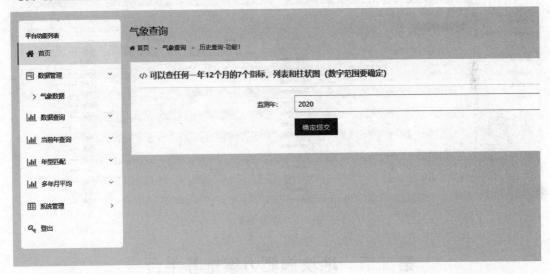

图 9-3　数据查询（一）

数据以图、表的形式显示，便于进行直观分析。

为了更好地使用气象数据，平台提供了多种查询方式，如："按日查询"、"某日前 7 个间隔日"、"某几年的前 7 个间隔日"、"某几年的数据逐日查询"等，操作方法与上面演示的"按年查询"类似。

平台管理人员通过"数据管理"的"气象数据"功能，进行数据的维护工作，平台提供了气象数据的增加、修改、删除等功能，如图 9-5 所示。

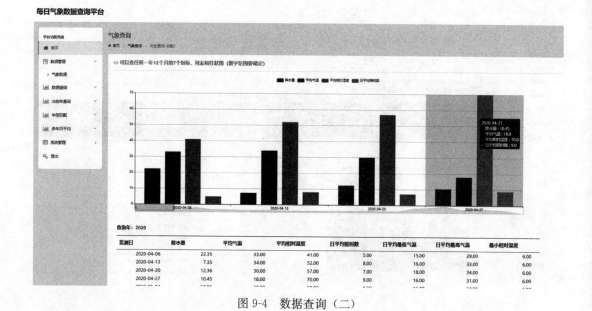

图 9-4　数据查询（二）

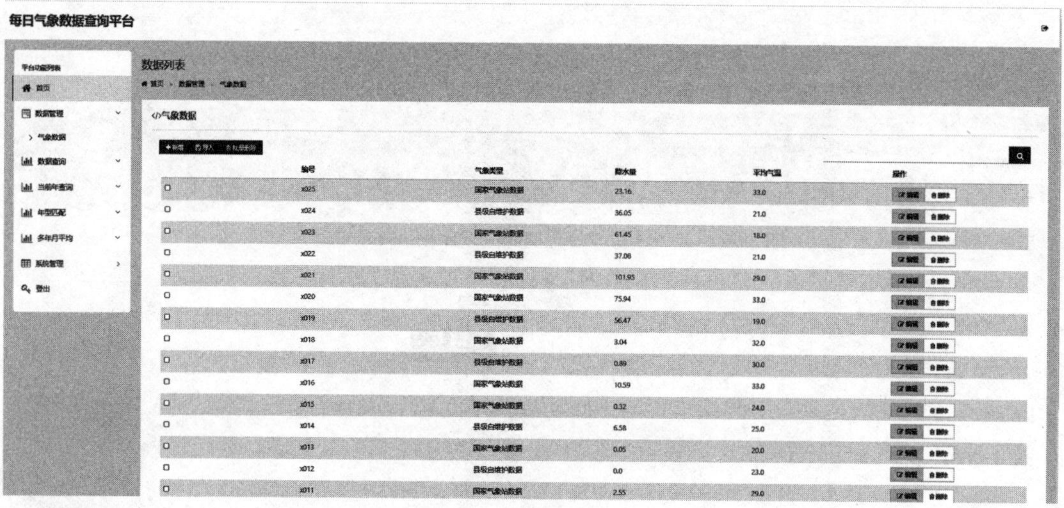

图 9-5　数据维护

第二节　地块施肥方案推荐平台

　　肥料在茉莉花生产的过程中，起着至关重要的作用，如何做到不浪费肥料、不污染环境，又能够最大化发挥肥料的作用，是我们进行研究的核心问题。为了能够科学地施肥，需要结合茉莉花的地块数据和当地的生产数据进行施肥方案的模型计算和推荐，同时还需要根据当地的生产情况进行肥料的自动折算和方案展示。因此有必要建立地块施肥方案推荐平台。

　　平台以工作单位为基础建立数据库，即每个工作单位一个独立的数据库。既实现了数据的安全和分类存储，也实现了数据和结果的快速响应。登录页面如图9-6所示。

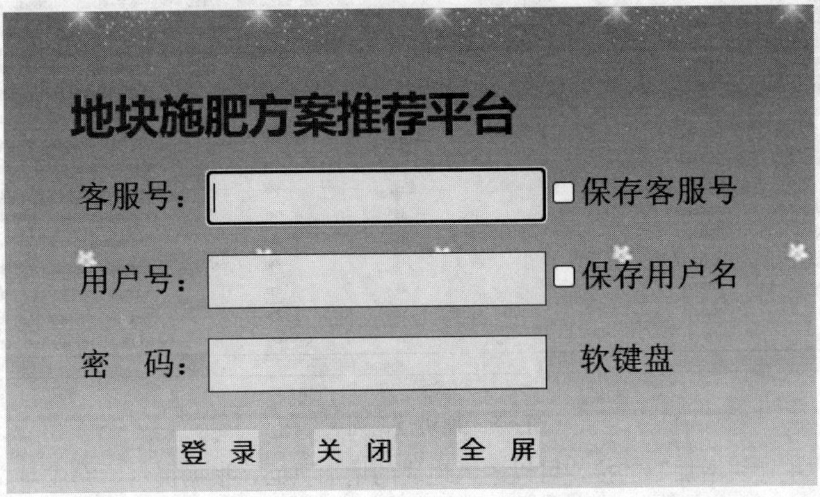

图 9-6　登录界面

客服号是用户的工作单位在平台的代号，每个工作单位一个。用户号是该工作单位分配给本单位工作人员的账号。用户号不同、客服号相同的平台使用者，使用的是相同数据。

输入正确的客服号、用户号和密码，点击"登录"即可实现平台登录，如图 9-7所示。

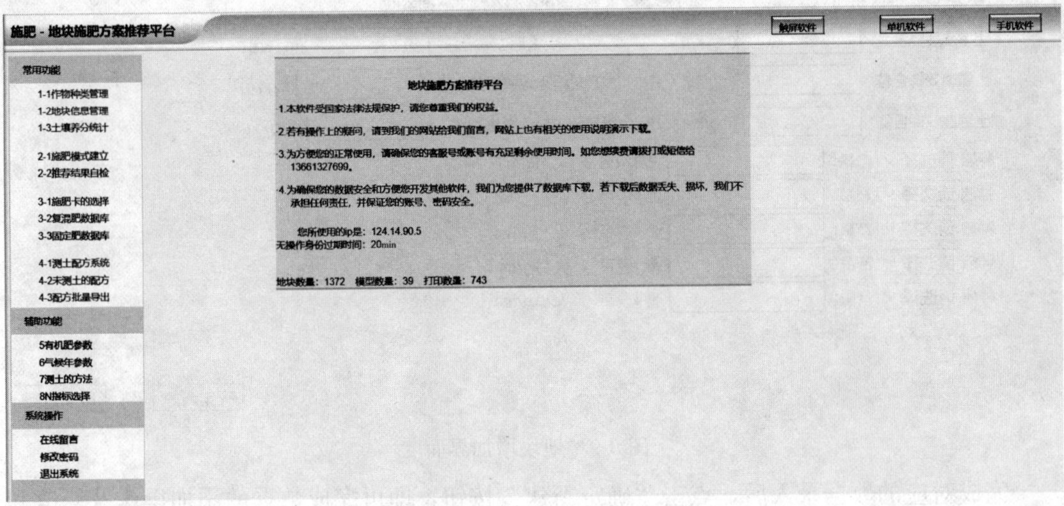

图 9-7　平台登录

平台的全部功能如左侧菜单所示，其中核心功能是：地块信息、施肥模型、复混肥数据库、施肥卡的选择和测土配方系统等。

"地块信息"功能主要负责存储用户的地块数据，记录用户地块的土壤氮、土壤磷、土壤钾含量，以及地块位置和目标产量等，这些数据将参与模型的计算，为推荐施肥方案提供依据，点击菜单"地块信息管理"，进入地块数据的列表页，如图9-8所示。

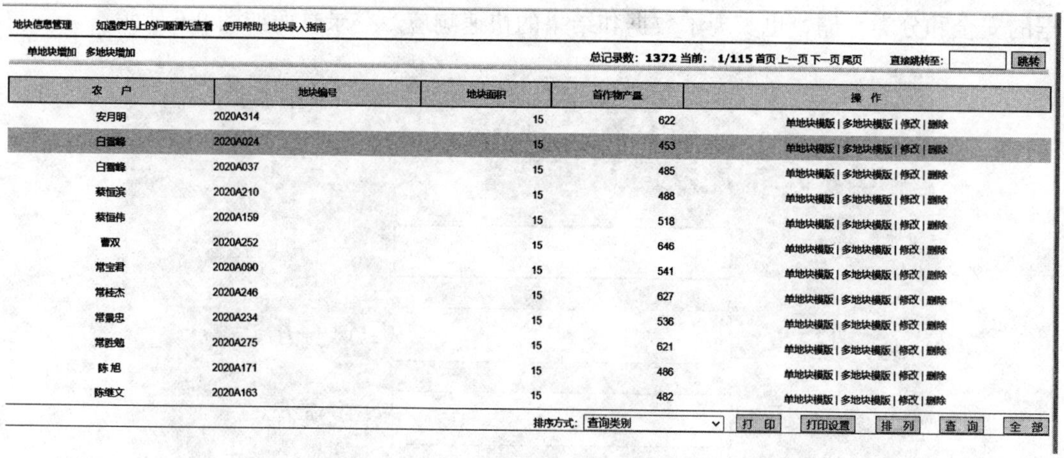

地块信息管理　如遇使用上的问题请先查看　使用帮助　地块录入指南

单地块增加　多地块增加　　　总记录数：1372 当前：1/115 首页 上一页 下一页 尾页　直接跳转至：　跳转

农　户	地块编号	地块面积	首作物产量	操　作
安月明	2020A314	15	622	单地块模版 | 多地块模版 | 修改 | 删除
白雪峰	2020A024	15	453	单地块模版 | 多地块模版 | 修改 | 删除
白雪峰	2020A037	15	485	单地块模版 | 多地块模版 | 修改 | 删除
蔡恒滨	2020A210	15	488	单地块模版 | 多地块模版 | 修改 | 删除
蔡恒伟	2020A159	15	518	单地块模版 | 多地块模版 | 修改 | 删除
曹双	2020A252	15	646	单地块模版 | 多地块模版 | 修改 | 删除
常宝君	2020A090	15	541	单地块模版 | 多地块模版 | 修改 | 删除
常桂杰	2020A246	15	627	单地块模版 | 多地块模版 | 修改 | 删除
常景忠	2020A234	15	536	单地块模版 | 多地块模版 | 修改 | 删除
常胜勉	2020A275	15	621	单地块模版 | 多地块模版 | 修改 | 删除
陈旭	2020A171	15	486	单地块模版 | 多地块模版 | 修改 | 删除
陈继文	2020A163	15	482	单地块模版 | 多地块模版 | 修改 | 删除

排序方式：查询类别　打 印　打印设置　排 列　查 询　全 部

图 9-8　地块数据列表界面

点击“单地块增加”链接，可以进入地块的增加页面，根据提示，完成对应项目的录入，如图 9-9 所示。

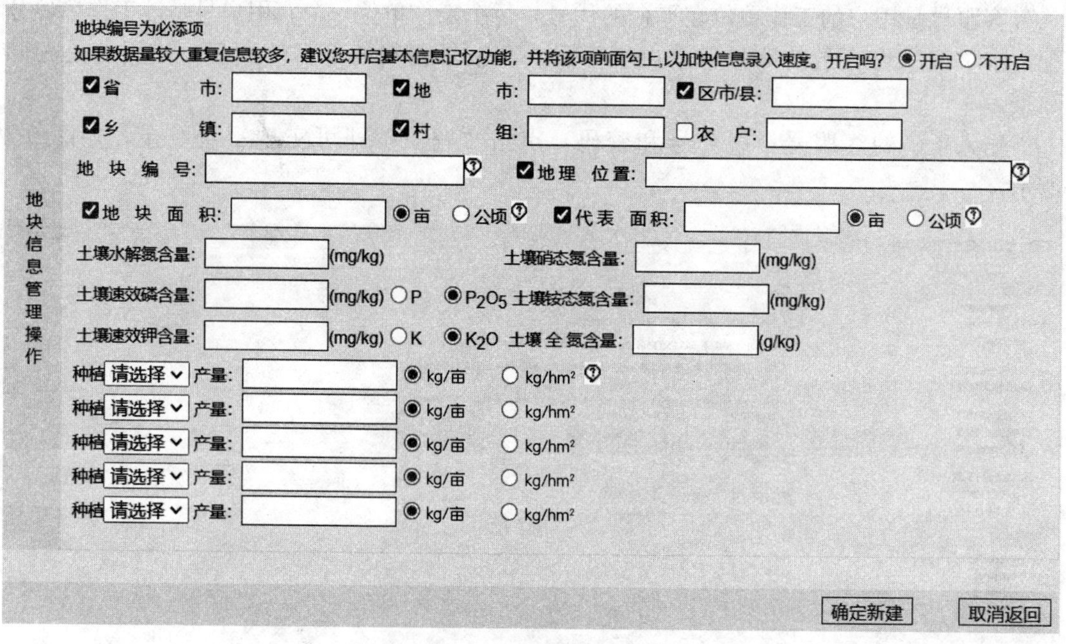

图 9-9　地块增加界面

完成对应的数据录入后，点击“确定新建”按钮，即可完成数据的添加操作及修改和删除等操作，点击对应的链接或者按钮，进行对应的操作即可。

“施肥模型”功能主要是将当地的施肥经验和习惯以数字的形式记录在平台中，平台通过专家编写的算法，建立当地的施肥模型，点击左侧菜单的“施肥模式建立”即可进入此功能，如图 9-10 所示。

点击“空白添加”链接，可以进入施肥模型的添加页面，根据提示，完成对应项目的录入，施肥模型核心数据内容如图 9-11 所示。

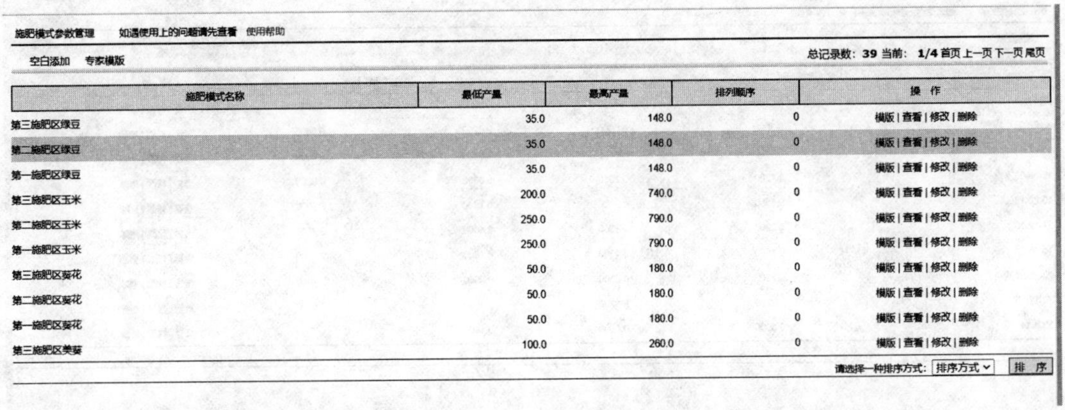

施肥模式参数管理　　如遇使用上的问题请先查看　使用帮助

空白添加　专家横版

总记录数：39 当前：1/4 首页 上一页 下一页 尾页

施肥模式名称	最低产量	最高产量	排列顺序	操 作
第三施肥区绿豆	35.0	148.0	0	横版 | 查看 | 修改 | 删除
第二施肥区绿豆	35.0	148.0	0	横版 | 查看 | 修改 | 删除
第一施肥区绿豆	35.0	148.0	0	横版 | 查看 | 修改 | 删除
第三施肥区玉米	200.0	740.0	0	横版 | 查看 | 修改 | 删除
第二施肥区玉米	250.0	790.0	0	横版 | 查看 | 修改 | 删除
第一施肥区玉米	250.0	790.0	0	横版 | 查看 | 修改 | 删除
第三施肥区葵花	50.0	180.0	0	横版 | 查看 | 修改 | 删除
第二施肥区葵花	50.0	180.0	0	横版 | 查看 | 修改 | 删除
第一施肥区葵花	50.0	180.0	0	横版 | 查看 | 修改 | 删除
第三施肥区美葵	100.0	260.0	0	横版 | 查看 | 修改 | 删除

请选择一种排序方式：排序方式 ∨　排 序

图 9-10　施肥模式界面

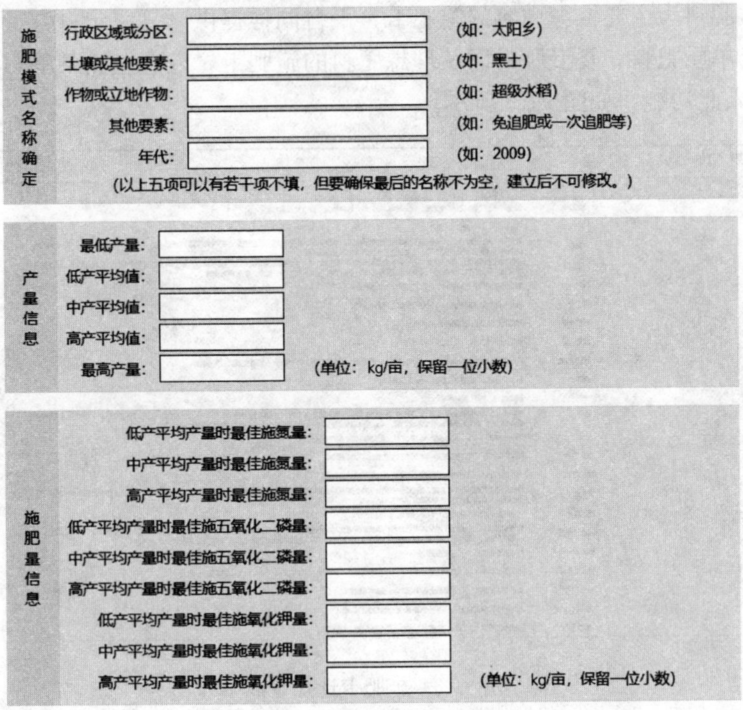

施肥模式名称确定

行政区域或分区：_____　（如：太阳乡）
土壤或其他要素：_____　（如：黑土）
作物或立地作物：_____　（如：超级水稻）
其他要素：_____　（如：兔追肥或一次追肥等）
年代：_____　（如：2009）
（以上五项可以有若干项不填，但要确保最后的名称不为空，建立后不可修改。）

产量信息

最低产量：_____
低产平均值：_____
中产平均值：_____
高产平均值：_____
最高产量：_____　（单位：kg/亩，保留一位小数）

施肥量信息

低产平均产量时最佳施氮量：_____
中产平均产量时最佳施氮量：_____
高产平均产量时最佳施氮量：_____
低产平均产量时最佳施五氧化二磷量：_____
中产平均产量时最佳施五氧化二磷量：_____
高产平均产量时最佳施五氧化二磷量：_____
低产平均产量时最佳施氧化钾量：_____
中产平均产量时最佳施氧化钾量：_____
高产平均产量时最佳施氧化钾量：_____　（单位：kg/亩，保留一位小数）

图 9-11　施肥模型添加界面

　　完成对应的数据录入后，点击"确定新建"按钮，即可完成数据的添加操作及修改和删除等操作，点击对应的链接或者按钮，进行对应的操作即可。

　　"复混肥数据库"的功能是将当地使用较多的复混肥数据记录到平台中，平台主要记录肥料的名称，氮、磷和钾的配比等，点击左侧菜单的"复混肥数据库"即可进入此功能，如图 9-12 所示。

　　用户可以通过平台提供的添加、修改和删除等功能，对肥料进行对应的操作。

　　"施肥卡的选择"是让用户选择不同样式的施肥卡，平台为用户提供了 30 余种样式的施肥卡，便于用户根据当地生产实际和习惯进行选择，如：习惯使用单质肥料的地区，可

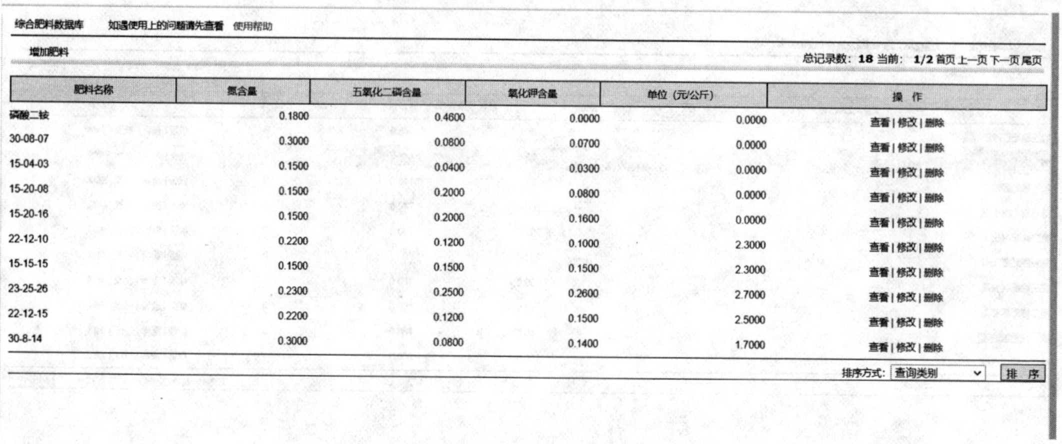

综合肥料数据库　如遇使用上的问题请先查看　使用帮助

增加肥料

总记录数：**18** 当前：**1/2** 首页 上一页 下一页 尾页

肥料名称	氮含量	五氧化二磷含量	氧化钾含量	单位 (元/公斤)	操作
磷酸二铵	0.1800	0.4600	0.0000	0.0000	查看|修改|删除
30-08-07	0.3000	0.0800	0.0700	0.0000	查看|修改|删除
15-04-03	0.1500	0.0400	0.0300	0.0000	查看|修改|删除
15-20-08	0.1500	0.2000	0.0800	0.0000	查看|修改|删除
15-20-16	0.1500	0.2000	0.1600	0.0000	查看|修改|删除
22-12-10	0.2200	0.1200	0.1000	2.3000	查看|修改|删除
15-15-15	0.1500	0.1500	0.1500	2.3000	查看|修改|删除
23-25-26	0.2300	0.2500	0.2600	2.7000	查看|修改|删除
22-12-15	0.2200	0.1200	0.1500	2.5000	查看|修改|删除
30-8-14	0.3000	0.0800	0.1400	1.7000	查看|修改|删除

排序方式：查询类别 ▼ 排 序

图 9-12　复混肥数据库界面

以选择以单质肥料为主要推荐内容的施肥卡，平台同样提供以复混肥料为主要推荐内容的施肥卡和结合单质肥料、复混肥料以及理想肥料的施肥卡，点击左侧菜单的"施肥卡的选择"，即可进入此功能，如图 9-13 所示。

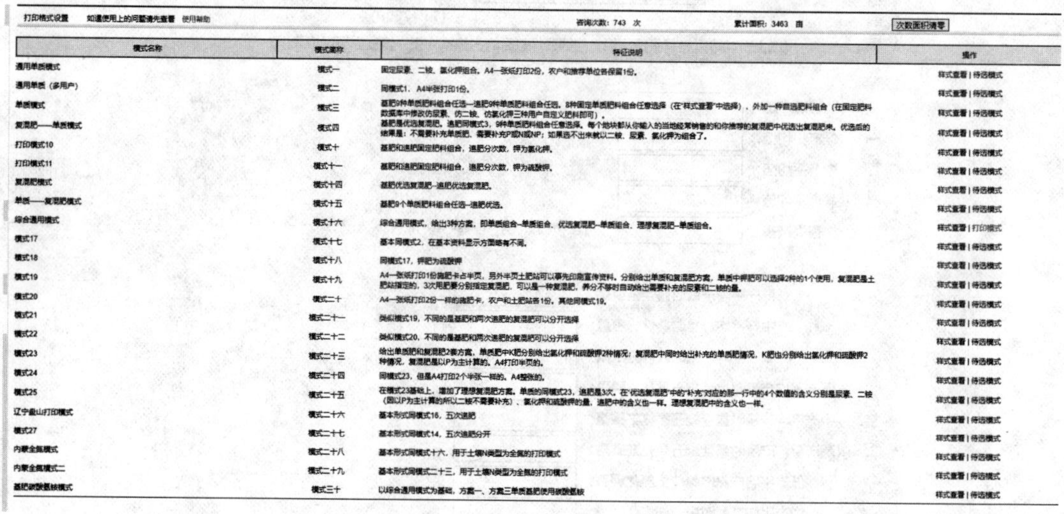

图 9-13　施肥卡选择界面

　　用户点击"操作"下的"样式查看"，可以进行待选施肥卡样式的查看，从而选择适合自己当地的施肥卡，点击"待选模式"，可以将此模式作为默认模式。

　　平台最为核心的功能是"测土配方系统"，此功能调用地块数据、肥料数据、模型数据和参数数据等进行计算，根据用户选择的施肥卡样式，将施肥方案推荐给用户。点击左侧菜单的"测土配方系统"，即可进入此功能，如图 9-14 所示。

　　用户根据平台提示，分别对"基本设置"、"地块获取"和"产量复混肥"等内容进行数据选择，平台自动调用对应的数据进行计算，结合用户选择的施肥卡，进行施肥方案的推荐，点击"在线咨询"按钮，即可进入推荐施肥卡界面，如图 9-15 所示。

　　本次施肥推荐，选用的是单质肥料、理想复混肥和优选复混肥 3 种方案的施肥卡模

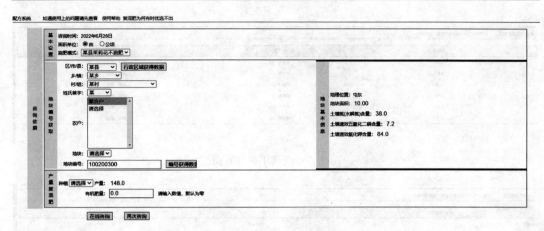

图 9-14 测土配方系统界面

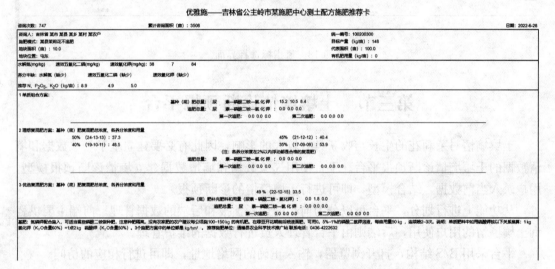

图 9-15 推荐施肥卡界面

式，平台将用户选择的数据根据模型进行计算，计算出的纯养分含量，与用户选择的单质
肥料、理想复混肥的养分比例进行折算，计算出推荐使用的肥料用量，平台将纯养分含量
按照肥料使用限制和规定，进行最优选择，计算出优选肥料的用量。

平台为了保障施肥方案推荐的准确，以及操作的便捷，提供了相应的辅助功能和参数
调整功能，这些功能可以对计算过程进行优化，使得推荐方案更加准确，更加贴近当地生
产情况。此类功能主要有：有机肥参数、气候年参数和氮指标选择等，点击菜单左侧对应
的功能即可进入，如图 9-16、图 9-17 和图 9-18 所示。

有机肥参数设置	如遇使用上的问题请先查看 使用帮助			
参数名称	参数1	参数2	参数3	操作
N二次函数系数	0	0.0015	0	修改
P$_2$O$_5$二次函数系数	0	0.001	0	修改
K$_2$O二次函数系数	0	0.002	0	修改

图 9-16 有机肥参数界面

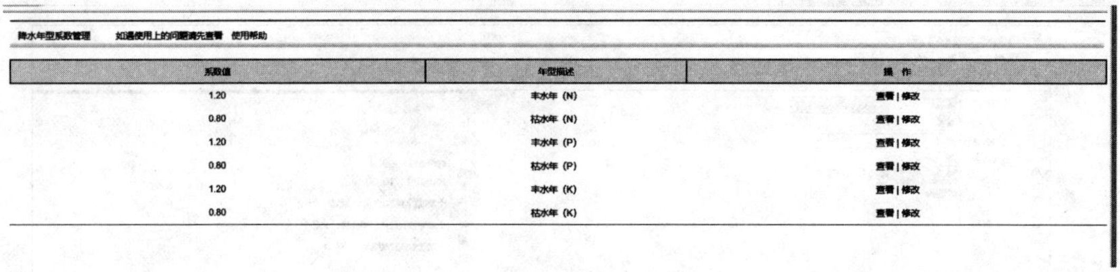
降水年型系数管理　如遇使用上的问题请先查看　使用帮助
系数值
年型描述
操　作
1.20
丰水年 (N)
查看 | 修改
0.80
枯水年 (N)
查看 | 修改
1.20
丰水年 (P)
查看 | 修改
0.80
枯水年 (P)
查看 | 修改
1.20
丰水年 (K)
查看 | 修改
0.80
枯水年 (K)
查看 | 修改

图 9-17　气候年参数界面

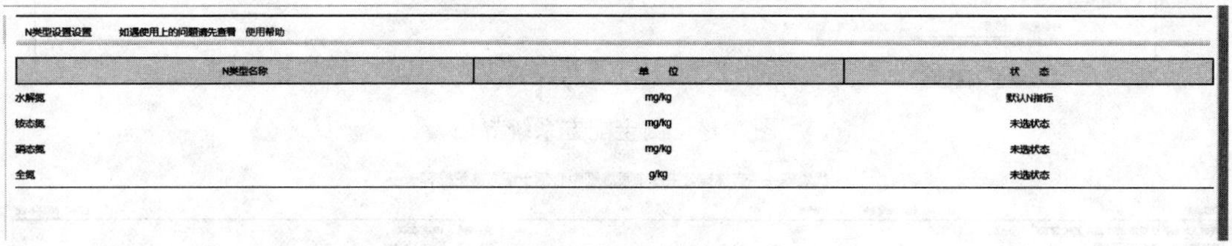
N类型设置设置　如遇使用上的问题请先查看　使用帮助
N类型名称
单　位
状　态
水解氮
mg/kg
默认N指标
铵态氮
mg/kg
未选状态
硝态氮
mg/kg
未选状态
全氮
g/kg
未选状态

图 9-18　氮指标选择界面

第三节　土壤墒情诊断预报平台

土壤墒情对茉莉花的生长与收获具有较大的影响，因此有必要建立基于气象数据和墒情数据的土壤墒情诊断预报平台。平台使用气象数据和墒情数据建立墒情诊断预报模型，用户录入当前数据，结合模型，即可进行土壤墒情的诊断预报。

从功能上进行划分，平台可以分为前端的诊断预报和后端的数据管理。前端主要供咨询土壤墒情的用户使用，后端则由平台管理人员进行数据的维护管理。

平台采用B/S结构，打开浏览器，输入正确的网络地址，即可进行相应的访问。

前端的诊断预报如图 9-19 所示。

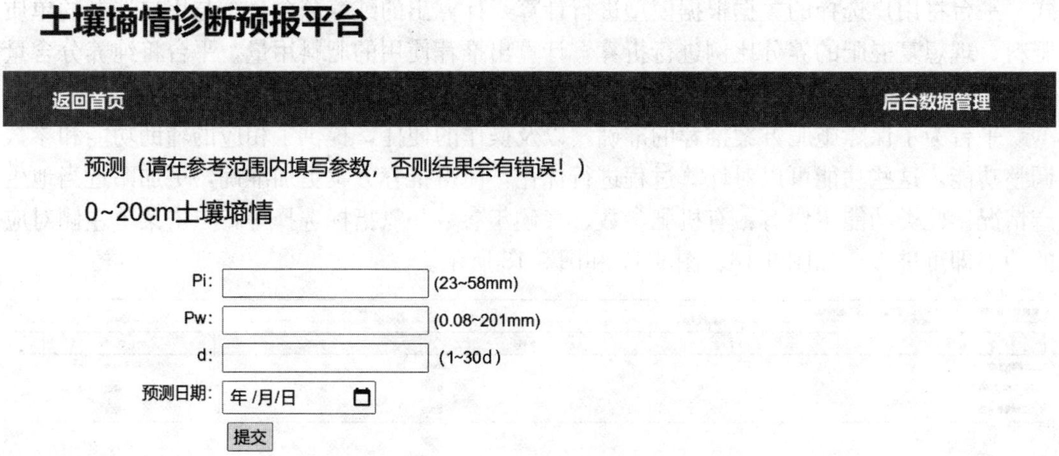
土壤墒情诊断预报平台
返回首页
后台数据管理
预测（请在参考范围内填写参数，否则结果会有错误！）
0~20cm土壤墒情
Pi:
(23~58mm)
Pw:
(0.08~201mm)
d:
(1~30d)
预测日期:
年 /月/日
提交

图 9-19　前端诊断预报

平台根据用户录入的“预测日期”进行模型的调用，如果平台没有对应日期的模型，平台会给出缺少模型，无法完成诊断预报的提示；如果平台有对应日期的模型，则会根据用户录入的 Pi（前一监测日的墒情情况）、Pw（降水情况）和 d（时间间隔）进行计算，得出墒情数据。

平台计算的墒情结果分为两部分：墒情值和预测方程，如图 9-20 所示。

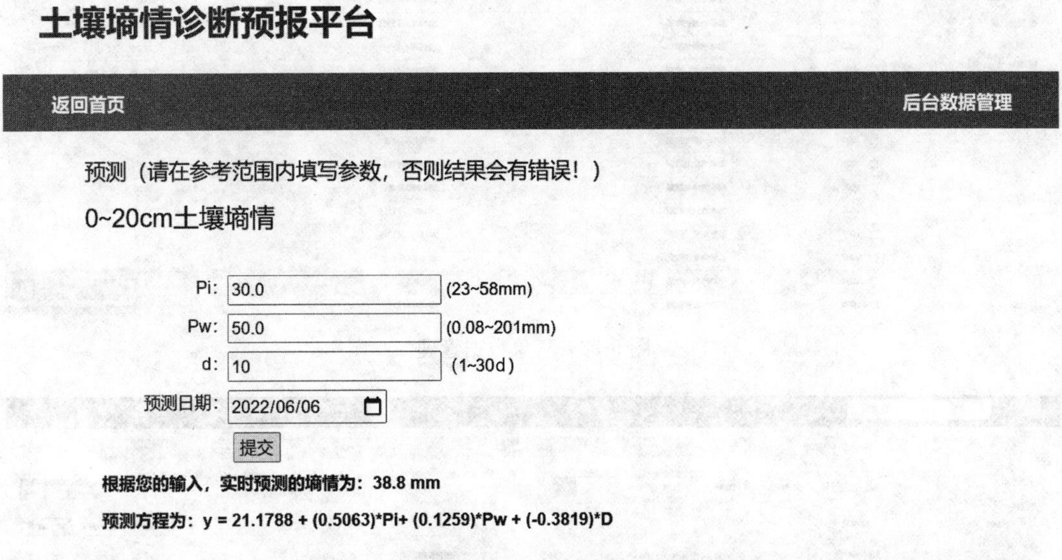

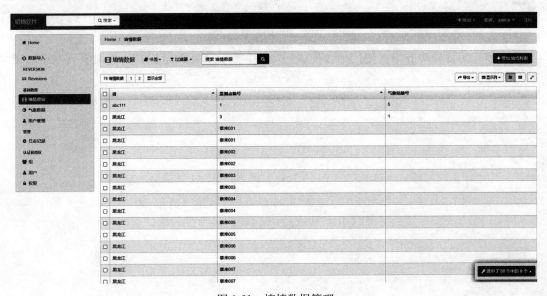

土壤墒情诊断预报平台
返回首页
后台数据管理
预测（请在参考范围内填写参数，否则结果会有错误！）
0~20cm土壤墒情
Pi: 30.0 (23~58mm)
Pw: 50.0 (0.08~201mm)
d: 10 (1~30d)
预测日期: 2022/06/06
提交
根据您的输入，实时预测的墒情为：38.8 mm
预测方程为：y = 21.1788 + (0.5063)*Pi+ (0.1259)*Pw + (-0.3819)*D

图 9-20　墒情值和预测方程

后端的数据管理主要分为墒情数据管理、气象数据管理和用户管理，分别如图 9-21、图 9-22 和图 9-23 所示。

墒情软件
搜索
Home
数据导入
REVERSION
Revisions
基础数据
墒情数据
气象数据
用户管理
管理
日志记录
认证和授权
组
用户
权限
Home / 墒情数据
墒情数据
书签
过滤器
搜索 墒情数据
添加 墒情数据
78 墒情数据
1
2
显示全部
导出
显示列
省
监测点编号
气象站编号
abc111
1
5
黑龙江
3
1
泰来001
泰来002
泰来003
泰来004
泰来005
泰来006
泰来007

图 9-21　墒情数据管理

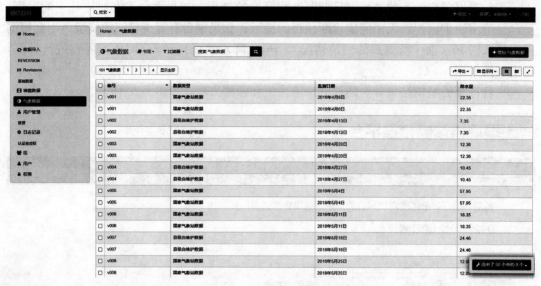

图 9-22　气象数据管理

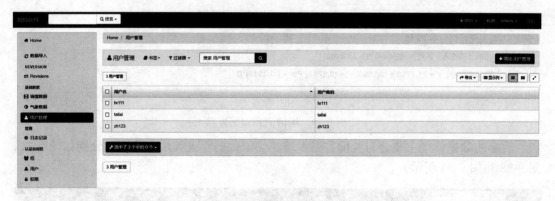

图 9-23　用户管理

　　在相应的管理功能中，使用平台提供的增加、删除和修改等操作，即可实现数据的维护与管理。

[1] 冷蘭莎，汤洪．茉莉来华路线考［J］．中华文化论坛，2018，4（4）：12-19.

[2] 郭莉．全球重要农业文化遗产福州茉莉花与生态文明——以闽江中下游流域可持续发展为例［A］//中国水土保持学会，台湾中华水土保持学会．2015海峡两岸水土保持学术研讨会论文集（下），2015：6.

[3] 张成乐，王艳，刘丽萍．茉莉花应用价值的调查研究［J］．南方农业，2020，14（18）：44-46.

[4] 李春牛，李俊玲，严华兵，等．茉莉种质资源收集评价与繁育技术［J］．热带农业科学，2013，033（2）：27-29，48.

[5] 中国茶叶流通协会．2009年茉莉花茶产销形势分析报告［J］．茶世界，2009（S1）：7-9.

[6] 中国茶叶流通协会．2010年全国茉莉花茶产销形势分析报告［J］．茶世界，2010（9）：20-25.

[7] 中国茶叶流通协会．2011年全国茉莉花茶产销形势分析报告［J］．茶世界，2011（8）：22-26.

[8] 中国茶叶流通协会．2012年全国茉莉花茶产销形势分析报告［J］．茶世界，2012（9）：22-27.

[9] 中国茶叶流通协会．2013年全国茉莉花茶产销形势分析报告［J］．茶世界，2013（9）：24-32.

[10] 中国茶叶流通协会．2014年全国茉莉花茶产销形势分析报告［J］．茶世界，2014（9）：34-40.

[11] 中国茶叶流通协会．2015年全国茉莉花茶产销形势分析报告［J］．茶世界，2015（9）：28-36.

[12] 中国茶叶流通协会．2016年全国茉莉花茶产销形势分析报告［J］．茶世界，2016（9）：39-49.

[13] 中国茶叶流通协会．2017年全国茉莉花茶产销形势分析报告［J］．茶世界，2017（9）：24-31.

[14] 中国茶叶流通协会．2018年中国茉莉花茶产销形势分析报告［J］．茶世界，2018（10）：18-27.

[15] 中国茶叶流通协会．2019年中国茉莉花茶产销形势分析报告［J］．茶世界，2019（9）：10-19.

[16] Wu Qinyao, Yang Jiangfan. Comparative advantage analysis of production of jasmine tea in China［J］. Journal of Physics：Conference Series，2021，1774（1）.

[17] 许晓岗，蒋孝禹，童丽丽，等．茉莉花文化的植物载体探讨［J］．安徽农业科学，2022，50（3）：233-236，255.

[18] 薛凌英，林武华，林丽萱．气象条件对茉莉花种植的影响分析［J］．农业灾害研究，2021，11（11）：89-90.

[19] 陈殿，赵勇，焦世霞，等．全国主要茉莉花茶产区概览［J］．中国茶叶，2017，39（6）：37.

[20] 赵银军，辛晓卫，曹秋娥．茉莉花种植土地适宜性评价［J］．安徽农业科学，2011，39（32）：20228-20230.

[21] 林少颖，陈思聪，宋旭，等．基于GIS的福州市茉莉花种植土地适宜性评价［J］．实验室科学，2020，23（4）：21-27，31.

[22] 颜学海，牟成君，龚芸，等．犍为茉莉花种质资源的保护与开发利用［J］．中国种业，2020，4（10）：45-46.

[23] 陈殿，胡平．四川茉莉花产业的发展现状及今后的发展建议［J］．农业科技通讯，2014（11）：32-35.

[24] 李刚，解福燕，李成鹏．元江县60年降水变化特征及成因分析［J］．云南科技管理，2014，27

（4）：27-29.

[25] FAO/IIASA/ISRIC/ISSCAS/JRC. Harmonized World Soil Database（version 1. 2）. FAO，Rome，Italy and IIASA，Laxenburg，Austria，2012.

[26] Fick，S. E，R. J. Hijmans. WorldClim 2：new 1km spatial resolution climate surfacesfor global land areas [J]. International Journal of Climatology，2017，37（12）：4302-4315.

[27] https：//www. gbif. org/.

[28] 邓衍明，齐香玉. 外部因素对茉莉生长发育的影响研究进展 [J]. 江苏农业科学，2019，47（18）：62-65.

[29] 袁媛，王威，陈清西，等. 福州市区延长茉莉花花期的栽培技术 [J]. 现代园艺，2020，43（7）：86-87.

[30] 董利娟，张曙光. 茉莉花的生产现状与科研方向 [J]. 茶叶通讯，2001（2）：11-13.

[31] 中国科学院中国植物志编辑委员会. 中国植物志（第61卷）[M]. 北京：科学出版社，1992.

[32] 叶茂宗，徐文荣，胡焕勋. 茉莉开花特性及影响产花量因子的观察分析 [J]. 浙江农业学报，1990（3）：132-136.

[33] 刘海洋，倪伟，袁敏惠，等. 茉莉花的化学成分 [J]. 云南植物研究，2004（6）：687-690.

[34] 张怡，郑宝东. 茉莉花总黄酮提取工艺的优化 [J]. 福建农林大学学报（自然科学版），2007（6）：643-646.

[35] 黄锁义，罗建华，张丽丹，等. 茉莉花茎总黄酮提取及对羟自由基清除作用 [J]. 时珍国医国药，2008（3）：592-593.

[36] 罗建华，蒙春越，张丽丹，等. 茉莉花叶总黄酮的超声波提取及鉴别 [J]. 时珍国医国药，2007（2）：319-320.

[37] Sun S W，Ma Y P. The essential oil components of *Jasminum sambac*（L.）Aiton extracted by simultaneous steam distillation and solvent extraction [J]. Acta Botanica Sinica，1985，27（2）：186-191.

[38] Musalam Y，Kobayashi A，Yamanishi T. Aroma of Indonesian jasmine tea [C]. Developments in Food Science，1988（18）：657-668.

[39] Kaiser R. New volatile constituents of *Jasminum sambac*（L.）Aiton [C]. Developments in Food Science，1988（18）：669-684.

[40] 高丽萍，王黎明，王云生，等. 影响茉莉花开放释香的环境因素研究 [J]. 茶叶科学，2001（1）：72-75，68.

[41] 高丽萍，夏涛，张玉琼，等. 茉莉花发育及开放期间内源激素研究 [J]. 茶叶科学，2002（2）：156-159.

[42] 张丽霞. 茉莉花香气形成的细胞学基础研究取得进展 [J]. 中国茶叶，1998（4）：25.

[43] 邱长玉，高国庆，丁锦平，等. 茉莉花基因组 DNA 的提取 [J]. 江西农业学报，2007（4）：40-41.

[44] 欧雪凤. 双瓣茉莉花 HPL 与 GDS 基因的克隆与分析 [D]. 福州：福建农林大学，2012.

[45] 赖明志，连长伟，杨如兴. 茉莉育性的研究 [J]. 福建农林大学学报，1996（4）：57-60.

[46] 郭素枝，邓传远，张育松，等. 单、双瓣茉莉营养器官解剖结构特征及其生态适应性研究 [J]. 中国生态农业学报，2004（3）：45-48.

[47] 文斌，蔡汉，黄法就，等. 冷锻炼对低温胁迫下茉莉幼苗细胞膜稳定性的影响 [J]. 安徽农学通报，2008（5）：35-36.

[48] 何丽斯，汪仁，孟祥静，等. 茉莉扦插苗对模拟低温的生理响应 [J]. 西北植物学报，2010，30

(12)：2451-2458.

[49] 李春牛，李俊玲，严华兵，等. 茉莉种质资源收集评价与繁育技术 [J]. 热带农业科学，2013，33（2）：27-29，48.

[50] 袁媛，王威，陈清西，等. 福州市区延长茉莉花花期的栽培技术 [J]. 现代园艺，2020，43（7）：86-87. DOI：10.14051/j. cnki. xdyy. 2020.07.045.

[51] 张福平，杨少珍. 茉莉花扦插试验研究 [J]. 北方园艺，2007（11）：144-146.

[52] 原海燕，齐敏，黄苏珍. 南京地区茉莉的扦插繁殖 [J]. 安徽农学通报，2007（19）：237，262.

[53] 李聪聪，陆长梅，佘建明，等. 双瓣茉莉离体微繁技术 [J]. 江苏农业科学，2012，40（4）：65-68.

[54] 孙艳妮，汤访评，房伟民，等. 茉莉离体快繁体系的建立 [J]. 浙江农业学报，2009，21（4）：390-394.

[55] 刘玉环，应薛养，林贻鼎. 影响茉莉花化控增花效果若干因素研究 [J]. 福建农业学报，1998（4）：30-33.

[56] 张育松，陈洪德. 茉莉增花剂对茉莉生长的影响 [J]. 福建茶叶，1994（2）：35-36.

[57] 洪若豪. 茉莉叶螟的初步研究 [J]. 昆虫学报，1965（5）：480-488.

[58] 林茂松，David J. Hooper. 茉莉花上的一种外寄生根线虫 [J]. 南京农业大学学报，1990（4）：49-52.

[59] 龚兰芳，陆星星，范文红. 云南省茉莉花主要虫害防治策略 [J]. 中国农学通报，2007（6）：508-515.

[60] 陈殷. 茉莉主要病虫害及防治 [J]. 中国花卉园艺，2010（24）：33-35.

[61] 杨万业. 茉莉花白绢病预防措施和处理方法 [J]. 南方农业，2021，15（32）：51-52，55.

[62] 叶琪明，郭方其，吴超，等. 切花菊白绢病发生规律及防治研究 [J]. 绿色科技，2020（9）：12-13.

[63] 卢植勤. 茉莉花白绢病预防和处理方法研究 [J]. 山西农经，2017（2）：62.

[64] 曹丽. 茉莉花主要病虫害及其防治技术 [J]. 四川农业科技，2013（7）：50.

[65] 叶茂宗，李振中，董达勋，等. 茉莉的冻害与温度的关系 [J]. 浙江农业科学，1983（5）：265-268.

[66] 李聪聪，叶晓青，邓衍明. 不同温度处理对双瓣茉莉开花的影响 [J]. 北方园艺，2018（4）：103-109.

[67] 方秋萍. 茉莉在中国的传播及其影响研究 [D]. 南京：南京农业大学，2009.

[68] 李青. 茉莉花高产栽培技术 [J]. 福建农业，2003（4）：18.

[69] Deng Y M, Jia X P, Sun X B, et al. Comparative responses of jasmine antioxidant system to different degrees and terms of shade [J]. Acta Physiologiae Plantarum, 2018（40）：41.

[70] Deng Y M, Shao Q S, Li C C, et al. Differential responses of double petal and multi petal jasmine to shading：Ⅱ. Morphology, anatomy and physiology [J]. Scientia Horticulturae, 2012（144）：19-28.

[71] 张泽岑. 茉莉花不实机理研究 [J]. 西南农业大学学报，1993（6）：105-107.

[72] 袁金华，徐仁扣. 生物质炭对酸性土壤改良作用的研究进展 [J]. 土壤，2012，44（4）：541-547.

[73] 许自成，王林，肖汉乾. 湖南烟区土壤pH分布特点及其与土壤养分的关系 [J]. 中国生态农业学报，2008（4）：830-834.

[74] 王瑞雪，徐智，汤利，等. 设施菜地土壤质量主要障碍因子及其修复措施研究进展 [J]. 浙江农业科学，2015，56（8）：1300-1305.

[75] 阙劲松，唐佐芯，李贤峰，等．红河州弥勒市植烟土壤 pH 和有机质分析 [J]．西南农业学报，2019，32（7）：1633-1638．

[76] 黄志君，黄华军，黄雪群，等．广西横县茉莉花土壤改良技术研究 [J]．中国园艺文摘，2018，34（3）：171-172．

[77] 杨俊杰，张月琴，汪云．茉莉花栽培管理技术 [J]．农业工程技术（温室园艺），2013（6）：48-49．

[78] 王广才，刘文建，萨支贡．将乐茉莉花高产栽培经验小结 [J]．福建茶叶，1985（2）：20-31．

[79] 周瑾，王昌全，陈文宽，等．氮磷钾平衡施肥对茉莉花生长和产量的影响 [J]．四川农业大学学报，2003（2）：147-151．

[80] Nair S A, Venugopalan R . Stability analysis of nutrient scheduling for lean season flowering in Arabian jasmine（*Jasminum sambac*）[J]. Indian Journal of Agricultural Sciences，2016，86（3）：321-325．

[81] Chamakumari N, Saravanan S, Ravi J. Effect of NPK and organic manures on plant growth, flower field and flower quality parameters of jasmine（*Jasminum sambac*）var. Double mogra [J]. Agriculture Update，2017（12）：524-529．

[82] 黄芳芳，徐桂花，陈全斌．茉莉花研究文献计量分析 [J]．大众科技，2007（1）：138-139，145．

[83] 数据来源于国家科技资源共享服务平台——国家地球系统科学数据中心（http：//www. geodata. cn）．

[84] Peng Shouzhang, Ding Yongxia, Liu Wenzhao, et al. 1 km monthly temperature and precipitation dataset for China from 1901 to 2017 [J]. Earth System Science Data，2019（11）：1931—1946．

[85] 于贵，何洪林，刘新安，等．中国陆地生态系统空间化信息研究图集——气候要素分卷 [M]．北京：气象出版社，2004．

[86] FAO/IIASA/ISRIC/ISS-CAS/JRC，Harmonized World Soil Database（version 1. 1）. FAO，Rome，Italy and IIASA，Laxenburg，Austria，2009．

[87] 南宁市地方志编纂委员会．南宁市志（1991—2005）[M]．北京：方志出版社，2018．

[88] 侯彦林，黄梅，贾书刚，等．茉莉花种植适宜生境及高产产区研究 [J]．吉林农业大学学报：1-6 [2022-04-18]．

[89] 邓衍明，齐香玉．外部因素对茉莉生长发育的影响研究进展 [J]．江苏农业科学，2019，47（18）：62-65．

[90] 袁媛，王威，陈清西，等．福州市区延长茉莉花花期的栽培技术 [J]．现代园艺，2020，43（7）：86-87．

[91] 陈江，张凯丽，张琦．库尔勒香梨开花物候期对环境因子的响应 [J]．江苏农业科学，2016，44（3）：188-191．

[92] 吴建涛，许环映，张垂明，等．不同环境下甘蔗亲本开花情况及其遗传研究 [J]．西南农业学报，2017，30（9）：1954-1957．

[93] Bayer A. Fertilizer rate and substrate water content effect on growth and flowering of beardtongue [J]. Horticulturae，2020（6）：57．

[94] 林瑞坤，苏荣瑞，李梅，等．福州茉莉花气候品质评价模型研究 [J]．现代农业研究，2021，27（7）：76-81．

[95] 张佳沛．茉莉花的养护管理 [J]．林业与生态，2019（10）：34．

[96] 叶秋萍，金心怡，徐小东，等．茉莉花释香吸香装置研制及香气吸附试验 [J]．农业工程学报，2014，30（21）：316-323．

[97] 陈红伟. 茉莉花的栽培及窨茶技术 [J]. 贵州茶叶，2002，30 (2)：2.

[98] 宁维积. 无公害茉莉花栽培技术 [J]. 广西农业科学，2004 (3)：229-230.

[99] 雷一东，丁朝华. 茉莉花的栽培与利用 [M]. 北京：金盾出版社，2002.

[100] 谢少葵，黄武杰. 培肥土壤与茉莉花优质高产栽培方法研究 [J]. 广西农业科学，2005 (5)：439-443.

[101] 戴玉蓉，孟祥静，何丽斯，等. 不同矿质营养元素对双瓣茉莉光合特性的影响 [J]. 江苏农业科学，2011，39 (6)：307-309.

[102] Zhen X. Combined effects of water stress and high temperature on photosynthesis, nitrogen metabolism and lipid peroxidation of a perennial grass Leymus chinensis [J]. Planta, 2006, 224 (5): 1080-1090.

[103] Vilela A E, Rennella M J, Ravetta D A. Responses of tree-type and shrub-type Prosopis (Mimosaceae) taxa to water and nitrogen availabilities [J]. Forest Ecology & Management, 2003, 186 (1-3): 327-337.

[104] 赵芳玉，李雪玉，郭其强，等. 不同施氮量对喜马拉雅紫茉莉生长及光合特性的影响 [J]. 江苏农业科学，2014，42 (4)：186-189.

[105] Nair S A, Venugopalan R. Stability analysis of nutrient scheduling for lean season flowering in Arabian jasmine (*Jasminum sambac*) [J]. Indian Journal of Agricultural Sciences, 2016, 86 (3): 321-325.

[106] 沈邦琼，王琼芳，李娟. 喷施不同种类不同浓度铁肥对茉莉植株长势产量及品质的影响 [J]. 农业与技术，2017，37 (18)：8，89.

[107] 叶厚专. 江西吉泰盆地油菜产量限制因素的研究 [J]. 土壤肥料，1994 (4)：42-44.

[108] 邢素丽，刘孟朝，韩保文. 12 年连续施用秸秆和钾肥对土壤钾素含量和分布的影响 [J]. 土壤通报，2007 (3)：486-490.

[109] 李学恒. 土壤化学 [M]. 北京：高等教育出版社，2001.

[110] 魏向文，廖盛辉. 江西土壤锰元素含量与锰肥效应 [J]. 广东微量元素科学，1995 (8)：22-23.

[111] 杨娟，王冬艳. 吉林省土壤中有效锰、铜、钼和锌含量的时空变化 [J]. 世界地质，2003 (4)：392-395.

[112] 李社新，李占斌，张晓霞. 陕北黄土高原小流域土壤有效铜分布特征 [J]. 水土保持通报，2011，31 (1)：114-116，210.

[113] 向万胜，李卫红. 湘北丘岗地区红壤和水稻土微量元素的有效性研究 [J]. 土壤通报，2001 (1)：44-46，50.

[114] 于君宝，王金达，刘景双，等. 典型黑土 pH 变化对微量元素有效态含量的影响研究 [J]. 水土保持学报，2002 (2)：93-95.

[115] 陆景陵，陈伦寿. 植物营养失调症彩色图谱：诊断与施肥 [M]. 北京：中国林业出版社，2009.

[116] 张秀玥，李明荣，张启东，等. 不同微肥施用量对白芨产量及品质的影响 [J]. 贵州农业科学，2009，37 (2)：31-32.

[117] 张承东，韩朔睽，魏钟波. 硒对除草剂胁迫下水稻幼苗活性氧清除系统响应的作用 [J]. 环境科学，2002 (4)：93-96.

[118] 吴永尧，卢向阳，彭振坤，等. 硒在水稻中的生理生化作用探讨 [J]. 中国农业科学，2000 (1)：103-106，116.

[119] 李春牛，黄展文，李先民，等. 锌硼钼配施对茉莉花开花及叶片养分的影响 [J/OL]. 中国土壤与肥料：1-7 [2022-06-03]. http：//kns.cnki.net/kcms/detail/11.5498.s.20220505.1444.002.html.

[120] 刘旭阳，陈思聪，陈晓旋，等．施肥量对福州茉莉园碳排放影响及其与土壤铁含量的相关性[J]．福建农业学报，2018，33（10）：1063-1070.

[121] 吴超，曲东，刘浩．初始 pH 对碱性和酸性水稻土微生物铁还原过程的影响［J］．生态学报，2014，34（4）：933-942.

[122] 史瑞和．植物营养原理［M］．南京：江苏科学技术出版社，1989.

[123] 黄建辉，陈灵芝．北京百花山附近杂灌丛的化学元素含量特征［J］．植物生态学与地植物学学报，1991（3）：224-233.

[124] 刘鹏，郝朝运，陈子林，等．不同群落类型中七子花器官营养元素分布及其与土壤养分的关系［J］．土壤学报，2008（2）：304-312.

[125] 施家月，王希华，闫恩荣，等．浙江天童常见植物幼树器官的氮磷养分特征［J］．华东师范大学学报（自然科学版），2006（2）：121-129.

[126] 邱细妹．绿竹不同器官养分含量变化研究［J］．安徽农学通报（上半月刊），2012，18（17）：149-150.

[127] 张国斌，张晶，刘赵帆，等．肥料组合对青花菜养分含量及土壤理化性状的影响［J］．甘肃农业大学学报，2013，48（4）：69-75.

[128] 莫大伦，吴建学．海南岛 86 种植物的化学成分特点及元素间的关系研究［J］．植物生态学与地植物学学报，1988（1）：53-64.

[129] 曹春信，刘新华，周琴，等．过量锌对油菜生长、产量和养分吸收的影响及锌在植株地上部器官中的富集特征［J］．浙江农业学报，2011，23（4）：787-791.

[130] 李刚平，周鑫斌，袁玲．不同施肥模式对夏玉米产量和各器官 NPK 含量的影响［J］．耕作与栽培，2008（6）：13-15.

[131] Shangguan, W., Dai, Y. J., Liu, B. Y., et al. A China Dataset of Soil Properties for Land Surface Modeling［J］. Journal of Advances in Modeling Earth Systems，doi：10.1002/jame.20026，2013.

[132] Denggao Fu, et al. Response of soil pHospHorus fractions and fluxes to different vegetation restoration types in a subtropical mountain ecosystem［J］. Catena，2020，193（C）.

[133] Han Taotao, et al. Light availability, soil pHospHorus and different nitrogen forms negatively affect the functional diversity of subtropical forests［J］. Global Ecology and Conservation，2020，24：e01334.

[134] 杨进，靳杏子．茉莉营养元素缺素、过剩现象及花期调控因子［J］．北方园艺，2017（1）：195-199.

[135] 李春牛，卢家仕，周锦业，等．广西横县茉莉花连作田土壤改良与产量关系研究［J］．西南农业学报，2017，30（1）：148-154.

[136] 蔡东，肖文芳，李国怀．施用石灰改良酸性土壤的研究进展［J］．中国农学通报，2010，26（9）：206-213.

[137] Chamakumari N，Saravanan S，Ravi J. Effect of NPK and organic manures on plant growth, flower field and flower quality parameters of jasmine（ *Jasminum sambac* ）var. Double mogra［J］. Agriculture Update，2017（12）：524-529.

图书在版编目（CIP）数据

横州茉莉花农业地理信息特征研究＝Study on
Agrigeographic Information Characteristics of
Jasmine in Hengzhou/侯彦林等著 . —北京：中国农
业出版社，2023.6
　　ISBN 978-7-109-30791-9

　　Ⅰ.①横…　Ⅱ.①侯…　Ⅲ.①茉莉－观赏园艺－农业
地理－地理信息系统－研究－横州　Ⅳ.①S685.16

　　中国国家版本馆 CIP 数据核字（2023）第 103620 号

HENGZHOU MOLIHUA NONGYE DILI XINXI TEZHENG YANJIU

中国农业出版社出版
地址：北京市朝阳区麦子店街 18 号楼
邮编：100125
策划编辑：贺志清
责任编辑：史佳丽　贺志清
版式设计：王　晨　　责任校对：刘丽香
印刷：中农印务有限公司
版次：2023 年 6 月第 1 版
印次：2023 年 6 月北京第 1 次印刷
发行：新华书店北京发行所
开本：787mm×1092mm　1/16
印张：14.75
字数：350 千字
定价：88.00 元